全民数字素养与技能译丛

主编 王 挺 何 薇

欧洲公民
数字能力框架

〔芬〕科斯蒂·阿拉－马特卡（Kirsti Ala-Mutka）等◎编著

李红林 胡俊平 曹 金◎译

科学出版社

北 京

内 容 简 介

当今时代，数字技术广泛而深刻地影响着人类的生产和生活，推动世界格局深度变革。数字素养与技能成为公民素养的重要组成部分，被视为公民终身学习的关键能力之一，与工作、学习、生活息息相关，是数字时代人类必备的重要素养和技能。为了促进公民数字素养与技能的提升，欧洲联盟自2011年开始研究制定适用于全体欧洲公民的数字能力框架（DigComp），围绕数字能力的意义、概念、测度等进行了长期研究及更新，在世界范围内具有重要参考价值。本书选择欧盟2011年、2012年、2013年、2016年、2017年和2022年发布的报告进行集中译介，内容包括数字能力的概念阐释、数字能力框架构建实践、欧洲公民数字能力框架的提出及其更新完善等，期望能对我国公民数字素养与技能提升及相关工作提供有益的借鉴。

本书适合关注数字素养、信息素养、媒介素养等领域的研究人员、教师与学生，致力于促进公民数字素养与技能提升的工作者，以及对数字素养与技能提升感兴趣的公众阅读和参考。

图书在版编目（CIP）数据

欧洲公民数字能力框架 /（芬）科斯蒂·阿拉-马特卡（Kirsti Ala-Mutka）等编著；李红林，胡俊平，曹金译 . -- 北京：科学出版社，2024. 7. --（全民数字素养与技能译丛 / 王挺，何薇主编）. -- ISBN 978-7-03-078969-3

Ⅰ. TP3；G43

中国国家版本馆CIP数据核字第2024JJ4670号

责任编辑：张　莉 / 责任校对：韩　杨
责任印制：师艳茹 / 封面设计：有道文化

科 学 出 版 社 出版
北京东黄城根北街16号
邮政编码：100717
http://www.sciencep.com
河北鑫玉鸿程印刷有限公司印刷
科学出版社发行　各地新华书店经销

*

2024年7月第 一 版　开本：720×1000　1/16
2024年7月第一次印刷　印张：23 3/4　插页：12
字数：387 000
定价：158.00元
（如有印装质量问题，我社负责调换）

译者序

Translator's Preface

　　当今时代，数字技术广泛而深刻地影响着人类的生产和生活，推动世界格局深度变革，数字素养与技能成为公民素养的重要组成部分。2021年10月，中央网络安全和信息化委员会办公室印发实施《提升全民数字素养与技能行动纲要》，提出要提升全民数字素养与技能，以顺应数字时代要求，提升国民素质和促进人的全面发展，为建成网络强国、数字中国、智慧社会提供有力支撑。

　　围绕落实《提升全民数字素养与技能行动纲要》的相关要求，中国科普研究所开展全民数字素养与技能监测评估研究相关工作，形成了系列成果，"全民数字素养与技能译丛"即为其中之一。该译丛选取国际上数字素养与技能领域核心的、具有重要参考价值的学术著作和研究报告进行译介出版，以更好地服务我国提升全民数字素养与技能的决策部署和实践进程，推动相关工作和研究的国际交流互鉴。

　　《欧洲公民数字能力框架》是"全民数字素养与技能译丛"的第一部译著。2006年欧洲"关键能力建议"中提出，数字素养是公民终身学习的八大关键能力之一，与工作、就业、学习、休闲等相关目标的实现密切相关，是21世纪的重要技能，所有公民都应该掌握。为了促进公民数字素养与技能的提升，欧洲联盟（简称欧盟）自2011年开始研究制定欧洲公民数字能力框架（the Digital Competence Framework for Citizens，DigComp），围绕数字能力的意义、概念、测度等进行了长期研究及持续更新，以此指导欧洲公民提升数字能力，在世界范围内具有重要参考价值。

　　本书汇集翻译了欧盟历次的公民数字能力框架研究报告，从DigComp 1.0

到 2.0、2.1、2.2 版本以及 1.0 版本提出前的概念理解和框架分析部分研究报告，期望从历史脉络角度完整地展现欧洲公民数字能力框架的形成和更新迭代过程，为深化研究提供借鉴。本书包括 6 个部分，分别对应 6 个研究报告，即欧盟 2011 年发布的《描绘数字能力：概念性理解》（*Mapping Digital Competence: Towards a Conceptual Understanding*）、2012 年发布的《实践中的数字能力：框架分析》（*Digital Competence in Practice: An Analysis of Frameworks*）、2013 年发布的《DigComp：欧洲提升和理解数字能力的框架》（*DigComp: A Framework for Developing and Understanding Digital Competence in Europe*）、2016 年发布的《DigComp 2.0：公民数字能力框架》（*DigComp2.0: The Digital Competence Framework for Citizens*）、2017 年发布的《DigComp 2.1：公民数字能力框架的八种熟练程度及使用示例》（*DigComp2.1: The Digital Competence Framework for Citizens: with Eight Proficiency Levels and Examples of Use*）、2022 年发布的《DigComp 2.2：公民数字能力框架的知识、技能与态度新示例》（*DigComp2.2: The Digital Competence Framework for Citizens: with New Examples of Knowledge, Skills and Attitudes*）。每个部分中的"本报告"指代的都是该部分对应的报告。6 个报告涉及近 10 位作者，本书封面上仅以第一个报告的作者为代表进行呈现，其他作者在各部分的篇章页进行呈现。

随着理论研究和工作实践的深入，数字素养、信息素养、媒介素养等概念的内涵和外延发展演变，产生越来越多的共性、交叠的部分，同时也不断拓展与创新，以满足时代发展的需要。希望本书能为关注这些领域的研究人员、教师、学生，以及致力于促进公民数字素养与技能提升的工作者和感兴趣的公众提供有益的参考与借鉴。

译 者

2024 年 5 月

目 录
C o n t e n t s

译者序 / i

01
第一部分
描绘数字能力：
概念性理解

引言 / 2

致谢 / 4

摘要 / 6

1　简介 / 10

2　数字能力概念化的考虑 / 21

3　研究文献中的关键概念及其要素 / 32

4　欧洲有关数字能力的政策路径 / 43

5　21世纪的数字能力所需的其他要素 / 54

6　21世纪的数字能力 / 62

7　结论 / 74

参考文献 / 75

02
第二部分
实践中的数字能力：
框架分析

引言 / 84

致谢 / 86

摘要 / 87

1　简介 / 92

2　理解数字素养 / 96

3　案例集及方法论 / 104

4　选定案例的简要概述 / 107

5　选定框架中的数字能力发展 / 112

6　结论 / 128

7　附件：案例研究情况说明 / 131

参考文献 / 162

04

第四部分

DigComp 2.0：
公民数字能力框架

引言 / 216

摘要 / 218

1　简介 / 221

2　两个阶段的更新过程 / 222

3　DigComp 2.0概念参考模型 / 224

4　从DigComp 1.0 到 DigComp 2.0 / 226

5　DigComp的使用与更新 / 234

6　结论及下一步的工作 / 247

参考文献 / 248

03

第三部分

DigComp：欧洲提升和理解数字能力的框架

引言 / 168

致谢 / 170

摘要 / 173

1　简介 / 176

2　DigComp 建议概览 / 181

3　数字能力框架 / 186

4　附件 / 206

参考文献 / 214

06

第六部分

DigComp 2.2：
公民数字能力框架的知识、
技能与态度新示例

引言 / 262

致谢 / 264

1　概要 / 265

2　简介 / 267

3　公民数字能力框架 / 272

4　相关资源 / 316

5　其他框架 / 329

6　术语表 / 334

7　附件 / 340

参考文献 / 364

05

第五部分

DigComp 2.1：
公民数字能力框架的八种
熟练程度及使用示例

引言 / 252

1　简介 / 254

2　八种熟练程度及其使用示例 / 255

3　能力 / 259

第一部分

描绘数字能力：
概念性理解

作者：科斯蒂·阿拉-马特卡（Kirsti Ala-Mutka）

引言 / 2

致谢 / 4

摘要 / 6

1 简介 / 10

2 数字能力概念化的考虑 / 21

3 研究文献中的关键概念及其要素 / 32

4 欧洲有关数字能力的政策路径 / 43

5 21世纪的数字能力所需的其他要素 / 54

6 21世纪的数字能力 / 62

7 结论 / 74

参考文献 / 75

引 言

P r e f a c e

根据 2006 年 欧 洲 的 "关 键 能 力 建 议" (European Recommendation on Key Competences) ①, 数 字 能 力 (Digital Competence, DC) 已被欧盟公认为是公民终身学习的八大关键能力之一。数字能力可以广义地定义为自信地、批判性和创造性地使用信息通信技术 (ICT) 以实现与工作、就业能力、学习、休闲、融入及参与社会等相关的各类目标。数字能力是一种能让人获得语言、数学、学习、文化意识等其他关键能力的横向关键能力, 它与 21 世纪所有公民都应具备的许多技能密切相关, 以保证他们积极参与社会与经济生活。

《描绘数字能力: 概念性理解》是数字能力项目的一部分, 该项目基于一项与欧盟委员会教育与文化总司 (Directorate-General for Education and Culture, DG EAC) 的行政协议, 由欧盟联合研究中心前瞻性技术研究所 ② 的信息系统部门发起, 旨在促进更好地理解和发展欧洲的数字能力。该项目于 2011 年

---

① 文件名为 "欧洲议会和理事会建议 (2006/962/EC) 2006 年 12 月 18 日——终身学习的关键能力" [Recommendation of The European Parliament and of The Council (2006/962/EC) 18 December 2006-Key Competences for Lifelong Learning, 全书简称为欧洲 "关键能力建议" (European Recommendation on Key Competences)]。

② 前瞻性技术研究所 (The Institute for Prospective Technological Studies, IPTS) 是组成欧盟委员会联合研究中心 (European Commission Joint Research Centre, JRC) 的七个研究机构之一。全书以下将欧盟委员会联合研究中心前瞻性技术研究所简称为 JRC-IPTS。

1 月至 2012 年 12 月 [①] 实施。项目的目标包括：①根据具备数字能力所需要的知识、技能和态度来确定数字能力的关键组成部分；②充分考虑到目前可用的相关框架，开发数字能力的描述符，以提供一个能在欧洲层面进行验证的概念框架或准则；③提出一个可使用和修订的数字能力框架路线图，以及适合所有级别学习者的数字能力描述符。

该项目旨在通过与欧洲层面利益相关者的合作和互动来实现上述目标。

《描绘数字能力：概念性理解》体现了数字能力项目第一阶段的工作成果，对与数字能力相关的各种概念及理解进行了评论和描述，进行了基于文献的概念探讨，并对理解 21 世纪的数字能力的整体方法给出了初步建议。这些都将有助于数字能力项目下一阶段工作的开展。

---

① 更多信息参见：http://is.jrc.ec.europa.eu/pages/EAP/DIGCOMP.html。

致　谢

Acknowledgements

　　《描绘数字能力：概念性理解》报告的工作极大地受益于特温特大学（University of Twente）的亚历山大·范·德尔森（Alexander Van Deursen）、Didac TEC 公司的佩特里·洛纳斯科皮恩（Petri Lounaskorpi）和邓莱里文艺理工学院（Dun Laoghaire Institute of Art, Design and Technology）的吉姆·迪万（Jim Divine）的评论。同时，也得到了前瞻性技术研究所的阿努斯加·法拉利（Anusca Ferrari）和伊夫·帕尼（Yves Punie）的指导与评论，他们正在领导 JRC-IPTS 的项目研究。来自欧盟委员会诸位行政人员的讨论和评论都对本报告做出了贡献，尤其是欧盟委员会教育与文化总司的利夫·范·登·布兰德（Lieve Van den Brande），企业与工业总司（Directorate-General Enterprise and Industry, DG ENTR）的安德烈·瑞奇（Andre Richier），教育、视听及文化执行署（Education, Audiovisual and Culture Executive Agency, EACEA）的布莱恩·赫尔姆斯（Brian Holmes），教育与文化总司的塔皮奥·萨瓦拉（Tapio Saavala）、理查德·德塞尔（Richard Deiss）、马特奥·扎切第（Matteo Zachetti）、菲斯科·萨尼耶（Fiscker Sannie）、德·斯梅特·帕特里夏（De Smet Patricia）、欧金尼奥·里维埃（Eugenio Riviere），信息社会与媒介总局（Directorate-General Information Society and Media，DG INFSO）的马克·马尔塞拉（Marco Marsella）、安娜·玛丽娜·桑索妮（Anna Maria Sansoni）、卡塔日娜·巴拉卡·达布斯卡（Katarzyna Balucka-Debska）和海蒂·齐冈（Heidi Cigan）。最后，特别感谢帕特里夏·法瑞尔（Patricia Farrer）为本报告出版所做的编辑工作。

摘　　要

Executive Summary

　　数字技术越来越多地被应用于社会和经济之中，正在改变着人们的工作、学习、交流、信息获取及休闲娱乐方式。数字工具和媒体带来的裨益支持着当今社会生活的几乎所有领域。互联网，尤其是社交技术，越来越多地为所有公民群体所使用。然而，公民如何使用这些技术以及他们可以从中获得的益处可能大有不同。研究表明，数字技术的使用并不会促进高阶数字能力的进步和发展。此外，并不是所有群体都有足够的兴趣、信心、社会支持或机会发展自己的数字能力。没有足够数字能力的人有可能被排除在重要活动之外，无法充分利用现有的机会，甚至可能在使用数字工具和媒体时危及自身。数字能力鸿沟呈现出与其他社会和经济鸿沟相一致的趋势，并有可能加剧这些鸿沟。因此，无论公民的年龄、职业或当前信息通信技术的使用情况如何，都需要采取行动鼓励所有公民发展数字能力。

　　数字能力被欧盟公认为是终身学习的八大关键能力之一，并被概括为"在工作、休闲和交流中自信且批判性地使用信息社会技术（Information Society Technology，IST）"的能力。它的重要性在"欧洲2020战略"（Europe 2020 Strategy），尤其是在"欧洲数字议程2010"（Digital Agenda for Europe 2010）[①]中

---

① 2010年5月19日，欧盟委员会启动了"欧洲数字议程"，这是"欧洲2020战略"的七个旗舰计划之一。它确定了信息通信技术在欧洲实现2020年目标方面的关键作用。——译者注

得到了突出体现。本报告是数字能力项目的一部分，该项目由JRC-IPTS 的信息系统部门根据与欧盟委员会教育与文化总司签订的一项行政协议发起，该协议为项目提供了政策背景。本报告旨在建立对数字能力的概念理解、阐明不同的相关概念并识别当前和未来社会所需的数字能力的核心要素，其基于文献以及与欧洲和国际层面的专家和政策官员的互动形成。因此，本报告还只是一个基础部分，以帮助实现更广泛的总体目标——制定支持欧洲数字能力发展的共同准则。

相关文献强调，数字能力与在信息社会需要具备的基本生活技能和资产相关。数字能力的发展应该是一个从工具性技能到生产性技能、战略性技能的连续体。掌握基本工具和计算机的应用只是迈向高阶知识、技能与态度的第一步。此外，数字能力视角还应包括在能力培养范围内的大众文化实践。数字能力需要随着人们在工作、学习和休闲时间中使用的工具与实践的变化而不断发展。因此，数字能力发展准则应包括两个层次：一是识别数字能力主要领域的概念层次，二是以当前的工具和实践进行的操作性学习与评估。这样，概念层面的框架可以保持稳定，同时允许在操作层面定期修订和调整目标群体的具体设置。本报告的内容主要聚焦于概念层面。

数字能力的各个方面是如此多样化，以至于并不存在一个普遍的概念或全球公认的定义，这也恰恰反映了数字能力的重要性。关于概念的研究及文献突出了人们要从数字工具和媒体中获益所需要的数字能力的不同方面。本报告回顾了一些主要概念，包括 ICT 素养、网络素养、媒介素养、信息素养和数字素养，它们以不同的方式相互交织重叠，本报告详细阐述了它们之间的关系。这些概念包含了培养整体的数字能力时需要考虑的各个方面。本报告指出，专注于阐述一个包罗万象的定义是没有用的，需要专注于习得当前及未来数字环境下必要能力所需的方面和要素。这是本报告中提出的概念模型的基础。

欧盟的政策已经采取了多种路径来提高数字能力。这些政策路径强调了不同的观点，往往详细阐述各自的概念和定义，以突出其目标。欧盟委员会信息社会与媒介总局强调要融入数字社会，企业与工业总司强调要促进创新和工业所需的 ICT 技能，教育与文化总司强调数字能力是终身学习的关键，就业、社会事务与包容局（Directorate-General for Employment, Social Affairs and Inclusion, DG EMPL）则认为数字能力是新工作所需的新技能之一。所有这些观点都是相辅相成的。此外，所有这些观点都强调，当今的核心点不再是获取和使用技术，而是在生活、工作和学习中以有意义的方式利用技术服务自己的能力。欧洲的测量方法目前更多地集中于测量访问和使用，而不是技能（即测量使用的质量）或能力（即测量使用的态度和策略）。幸运的是，支持能力目标的改进测度相关工作正在进行中。

本报告提出了一个考虑以下主要领域的数字能力概念模型：①数字工具和媒介使用的工具性知识与技能；②在沟通与协作、信息管理、学习及问题解决、有意义的参与等方面的高阶技能与知识；③以跨文化的、批判性的、创造性的、自主的和负责任的方式使用战略性技能的态度。工具性知识和技能是发展或使用更高阶 / 高级技能的前提（图 1-1）。

开发数字能力的概念模型只是第一步，还需要与利益相关者合作以完善核心内容，并详细阐释可操作的学习和评估项，以便制定在欧洲范围内可用且有用的准则来促进数字能力发展。本报告中描述的研究将有助于 IPTS DigComp 项目下阶段工作的开展，并将在下阶段工作中得到进一步发展。读者可以在项目网站上跟踪该项目的进展和结果（网址：http://is.jrc.ec.europa.eu/pages/EAP/DIGCOMP.htm）。

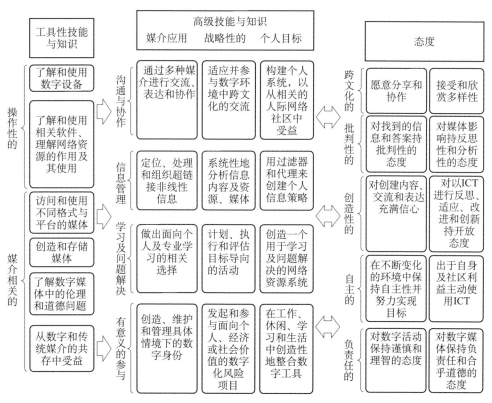

图1-1 数字能力概念模型

1 简　介

　　数字技术越来越多地被应用于社会和经济之中，这些正在改变着人们的工作、学习、交流、获取信息及休闲娱乐方式。互联网，尤其是社交技术，被不同的公民群体用于各种目的，也被用于新的社会活动。通过网络空间，公民可以访问各类资源，关注、互动、创建内容，并与全球范围内的其他人进行分享。各年龄段的人都在参与不同类型的在线网络活动，这些都可以支持人们的工作、学习和公民权利的获得（Ala-Mutka，2008）。然而，并不是所有人都得到了发展数字能力的支持。

　　使用的多样性和规模改变了人们对技术与媒体相关能力的需求。互联网上参与式方法越来越多的使用强化了互联网作为一种媒体的重要性。最初，人们主要关注的是确保能够使用电脑和互联网，之后重点转向应用程序的使用技能，现在的重点则是在社会和全球互联网环境下自信、高效且批判性地使用电脑与互联网。这种从"数字接入鸿沟"到"数字使用鸿沟"的转变在数字鸿沟研究和政策中已经被注意到，如 van Deursen（2010）或 Livingstone 等（2005）所述。数字参与差距不仅体现在计算机和互联网的接入上，还体现在一系列媒体和传播平台与服务的有效使用上（Livingstone et al., 2005）。除了掌握工具使用技能外，人们还需要有动机和能力，为了自己、社区、经济和环境的利益，在不同的工作和生活环境中战略性、创新性地应用这些工具。

1.1　数字能力与公民和社会的相关性

　　康姆斯克①的数据显示，2011年4月，欧洲有3.65亿人使

① 康姆斯克（ComScore）是美国的一家互联网数据流量监测机构。——译者注

用互联网[①]。欧洲人每月花在网上的时间相当于一天多（24 小时 20 分钟），荷兰和英国人每月花在网上的时间超过 30 小时，意大利人每月花在网上的时间为 16 小时 2 分钟，奥地利人每月花在网上的时间为 13 小时 11 分钟。网络社交、照片分享和社区活动是其中增速最快的部分。截至 2010 年底，欧洲 15 岁以上的互联网用户中有 84.4% 的人使用社交网站。年轻用户（15 ～ 34 岁）越来越多地参与社交网络活动（2010 年增长了 32%），同时减少了对其他应用程序（如电子邮件、即时通信工具和门户网站）的使用。35 岁以上用户的社交网络使用也在增加（2010 年增长了 38%），同时电子邮件用户保持着活跃态势（2010 年增长了 6%）（ComScore，2011）。

1.1.1　可获得的收益

数字能力可以惠及各领域的公民、社区以及整个经济和社会。van Deursen（2010）定义了公民可以从互联网使用中获得个人利益的五个领域：社会、经济、政治、健康和文化。所有这些领域都能带来特定层面与社会层面的利益。这种分类对于讨论数字能力的需求和好处也十分有用，本部分也将使用这种分类方法。

（1）社会效益。互联网为人们提供了新的机会，让他们与认识的人或他们感兴趣的社区联系，或根据他们的兴趣创建新的联系。对于许多通过网络创建个人移动社区的人来说，传统的、基于地理位置的社区正在失去意义（Ala-Mutka，2010）。根据欧盟统计局的数据，2010 年，欧盟 27 国中 63% 的个人使用互联网进行交流。研究表明，ICT 也有助于移民和少数民族的社会与文化融合（Redecker et al.，2010）。技术为那些可能无法进行社交互动的人（如老年人、在偏远地区工作的人或

[①]　资料来源：http://www.comscore.com/Press_Events/Press_Releases/2011/6/comScore_Releases_European_Engagement_and_Top_Web_Properties_Rankings_for_April_2011。

不在一地的家庭成员）提供了一种交流方式。Cody 等（1999）发现，会使用互联网的老年人对老龄化持更加积极的态度，感知到的社会支持和社会的联结程度也更高。

（2）健康效益。如前所述，对于那些远离社交圈的人或特定人群来说，互联网提升了他们的社会生活质量。各种社区的兴起也为罕见病患者、患儿父母、术后康复者提供了新的支持系统。有些资源由个人创造，有些由专业人士创造，有时还有专业的编辑管理[①]。总的来说，互联网上有大量的健康信息和社区资源，它们的使用率很高。例如，皮尤互联网研究机构（Pew Internet）发现，61% 的美国成年人（其中 83% 为互联网用户）在网上搜索健康信息（Fox and Jones，2009）。根据皮尤互联网研究机构的调查，互联网是用户搜索健康信息的第三种最常见选择，前两者分别是咨询健康专业人士（86%）、咨询朋友和家人（68%）。52% 的在线健康查询是替他人进行的，并非在线搜索本人在查询。康姆斯克的调查发现，相比于向朋友、家人和其他专业人士（51%）寻求健康信息，女性（60%）更经常地求助于互联网，尽管她们仍然主要是向专业人士寻求建议（82%）[②]。

（3）经济效益。数字能力已经成为就业能力的一个主要方面，因为几乎所有部门都需要 ICT 专业人员，同时，ICT 现在被用于完成几乎所有类型的任务。雇主们认为，5 年内，95% 的工作将需要 ICT 技能（Proofpoint，2007）。根据欧盟统计局的数据，2010 年，欧盟 27 国中 52% 的从业人员使用电脑，94% 的企业接入互联网，96% 的企业使用电脑。van Deursen（2010）对研究实例进行了回顾并发现，拥有互联网技能的从

---

① 参见：http://www.ganfyd.org 和 http://wellness.wikispaces.com/。

② 康姆斯克 2008 年 1 月 22 日发布，相关信息可参见：http://www.comscore.com/ Press_Events/Press_Releases/2008/01/Women_More_Likely_to_Use_Internet_For_ Health_Information。

业者更容易获得理想的工作，使用计算机的从业者比不使用计算机的从业者的工资水平更高。对一般消费者而言，数字能力还能带来其他经济效益，因为拥有更好数字设备的消费者能通过各种渠道寻找到更优惠的价格，以及购买和销售更好的产品与服务。对企业家来说，从 ICT 中获益的能力是十分重要的，因为这种能力能让创新型企业很容易建立初始平台，即使企业的目标群体非常狭窄（Lindmark，2008），这种能力也让新产品和服务成为可能，并支持产品开发的众包模式。

（4）公民效益。数字工具和媒体提供了广泛的资源，使人们能够从各种来源获取最新信息，从而更好地了解本国和世界上正在发生的事件。这些工具也使人们能够表达他们的关注点和想法，或者更明显地报告问题。此外，具有数字能力的公民可以利用数字环境建立社会创新平台，譬如，针对当地社区或受灾者救助而发起集体行动（Ala-Mutka，2008）。有事例显示了互联网如何被用于启动协作应用程序，通过公民发布的信息来提高组织的透明度[①]（Osimo，2008）。政府和公共组织也在开发在线公共服务，并对参与式方法进行试验，让公民为自己与他人改善服务和治理做出贡献[②]（Ala-Mutka，2008；Osimo，2008）。

（5）文化效益。互联网和各种社交平台也为人们分享个人表达以及与观众互动（如果他们愿意）提供了一个新的舞台。例如，美国博主写博客的理由就包括创造性地表达（77% 的受访者）、个人经验分享（76%）和实用知识分享（64%）（Lenhart and Fox，2006）。人们也可以通过网络作品集和展示活动展现他们的专业或艺术能力，从而维护或提高其职业身份和声誉。数字工具和媒体也为终身学习提供了新的维度，它们提供了一种以学生为中心的创新型教学方法，并将学校连接到了有组

---

① 参见：http://theyworkforyou.com/ 和 http://www.wikileaks.org/。

② 参见：http://www.patientopinion.org.uk/ 和 http://petitions.pm.gov.uk/。

织的教育路径之中（Redecker et al., 2009）。此外，开发及交换知识的各种社区和网络为人们提供的非正式学习成为他们个人活动的一部分，即使他们并没有开始学习（Ala-Mutka，2008；2010）。通过基于互联网的实践社区，从业者和专业人士可以以一种新的、有效的方式来与世界各地的其他专业人士实现任务支持及知识发展。

（6）全社会效益。ICT 的使用已经渗透到工作、商业和服务的几乎所有领域，前文展示了数字能力和 ICT 接入如何以不同的方式使人们受益。调查发现，人们认为互联网帮助他们享受了休闲时间（66%）、获得了良好的教育（60%）、找到了一份满意的工作（58%）、进行了终身学习（55%）、改善了创业条件（53%）和享受了生活质量（51%）。这些都使整个社会和经济受益。此外，ICT 在鼓励创新和提出应对可持续发展等社会挑战的新解决方案方面也发挥着特殊作用。根据 eSkills 监测项目的估计，所有部门都需要 ICT 专业人员，未来几年，这一需求将远超现有的各类专业技术人员数量[1]。已有 55% 的 ICT 工作者在 ICT 行业外就业。确保 ICT 工作者和受益于这些服务的人具备数字能力，对欧洲经济的增长和复苏至关重要[2]。

1.1.2　需要考虑的风险

2010 年，27 个欧盟成员国中有 69% 的人在过去 3 个月内使用过互联网，26% 的人从未使用过互联网。在 16 ～ 24 岁年龄段的人群中，93% 的人是互联网用户；在 55 ～ 74 岁年龄段的人群中，54% 的人从未使用过互联网。另一个差异与教育背景有关：在过去几个月中，只有 47% 的低学历人群使用过互联网，而 92% 的高学历人群使用过互联网。这突出表明，有必要确保每个人在接受教育的早期就有机会看到数字工具和媒体的价值，并获得使用它们的技能。从上述统计数据中获得的

---

[1]　参见：http://www.eskills-monitor.eu/documents/e-Skills%20Monitor2010_brochure.pdf。

[2]　参见 eSkills 2009 年会议成果：http://www.eskills-pro.eu/。

一个启发是：有必要为那些已经完成正规教育但需要数字能力参与社会、工作和个人生活的人提供学习机会。此外，父母需要了解和具备数字能力，以保护、支持和教育孩子进行数字使用。例如，相关数据显示，在欧洲，77% 的 13～16 岁青少年和 38% 的 9～12 岁青少年使用社交网站，并且很多人都不知道隐私设置①。

（1）个人安全和隐私。互联网给传统媒体或线下朋友间的讨论带来了额外的新风险。公开个人贡献通常会留下永久可见的痕迹，这甚至可能影响个人以后的就业能力 / 可雇佣性。例如，2009 年，凯业必达的调查显示②，45% 的美国雇主使用社交网站寻找求职者，35% 的雇主发现了导致他们不聘用求职者的内容（例如，不妥的照片或信息、关于饮酒或吸毒的内容、说同事坏话等）。随着社交网站使用的增加，有一点非常重要，那就是用户需要了解哪些（没有适当的隐私设置和关键技术）网站可能会导致个人数据失去控制，并将其交付给第三方用于商业目的。在网上发布个人数据还可能导致用户面临身份盗窃、骚扰或其他不想出现的问题。美国的一份消费者报告（ConsumerReports.org，2011）发现，15% 的脸书（Facebook）用户发布了他们的当前位置或旅行计划，大约 20% 的用户没有使用 Facebook 的隐私设置。除了在网络环境中为自己"创造"的风险之外，人们还可能遭遇各种技术风险，如恶意软件和恶意之人的攻击。根据欧盟统计局的数据，2010 年，欧盟27 国中 31% 在过去 12 个月内使用过互联网的人遇到过安全问题。

---

① 参见：http://europa.eu/rapid/pressReleasesAction.do?reference=IP/11/479&format=HTML&aged=0&language=EN&guiLanguage=en。

② 凯业必达（CareerBuilder）公司 2009 年 8 月 19 日发布的报道，可参见：http://www.careerbuilder.com/share/aboutus/pressreleasesdetail.aspx?id=pr519&sd=8%2f19%2f2009&ed=12%2f31%2f2009&siteid=cbpr&sc_cmp1=cb_pr519。凯业必达是北美最大的招聘网站之一。——译者注

（2）负责任、合乎道德与合法的使用。在互联网环境下，人们不仅会对自己造成伤害，而且可能会对他人造成伤害。例如，21.4%的美国公司发现员工在博客或类似社交平台暴露了公司的敏感信息，这些往往导致公司对员工进行纪律处分（Proofpoint，2007）。人们还经常发布关于自己的朋友和同事的敏感信息，而并没有意识到这些行为可能会对他们造成伤害（Get Safe Online，2007）。美国消费者报告（ConsumerReports.org，2011）发现，21%有孩子的家庭成员在互联网上张贴了自己孩子的名字和照片，这有可能导致孩子们受到骚扰。在学校，网络欺凌是学生和教师都十分关注的问题，多达43%的学生可能经历过网络欺凌（Palfrey et al.，2008），人们通常不了解知识产权的规范和规则。例如，Chou 等（2007）在调查中发现，244 名学生中只有 66% 的人给出了关于知识产权的正确回答，并且只有 37% 的学生能就他们的答案给出正确的理由。

（3）对数字媒体的批判性理解。在线内容会影响人们的决策和活动，因此至关重要的是，人们需要了解在线内容作为一种资源的特性，在此情境下，信息的有效性不一定得到过验证。van Deursen 和 van Dijk（2009）报道，在网络技能的表现测试中，参与者来自不同的目标群体，具有不同的受教育水平，没有人能真正地评估信息。在互联网上，评估信息的可信度和价值是读者与信息接收者的责任，并且让他们理解这一点非常重要。研究表明，例如，基于某个博客发布的内容，34% 的欧洲互联网用户已经决定不再购买某种产品（Deere，2006；Hargittai，2009）。更令人担忧的是，在一项互联网用户（eUser）的研究中，因为从网上捕捉到的信息，7.9% 的受访者决定不听从医生的专业建议，19.5% 的人生病不去看医生。教育机构已经禁止使用维基百科（Wikipedia），因为学生们没有展示出批判性、负责任地使用它的技能（Ala-Mutka，2008）。

（4）不平等的增加。一个重大挑战是确保所有用户学会从现有的各种数字机会中获益，同时意识到并能够应对使用全球数字媒体可能带来的风险。数字能力对于个人和组织来说都至关重要，因为它让其能够跟上时代发展的步伐，并创新产品和流程。需要特别注意的是，要避免数字工具和媒体的使用者与不使用者之间的进一步分化。那些没有机会和技能从数字工具与媒体中获益的人也被排除在它们提供的新可能性之外。基于开展的研究，van Deursen（2010）认为，互联网强化了传统形式的社会不平等。经济、社会、健康、文化和公民福利更多地提供给那些在数字能力方面已经处于较有利地位的人，那些更需要帮助的人（如低技能者、失业者或没有社会支持的老年人）获得的机会则较少。

DiMaggio 等（2004）做了以下观察：

……互联网能力与用户从其经验中获得的满意度有关，与他们感受到的压力或回报程度进而坚持使用互联网并获得额外技能的程度相关……基于这些观察，我们可能会预期，随着熟练用户发现了互联网的益处并获得了更强的技能，对互联网使用能力较差的用户感到沮丧并选择离开，能力上的不平等将无情地加深。（DiMaggio, et al., 2004, p. 378）

尽管计算机和互联网的使用在所有人群中都在增加，但这并不意味着他们发展了在生活各个方面都能从中受益所需的战略性技能。根据 van Deursen（2010）的发现，他们可能只是停留在使用某些特定应用（游戏、社交）的水平上。因此，使用互联网不应被视为具有数字能力的标志，政策和教育方法应定位于为所有人提供具备有关数字能力的意识与学习的机会。

1.2 本研究的目标

European Parliament and the Council（2006）的建议确认了终身学习的八大关键能力：母语交流、外语交流、数学能力与科学技术基础能力、数字能力、学习能力、社会和公民能力、创业能力以及文化意识和表达。正如"欧洲 2020 战略"（European Commission，2010b）在欧洲层面建议的那样，确保所有人都具备这些关键能力是欧盟及其成员国的政策中最重要的事项，该事项还得到了"数字议程"（Digital Agenda）、"新技能和就业"（New Skills and Jobs）、"青年行动"（Youth on the Move）、"创新联盟"（Innovation Union）等项目的支持。

在建议中，数字能力被定义为"在工作、休闲和交流中自信且批判性地使用信息社会技术。以 ICT 基本技能为基础，使用计算机检索、评估、存储、生产、呈现和交换信息，并通过互联网进行交流和参与协作网络"。"欧洲数字议程 2020"（European Commission，2010a）证实，作为个人在知识社会中的基础性关键能力之一，数字能力强调，有必要教育欧洲公民使用 ICT 和数字媒体，尤其是要吸引年轻人投身 ICT。一些主要的行动包括：提议将数字素养和能力作为欧洲社会基金（European Social Fund，ESF）的优先事项、开发与欧洲资格框架（European Qualifications Framework，EQF）和其他工具相联系的工具来识别与认定 ICT 使用者的能力。最重要的是，"数字议程"项目预计，到 2013 年，欧盟范围内的数字能力和媒介素养指标将被制定出来。

教育委员会（The Education Council）就落实"2010 年教育及培训工作计划"联合进度报告的结论（Council of the European Union，2010）强调，在学校、职业教育与培训和成人教育领域，进一步发展和实施关键能力框架是绝对必要的。需要一种共同语言来连接教育／培训和工作，让公民和雇主更容易看到关键能力和学习成果与工作和职业的相关性。本报告是数字能力项目的一部分，由 JRC-IPTS 的信息系统部门根据与欧盟委员会教育与文化总司的行政协议发起，旨在为这一政策背景做出贡献，特别是开发一种共同的语言和框架，以促进更好地理解和发展欧洲的数字能力。

　　IPTS 关于数字能力的全面研究在 2011 年 1 月至 2012 年 12 月实施。项目的目标为：①根据具备数字能力所需要的知识、技能和态度来确定数字能力的关键组成部分；②充分考虑到目前可用的相关框架，开发数字能力的描述符，以提供一个能在欧洲层面进行验证的概念框架或准则；③提出一个可使用和修订的数字能力框架路线图，以及适合所有级别学习者的数字能力描述符。

　　项目的产出将包括：①一份与欧洲资格框架兼容，也适用于正规教育之外的数字能力准则和框架的综合提案草案；②一个有关如何实现与修订数字能力准则和框架的路线图。

　　本报告是项目第一个工作包——"描绘数字能力：概念性理解"的组成部分。该工作包的目的是：基于文献以及与欧洲和国际层面的专家与政策制定者的互动，通过澄清不同的相关概念并描绘数字能力与它们之间的关系，建立对数字能力的概念理解。因此，对数字能力的概念性讨论和澄清将是制定数字能力发展准则的基石之一。

1.3　研究及报告的方法

　　本报告旨在收集和分析文献及其他资源中记录的不同概念及方法的信息和知识，并通过跟参与上述活动和政策的一些关键专家与决策者进行访谈及咨询来强化这些结果，以形成本研究工作包的最终结果。

　　在考虑欧洲数字能力的现状和发展时，为准备本报告而进行的研究旨在涵盖最密切相关的方面和来源。当然，我们不可能穷尽所有可能的文献、项目、组织等，我们也无意于此。选题和方法的选择是基于它们在相关研究中的相关性与可见性，以及它们在欧洲范围内实施的潜力。准备本报告展示的评述及分析所使用的工具如下。

（1）以"数字能力""数字技能""数字素养""媒介素养""信息素养""电子技能（e-skills）""ICT素养""技术素养"等关键词及其不同组合在科学出版物数据库中进行文献搜索。

（2）系统浏览从技术和教育领域选定的最新一期科学期刊，以便回顾相关的新结论和术语。

（3）对欧盟委员会与数字能力相关的政策和活动进行述评。

（4）对国际组织与信息社会和数字技能学习相关的已知活动的报告和研究进行述评，这些组织包括联合国教科文组织（UNESCO）、英国通信管理局（OFCOM）、皮尤互联网研究机构、未来实验室（FutureLab）、欧洲计算机使用执照（European Computer Driving Licence，ECDL）[①]、微软（Microsoft）等。

（5）通过谷歌（Google）搜索，对与数字技能、素养和能力相关的各种术语进行动态迭代及精确的互联网搜索，以找到通过传统研究方法或现有领域知识无法找到的项目、网站和其他最新的相关信息。

以可视化思维导图工具建立对不同方面及其关系的概念性理解，其中一些绘制实践也将在本报告中以图表的形式再现。通过它们，本报告旨在构建一个结构化的故事，讲述数字能力丰富、分散但又聚合、处于变化中的图景。本报告的结构如下：第二部分介绍了在处理数字能力及其他相关技能和能力的标签时必须要考虑的问题；第三部分从研究文献的角度回顾了数字能力等最重要的概念及其变化，并绘制了不同概念之间的关系图；第四部分描述了在欧洲的政策讨论和活动中使用的典型概念；第五部分讨论了21世纪对特定能力要素新的重视，并将这些方面与数字能力进行了联系；第六部分提出了21世纪数字能力的结构和主要要素；第七部分是本报告的主要结论。

---

① 参见：http://www.ecdl.com。

2 数字能力概念化的考虑

对有关数字能力的文献和行动的回顾揭示了一个复杂的定义与概念图景，这使得人们很难就数字能力的学习目标或评估任务达成共识。在所有这一主题的文献中，有一个观点越来越被强调：数字能力是所有人的基本生活技能，甚至被称为"数字时代的生存技能"（Eshet-Alkalai，2004）或"信息社会的重要资产"（van Deursen，2010）。另一个核心主题是需要考虑数字能力的不同要素。对于特定工具和媒体的知识与技术的使用技能是必要要素，认知技能和态度是补充要素，它们会指导个人的活动。工具和与媒体相关的议题会随着技术的发展而迅速变化，但认知不会随着技术环境的变化而迅速变化，即便它们更难发展。在进入后面对不同概念的回顾和讨论前，这里先回顾一下将在本报告中使用的基本术语，并介绍一下数字能力的不同界定及方面。

2.1 从基本到更高能力的素养连续统

在诸如韦伯斯特[①]或钱伯斯[②]等英语词典中，都找不到关于数字能力或数字素养的定义。即使这样的定义存在，它们也不能反映一种广泛的共识，因为这个领域发展得非常迅速——个人电脑开始进入家庭、办公室和（有时）学校只是 20 世纪 80 年代的事情。数字能力或数字素养是一个复合术语，对其现有组成部分的定义进行研究是有意义的，因为它们为理解当前的概念提供了有价值的见解。

---

① 参见：http://www.merriam-webster.com/dictionary/，2010 年 12 月 14 日查询。
② 参见：http://www.chambersharrap.co.uk/chambers/features/chref/chref.py/main，2010 年 12 月 14 日查询。

2.1.1 能力（competence）

《钱伯斯21世纪词典》和同义词词典的在线搜索提供了以下定义。

（1）能力和胜任力（名词）。①能力，效率；②法律权威或能力；③［旧的用法］令生活舒适的足够收入。

（2）有能力的（形容词）。①有能力的；②有足够的技能或训练来做某事；③法律能力。

（3）数字的（形容词）。①以一组数字的形式而非刻度盘上的指针来显示数字信息；②指一个程序或设备，它以一组二进制数字的形式提供并存储的信息处理来进行操作；③［电子学］指一种电子电路，它能响应并产生信号，这类信号在任何给定时间内都处于两种可能状态之一；④任何属于或涉及数字的东西。

从以上的定义可以推断出，有能力或胜任意味着有足够的技能和能力在某件事或某方面保持高效。因此，具备数字能力意味着具备足够的技能和能力，能够高效地使用数字程序和设备。

2.1.2 素养（literacy）

"能力"作为一个单独的术语进入教育领域的讨论历史并不长。然而，正如Bawden（2001）所回顾和讨论的那样，长期以来，它一直是"素养"概念的一部分。

钱伯斯[1]对其的定义如下。

（1）素养（名词）。①读和写的能力；②熟练有效地使用语言的能力。［词源：15世纪，源自literate（识字的）］。

（2）有素养的（形容词）。①能读会写的；②受过教育的；③［复合词］在某方面有能力和经验的。

鲍登（Bwaden，2001）在他的分析中提出，"素养"一词

---

[1] 参见：http://www.chambersharrap.co.uk/chambers/features/chref/chref.py/main，2010年12月14日查询。

可以表示三个不同的概念：①简单的阅读和写作能力；②具有某种技能或能力；③学习的要素。

他的评论认为，"素养"一词一直（至少）有双重含义。几个世纪以来，这个词的意思是接受过良好的教育和广泛阅读。后来，它开始包含更多的能力方面，即有效利用所获得信息的能力，例如：

素养是听、说、读、写和批判性思维的集合，包含计算能力。它包括一种文化知识，使说话者、作者或读者能够识别和使用适合不同社会场合的语言。在一个先进的技术社会里……目标是培养一种积极主动的素养，让人们能够使用语言来提高他们思考、创造和提问的能力，以便有效地参与社会事务。（Campbell，1990）

2.1.3 功能性素养（functional literacy）

如上所述，对素养概念的理解已经发展到能力方面，包括有效和高效地利用基本读写能力的能力等方面。此外，利用这些能力进行学习和为公共事业做贡献的方面也更加突出。"功能性素养"一词的创造和使用就强调了这一点，联合国教科文组织对这一术语的定义如下[①]：一个人具有素养，是指能够理解、阅读和书写与其日常生活相关的简短陈述；一个人具备功能性素养，是指他具备参加以下活动所必须具备的素养：能够让其团队和社区有效运转，能够继续通过阅读、写作和计算以促进自身及社会发展，等等。

研究人员认为，需要改进的往往是素养的这一组成部分，特别是在考虑进一步学习的技能时。在四年级左右，当学习者从阅读叙述性文本转变为阅读信息量更大的文本，或从"学习阅读"（learning to read）转变为"阅读学习"（reading to learn）

[①] 参见联合国教科文组织推荐的国际标准化教育统计数据（网址：http://portal.unesco.org/en/ev.php-URL_ID=13136&URL_DO=DO_PRINTPAGE&URL_SECTION=201.html）。

时，之前水平相当的儿童之间开始出现了差距（Sanacore and Palumbo，2009）。此外，这往往也与孩子的社会经济状况有关：来自低收入和中等收入家庭的孩子表现往往不如来自高收入家庭的孩子，这造成了低中收入家庭和高收入家庭两组孩子之间差距扩大的风险。OECD（2010b）指出，如果学习者掌握了有效的策略来总结信息，处于不同社会经济地位的群体之间甚至有 20% 的素养差距是可以弥合的。Lankshear 和 Knobel（2008b）总结指出，解码和编码意义上的素养与学校教育方面的素养，这两者是不一样的。

值得注意的是：基本能力与有效的认知性应用策略之间的类似差别也经常在数字素养的语境下被讨论。在数字素养的语境下，用户使用数字设备和媒体的基本能力应该发展为在任务与学习中使用这些工具的关键且有效的策略。功能性的媒介相关能力是成功运用更高层次策略性技能的先决条件。然而，van Deursen 等（2011）表明，在数字环境中，互联网体验只是有助于媒体相关的技能提升，而非内容相关的策略性技能提升。因此，需要为发展这些技能提供特定的支持。

已有文献清晰地表明，素养应该被视为一个具有不同发展阶段的连续统，基本能力只是第一步。连续统的上端包含了在使用所讨论的素养完成相关任务、学习、创造和表达新想法的过程中不断提高的认知能力水平，还涉及态度、社会和文化方面等问题。此外，"素养"与阅读和学识无关，更普遍的意思是在某方面"熟练""胜任"，即描述基本能力，然后发展到以有效的方式来使用它们完成任务和进一步学习。

2.2　能力组成部分的术语

由于 DigComp 项目的目标是发展综合的数字能力，而不仅仅是在素养连续统的低端，因此识别出更高层次概念的必要元素是很重要的。该项目旨在支持框架和准则的开发，这将与欧洲资格框架（European Parliament and the Council，2008b）兼容。因此，要讨论的核心能力要素遵循了欧洲资格框架由知识、技能和态度组成的结构。

（1）知识。知识是指通过学习吸收信息所形成的产出。知识是与某一工作或研究领域相关的事实、原则、理论和实践等的集合体。在欧洲资格框架的背景下，知识被描述为理论和事实（European Parliament and the Council，2008a）。

（2）技能。技能是指运用知识和诀窍完成任务与解决问题的能力。在欧洲资格框架的背景下，技能被描述为认知（包括逻辑、直觉和创造性思维的使用）或实践（包括动手能力和方法，材料、工具与仪器的使用）（European Parliament and the Council，2008a）。在本报告中，实践技能被称为工具性技能，意思是：对于开发或应用高级（认知）技能来说，与工具、媒介相关的知识和技能是工具性的，并且前者通常需要依赖这些工具或媒介的使用。本报告中使用的"高级技能"是指在具体任务或策略中工具性数字技能的应用。

（3）态度。态度被认为是行为的动力，是保持行为能力的基础，包括价值观、愿望和优先事项，还可以包括责任和自主性。

（4）能力。在欧洲的政策建议中，对"能力"有两种略有不同的定义。在"关键能力建议"中，"能力"被定义为知识、技能以及与环境相适应的态度的组合（European Parliament and the Council，2006）。在欧洲资格框架的建议中，"能力"被视为框架符描述中最先进的要素，被定义为在工作或学习情境下、专业和个人发展中运用知识、技能以及个人、社会或方法能力的经证实的能力。在欧洲资格框架的背景下，能力被描述为负责任和具有自主性。

这两种定义都一致认为，能力是最高层次的要素，包括知识、技能以及在特定环境中应用这些技能的方式。欧洲资格框架中能力的典型描述词是"负责任""自主性"，也可以看作是个人态度、社会态度和方法论态度。因此，这两种定义之间没有本质上的区别。为了保持与两者的兼容性，建议采用以下定义：能力是一种以负责任、自主性及其他适应于工作、休闲或学习等环境的态度来使用知识和技能的能力。

2.3 不同的重点和方法

正如上面所讨论的，素养和能力的基本概念随着时间的推移而发展变化，与数字工具和程序相关的概念也已经并且正在随着时间的推移而发展变化。这是由技术的不断快速发展及其在不同目的下的应用导致的，也创造了更多可能以及新的活动和目标。数字工具和程序正在成为所有类型任务的日常中介，并成为所有技能和能力的内在组成部分。因此，在数字环境内外，为素养和能力进行独立的定义变得毫无意义。

解决概念和定义领域的困惑有两种主要方法：一是通过高层次的概念性定义，它在抽象层次上描述问题，并且不受技术操作方面的变化的影响；二是识别出对整体目标很重要的具体知识、技能和能力呈现要素，并创建一个列表，以学习和评估个人在特定领域的能力。然而，后一种方法本质上高度依赖于当前的数字工具和可能的活动，因此需要定期修订。折中的方法是发展一个由不同类型的元素组成的概念定义，其中一些与工具有关，需要定期修订；另一些则在更高的认知水平上，即便现实发生了变化，也仍然有效。

很重要的一点是需要认识到，数字环境中出现的现实需求和实践并不一定是教育与培训部门所定义的。此外，一些知识和技能（工具和媒介相关的）可以通过经验和自学来习得与发展，而其他方面（策略和认知相关的）则需要教育和指导来获得。

2.3.1　通用概念和数字概念的融合

现在在数字世界语境中使用的许多概念和定义最初都来自数字技术还不存在的时代。有时数字世界的语境是用一个复合术语（数字素养、电子素养、e- 素养）来表达的，但有时概念的语境是可以含蓄地理解的（信息素养、媒介素养）。当讨论一个已经具有广泛含义的概念（如信息素养），以及数字工具和程序给它带来的其他影响时，人们很容易得出不同的结论，即便他们使用的是同一个概念。Bawden（2001）发现，在论及信息素养时，有些人基本上是从数字资源的角度来考虑的，另一些人则强调要考虑不同形式的信息，包括非数字资源。

然而，如果我们考虑到当今社会越来越多的任务和资源都依赖于数字工具与数字程序，那么，将数字技能从通用技能中区分出来是十分困难的。例如，2009 国际学生评估项目（Programme for International Student Assessment，PISA）阅读素养评估也包括了对学生理解及使用数字媒体信息的能力测量（OECD，2010c）。此外，信息和媒介素养定义的操作化现在通常都包括数字化媒介信息和材料这一方面（例如，联合国教科文组织信息素养指标① 和英国通信管理局的媒介素养审查②）。可以说，在将通用技能与能力同数字技能与能力视为各自独立的技能集的 20 多年以后，我们已经进入了一个两者正在并且应当完全融合的时代。这种概念的重叠和融合促使我们提出了如下两个建议。一是数字概念应考虑到在各自通用的"父"概念（"parent"concept）中所必需的知识、技能和态度。当目标并非集中于数字工具的操作方面，而是集中于其批判性的、有效的和能胜任的应用时，这一点尤为重要。二是数字概念应包

---

① 更多关于联合国教科文组织"全民信息计划"（IFAP）的信息，可参见：http://www.unesco.org/new/en/communication-and-information/intergovernmental-programmes/information-forall-programme-ifap/priorities/information-literacy/。

② 更多有关英国通信管理局的媒介素养研究的信息，可参见：http://stakeholders.ofcom.org.uk/market-dataresearch/media-literacy-pubs/。

括考虑数字领域以外的工具、资源和活动等素养与能力，例如，通过其他非数字手段或结合不同的工具和媒体能更好地实现目标。稍后我们会看到，Gilster（1997）将这一方面纳入了他对数字素养的定义和理解。

2.3.2 概念化及操作化方法

Lankshear 和 Knoble（2008b）在其著作的序言中区分了数字素养的概念性定义与标准化操作性定义。操作性定义描述了作为数字素养/能力要素的一组技能、任务和表现；概念性定义通常涉及（可能除了特定技能外）在数字环境中的行动的认知和社会情绪方面，如意识、理解和反思性评估。这些更广泛的定义使其在特定情境下的操作化成为可能，它们有一个共同的基本起点，但又可以根据可用的工具和资源或不同的目标群体，通过不同的任务和活动来分别实现。

这两种方法的主要区别是它们在规划和评估相关教育与培训方法时的可执行性。概念性定义通常是高层次的，并没有为讲授或评估讨论中的技能和能力提供具体指导。操作性定义为技能测量提供了明确定义的知识目标或操作化的任务，可以用标准化的方式进行评估。标准化的评估方法是重要的工具，可以确保所有的学习者最终都能很好地完成这些任务，即便他们及其环境背景多么不同。这里的主要挑战是找到和描述典型的任务与学习目标，以及评估学习者是否具备达到这些目标的方法。

当考虑建议的素养/能力连续统方法时，操作性定义可以很容易地应用于连续统低端的问题，即需要学习的内容是实践的任务和知识时。然而，对于更高水平的能力，即需要考虑态度和对个人目标与学习进行富有成效的追求时，标准化的任务和测量就变得困难。Bawden（2001）总结道："……用需要学习的特定技能和需要展示的能力来表达这些想法是诱人的。虽然这在某些有限的用途上可能是有效的，但总体上它太受限了。"更高层次的能力需要个人发展的道德、态度和专业知识，这些所包含的要素，即便并非不可能，也很难放在一个简单的通用列表中。现实中，目前的框架更多地集中于确保位于数字素养/能力连续统低端的技能和能力。

2.3.3 数字能力的学校教育与社会建设

相关调查研究表明，人们在学校和其他教育场所之外使用技术的次数比在学校内的使用次数更多。PISA 2009 调查显示，86% 的 15 岁青少年反馈他们经常在家中使用电脑，但只有55% 的人在学校使用电脑（OECD，2010a）。欧盟统计局 2010年对欧盟 27 国 16～24 岁人群的调查数据显示[①]，尽管 92% 的人在家中使用互联网，但只有 47% 的人在其受教育场所使用互联网。对于 25 岁以上的人群来说，92% 的人在家中使用互联网，只有 4% 的人在教育场所使用互联网，因为他们中的许多人不再接受正规教育。欧盟统计局 2007 年的数据显示，欧盟 27 国 16～74 岁的人群中[②]，71% 的人表示他们通过实践学习了 ICT 技能，67% 的人表示他们在同龄人的帮助下学习了ICT 技能。许多人使用数字工具和媒体，但可能没有任何系统的或指导性的方法来习得数字能力。对这一现象的不同看法可以在相关文献中找到，相关讨论如下。

Sefton-Green 等（2009）声称，"如今，年轻人的数字能力严重颠覆着关于学校学习的假设，因为它严重挑战了那些早期的概念，即素养和学习是学校教育的主要象征力量"。他们认为，学校或学术教育中的数字能力概念与人们在课外数字环境中的社会实践之间存在差距。"我们注意到教师和学生对数字素养概念的不同理解……这也说明，当把数字素养从政策层面下沉到学校层面，以及试图以数字素养的强制性概念来改变教

---

① 欧盟统计局信息社会统计数据参见：http://epp.eurostat.ec.europa.eu/portal/page/ portal/information_society/data/database。

② 来自使用过电脑的人群。欧盟统计局信息社会统计数据参见：http://epp.eurostat. ec.europa.eu/portal/page/portal/information_society/data/database。

育实践时，经常会遇到制度障碍。"（Sefton-Green et al.，2009）他们认为，应该在正式和非正式学习领域的交叉点上对数字素养的概念进行更多分析，这个点也是"自上而下"和"自下而上"方法的交叉点。

同样，Lankshear 和 Knobel（2008a）建议从社会文化角度看待数字素养，将其视为一组通过数字工具和程序进行的社会实践与意义创造。通过开始参与数字活动，人们可以以一种实践的、个人有效的方式，在特定任务和社会环境中学习特定的技能、情境知识与态度。这可能提供与快速发展的技术变化实践相关的技能，但尚未反映在变化较慢的教育计划和数字能力的官方概念中。Lankshear 和 Knobel 主编的数字素养著作（2008a）强调了在发展数字素养政策时考虑上述方面的重要性。他们建议以广泛的视角看待数字素养，包括大众文化实践和日常实践，如在工作场所写博客、网上购物和参与在线社交等（Lankshear and Knobel，2008b）。这为发展数字能力提供了一种方法，即将有素养、有能力和能在数字环境中学习更多知识的这些基本能力融入学习者与教育者的日常生活之中。

如上所述，文献强调了考虑在非正式数字使用中出现的实践对发展数字能力的有组织的教育方法的重要性。然而，即使有大量证据表明人们自己以及在同伴的支持下可以学习数字技能（他们在特定环境中完成任务所需的那一类技能），但这并不能消除他们对教师、导师和指导性的结构化学习方法的需求。经常被提及的"数字原生代"可能在出于某些目的而使用数字工具方面非常娴熟且富有创造性，但是，他们仍然缺乏在数字环境中做出决定和行动的一些重要能力，如批判性的信息素养（Ala-Mutka et al.，2008）。van Deursen（2010）发现，互联网使用经验只对操作性的和正式的互联网使用技能有所贡献，如使用计算机、文件和互联网应用程序的能力。批判性地搜索和选择信息、面向特定目标战略性推进等的高级认知技能，并没有随着网络体验而提高。教育水平对所有技能均有正向影响。

此外，对于天生具有技术能力的年轻一代是否真的存在这个话题，还有着相当多的争论，具体可参见 Bennett 等（2008）的讨论。在这些年轻人中存在多种数字鸿沟。例如，他们的技能受到社会经济地位（Hargittai，2010）或技术获取的地点和社会环境（Brandtweiner et al.，2010）的影响。此外，由于人们有不同的学习风格和能力，他们中的一些人需要比其他人更多的帮助和指导。正如 Gee（2007）所指出的，"仅仅为年轻人提供获取技术的途径是不够的，他们需要成年人的指导和丰富的学习系统，否则面向这些孩子的技术的全部潜力将无法实现"。此外，由于成年人中有许多类型的群体（如老年人、失业者和低技能人群）面临数字排斥的风险，因此需要采取有组织的教育方法，提高他们对数字参与的兴趣、技能和信心。数字能力的教育和培训不应该只集中在年轻人身上，还有很多经过了正规教育阶段的公民仍需要发展自己的数字能力。

因此，存在对于有组织的教育系统的空间和需求，以确保和支持所有公民平等地学习数字能力的重要方面。机构则需要遵循开发外部培训项目的做法，以便为人们的工作、生活和进一步学习提供实用且最新的数字能力。

2.4　供考虑的问题概述

本部分将介绍和讨论一些问题，以促进读者对与数字能力相关的问题和紧张关系的理解。为了实现本报告的目标，即绘制数字能力的图景并形成对数字能力的概念性理解，我们吸取了以下重要经验与教训。

（1）素养是一个非常广泛的概念。它包括能力方面（态度等）以及用于基础的读写之外的各种主题。这个词的广泛性会引起误解，因为不同的人可能会从不同的层面和侧重点来考虑它，这也可能影响人们对"数字素养"或"数字能力"的理解。

（2）文献表明，素养应该被视为从工具性技能到生产能力和效率的连续统。必须掌握基本的技能和工具（读、写、掌握计算机应用），但这只是获得以这些技能使用为基础的其他知识、技能和态度的第一步。

（3）数字实践是由使用者自己进行的，通过这些实践创造了新的技能需求，因此，数字能力的定义需要有更广泛的视角，并将大众文化实践和个人日常实践纳入待发展培育的能力范畴之内。需要咨询若干利益攸关方以发现需求的变化，这些变化通常是通过不同群体的社会实践产生的。

（4）更广泛的数字能力概念和为了可测量的学习及评估/认证目标的操作之间，应该有一个分离和平衡。在讨论数字能力时，将这两个方面结合起来，可以使概念层面的理解保持不变；而工具和实践相关方面的操作化应定期修订，以跟上技术环境和主要社会实践变化的步伐。

3 研究文献中的关键概念及其要素

在文献中，通过各种概念讨论了信息社会与活动相关的技能和能力。概念的选择取决于讨论者的学科（如信息科学或媒介研究）和所关注的方面（如具体任务技能或综合能力）。回顾文献可知，有两项工作因为覆盖面广、讨论透彻以及对实现本报告目标颇有价值而被反复提及。一是，Bawden 对数字素养概念及其与其他概念的关系进行的深入回顾（Bawden，2001；2008）；二是，Martin 在各种出版物上报告的 DigEuLit 项目的成果（如 Martin，2006；Martin and Grudziecki，2006），该成果进行了概念阐述，并提出了发展数字能力的一个建议框架。基于此以及其他文献，本部分将介绍和讨论五个最常见的概念。

知识、技能和态度的具体要素将以图片的形式进行呈现。这些方框里呈现的是每种考虑所涉及的新方面，以帮助读者构建有关各种考虑的整体图景，而所有这些考虑都应该包含在数字环境所需能力的讨论之中。

3.1　计算机素养和ICT素养

"计算机素养"（computer literacy）或"ICT 素养"（ICT literacy）通常用于各种语境，也常被称为"IT 素养"或"技术素养"。正如术语本身所反映的那样，这些概念通常强调了解和能够使用计算机与相关软件的方面。然而，自 20 世纪 90 年代末以来，随着技术使用中对反思性技能的理解开始增加（Martin，2008），更先进的一些解释也变得有迹可循。

根据 Bawden 的评论（2001），计算机素养在文献中最常以实用技能的方法加以考虑："实际上，这意味着各种计算机应用程序所需的技能被提及，譬如文字处理、数据库、电子表格等，以及一些通用的 IT 技能，如复制磁盘里的内容并将复制的内容打印输出。"这种对使用计算机所需技能的狭隘理解是相当常见的（van Deursen，2010），这通常会导致教育领域的工具性导向，在这种导向下，教学被简化为相对琐碎的软件指令。

然而，也有对计算机素养进行更广泛定义的例子，这些定义超越了简单的技能方法，并涉及出于个人和社会利益的批判性使用。Bawden（2001）引用了一些早期的例子，例如，"为了在信息社会中履行职责，人们需要会使用计算机并了解计算机"（Hunter，1983；Bawden，2001）；"计算机素养需要增加我们对机器的理解，譬如它能做什么以及不能做什么"（Horton，1983）。

早在 1999 年，美国国家研究委员会（US National Research

了解和使用计算机设备

了解和使用相关软件

理解 ICT 的潜力及局限

Council）（Committee on Information Technology Literacy，1999）就批评计算机素养这个概念的技能内涵太过中庸，他们更倾向用"IT 流畅"（IT fluency）这个词，以强调和包含对技能的需要、对概念的理解和对信息进行抽象思考的智识能力。新的概念并没有被广泛使用，但同时，在讨论 ICT 素养及其目标时，研究文献也开始更多地考虑信息相关技能。对 ICT 素养的理解开始向信息素养转变。从那时起，一些作者讨论了计算机素养和信息素养之间的关系，它们看起来不尽相同却又相互关联（Bawden，2001）。

3.2　互联网素养和网络素养

信息和相关程序的网络化属性有时被称为"互联网素养"（internet literacy）或"网络素养"（network literacy）。有时，"互联网素养"或"网络素养"也以广义的"数字素养"出现在文献中，但它更多的是指使用网络资源、媒体和交流等具体方面。McClure（引自 Bawden，2001）认为，网络素养的基本组成部分应该包括知识和技能。其中，知识层面包括：①了解网络资源的范围和用途；②了解网络信息在解决问题和基本生活活动中的作用与用途；③了解用以产生、管理和提供联网资料的系统。技能层面包括：①从网络中检索特定类型的信息；②处理网络信息，联合、强化、增加价值；③利用网络信息帮助做出与工作相关和个人的决定。

McClure 指出，这些方面不是传统素养的附加内容，而是电子社会中更广泛的素养概念的一部分，并且还需要其他素养。

van Deursen（2010）阐述并验证了"互联网技能"的定义，认为互联网是一种比简单的计算机或其他传统媒体要求更高的媒介。该定义包括四种技能，代表了两种主要类型：媒介相关技能和内容相关技能。作为一种媒介，互联网需要使用浏览器、搜索引擎和表单等特定的操作技能（operational

了解网络资源的作用及其使用

发现和处理超链接非线性信息

使用网络来做出个人决策

了解并使用网络相关的软件功能

在互联网上保持位置感和目标

skills），以及在互联网上畅游并能保持位置感的正规互联网技能（formal internet skills）。这些是实践和发展内容相关的互联网技能的先决条件，其中包括定位、选择和评估信息等信息互联网技能（information internet skills），以及互联网上成功的目标导向型活动等战略信息技能（strategic information skills）。van Deursen 表明，这种对网络技能的定义对于不同内容领域的任务是有效的。

> 在互联网上完成目标导向型的活动

如上所述，互联网素养或网络素养与管理和受益于互联网上大量信息和资源的能力有关，与接下来要讨论的信息素养有关。

3.3 信息素养

信息素养（information literacy）是研究文献中提及最多的数字相关概念之一。这个概念强调对媒体资料的识别、定位、评价及使用（Livingstone et al.，2005）。自 20 世纪 90 年代以来，伴随计算机和互联网的日益普及以及信息的日益可获取，"信息素养"概念的使用频率在文献中大大增加了（Bawden，2001）。Bawden（2001）指出，这一概念被一些人认为与"图书馆素养"或"书目指导"有关，但它通常被认为是一个更广泛的概念，包括对计算机和多媒体技术的有效使用。

信息素养正在成为信息社会中的一项重要技能，在信息社会中，所有人都可以通过数字手段轻松获取信息。那些知道如何找到它以及出于自身利益使用它的人比不会这样做的人更具优势。2005 年的《亚历山大宣言》[①]（The Alexandria Proclamation）指出：

信息素养使各行各业的人能够有效地寻找、评估、使用和创造信息，以实现他们的个人、社会、职业和教育目标。这是数字世界中的一项基本人权，能促进所有国家的社会包容。

[①] 参见：http://portal.unesco.org/ci/en/ev.php-URL_ID=27055&URL_DO=DO_PRINTPAGE&URL_SECTION=201.html。

定位与评估
信息

存储和管理
信息

有效且合乎
道德地使用
信息

传播信息
和知识

联合国教科文组织详细阐述了信息素养的五大要素（Catts and Lau，2008）：识别信息需求、确定和评估信息的质量、存储和检索信息、有效且合乎道德地使用信息、运用信息创造和传播知识。

联合国教科文组织指出，信息素养是成年人能力的一个内在方面，且当前与 ICT 密切相关："没有 ICT 的时候，人们可以具备信息素养，但是，大量且质量不一的数字信息及其在知识社会中的作用强调了一点：所有人都需要掌握信息素养技能。对于知识社会使用信息素养的人来说，获取信息和使用 ICT 技术的能力都是先决条件。"（Catts and Lau，2008）然而，重要的是要记住：信息素养是一种通用能力，不仅仅局限于数字环境。

了解传统和
新的信息来源

评估和表达
信息需求

有效地检索
和选择资源

解释不同
格式的信息

将信息进行
加工并传递
为知识

充分考虑到纸质文献和互联网资料，Bawden（2001）详细阐述了 Dupuis（1997）的工作，并列出了创建和培养信息素养的核心要素，提供了日渐多样化的信息呈现和传播样式，包括：①了解信息世界（包括信息技术），同时了解，并非所有的信息都可以在计算机上找到；②评估信息需求，明确哪些信息是需要的；③评估和选择资源，并有效检索，包括理解文献结构、受控词和自由词之间的区别、精确检索和全面检索之间的区别等；④评估和解释不同格式和媒体的信息，并进行批判性分析；⑤操作和组织信息；⑥与他人交流信息被发现的位置和内容，包括引用和将新信息整合至现有知识体系中。

Bawden（2001）在其评论中指出，信息素养与学习之间的联系是这一概念发展中始终不变的主题，并对这一术语的含义产生了强烈的影响。具有信息素养经常被认为是终身学习的重要能力。1989 年召开的美国图书馆协会信息素养主席会议已经指出[①]："……最终，有信息素养的人是那些学会了如何学

---

① 美国图书馆协会（American Library Association）信息素养主席会议的最终报告可参见：http://www.ala.org/ala/mgrps/divs/acrl/publications/whitepapers/presidential.cfm。

习的人。他们知道如何学习（因为他们知道信息是如何被组织的）、如何查找信息，以及如何以一种让他人可以学习借鉴的方式使用信息。他们是为终身学习做好准备的人，因为他们总能找到手头任何任务或决策所需的信息。"

一些作者认为，批判性思维是信息素养的一个重要组成部分，在信息丰富的数字环境中，信息素养变得更加重要。例如，Brouwer（1997）认为，以批判性思维为中心，信息素养包括五个组成部分：①区分信息和知识；②提出信息相关的关键问题，信息的来源是什么，信息中包含哪些假设；③评估信息的有用性、及时性、准确性和完整性；④不要满足于搜索到的前六个可"点击"项；⑤通过技术工具询问 / 检查答案。

> 对找到的信息和答案进行批判性思考

3.4 媒介素养

在数字媒体普及之前，媒介素养（media literacy）作为一个术语在文献中很少出现，20 世纪 90 年代末开始在信息素养的基础上得以扩展（Bawden，2001）。"媒介素养"一词中包含了更传统的媒体，包括印刷和视听媒体（如广播和电视），也包括互联网。早期使用的术语"信息素养"与"媒介素养"有很多共同之处，Bawden 认为，大多数考虑了这些概念之间相互关系的作者更倾向于将媒介素养视为信息素养的一个组成部分。这些概念之间确实有明显的相似之处，但这里不对这些概念进行比较，而是在已有讨论的基础上，提出并强调对媒介素养的讨论需要纳入数字环境所需能力的探讨之中。

信息素养倾向于关注信息获取和评估的方式，媒介素养侧重于各种媒体类型的属性以及信息被构建和解释的方式（Martin，2006）。Bawden（2008）认为："信息素养"意味着以"拉"（pull）的模式积极寻找和使用信息的能力，"媒介素养"意味着对"推"（push）给用户的信息进行处理的能力。虽然信息素养对人们的学习和个人发展至关重要，但媒介素养突出了在充满（数字）媒体的世界中发展和保持一个公民的独立性及有成效参与的技能。

作为一个研究领域，媒介素养最初是从对大众媒介的批判性评价发展而来的；它被认为是对人们的一种保护，让人们免受大众媒体的影响，因为许多人认为大众媒体是危险的（Martin，2006）。关于媒介素养的研究文献，通常引用 1992 年阿斯彭媒介素养领导力研究所（Aspen Media Literacy Leadership Institute）提出的媒介素养定义："……以各种形式接触、分析、评价和创造媒介的能力。"（Thoman and Jolls，2003）。

这一定义在许多其他组织中得到了反映。例如，澳大利亚通信和媒体管理局（Australian Communications and Media Authority）将数字媒介素养称为使用数字媒体来获取、理解、参与或创建内容的能力[①]。在欧洲，英国通信管理局提供了一个常被引用的定义，该定义是与利益相关者合作给出的。他们认为，媒介素养是"在各种环境中获取、理解和创造交流的能力"[②]。英国通信管理局媒介素养审查报告[③]提供了以下阐述：①访问，包括媒体设备的占有率、使用的量和广度；②理解，包括使用每个平台可用功能的兴趣和能力、关注的程度和水平、对电视和在线内容的信任以及对电视和互联网安全控件的使用；③创造，包括人们参与创造性内容的信心和他们执行创造性任务的兴趣，尤其是在使用社交网站时。

Brandtweiner 等（2010）增加了额外的更高层次的能力，认为媒介素养的以下四个主要维度还需要反思和批判性思维：①选择和使用适当的媒体和内容（媒介知识、使用和参与）；②理解和评估媒体内容（分析和评估）；③认识并应对媒体内

侧栏文字：

从事和参与数字媒体

评估不同形式和平台的媒体

了解和使用与机制相关的媒体

自信地创建媒体和表达

选择和使用恰当的媒体

分析和评估媒体内容

反思媒体影响

确认媒体生产环境

---

① 参见：http://www.acma.gov.au/WEB/STANDARD/pc=PC_311470 24。

② 参见：http://stakeholders.ofcom.org.uk/market-data-research/media-literacy/about/whatis/。

③ 参见：http://stakeholders.ofcom.org.uk/market-data-research/medialiteracy/medlitpub/medlitpubrss/ml_childrens08/。

容的影响（自我反思）；④识别和评估生产环境（严肃性和可信度）。

3.5　数字素养

数字素养（digital literacy）有时也被称为电子素养（e-literacy），这个概念通常被认为包括上述概念中提到的很多知识、技能和态度。"数字素养涉及并包括许多它没有声称包含的东西"（Bawden，2008）。Martin（2006）认为，这可能有诸多原因，比如突出了不同素养间相似性的数字工具和媒体的影响，或者所有素养都在从专注于应用转向识别通用的认知能力、过程和批判性态度。他认为，"数字素养作为一个综合的（而不是全面的）概念可能是有价值的，它关注数字，而不局限于计算机技能，并且没有什么历史包袱"。

Martin（2006）和Bawden（2008）承认，Gilster（1997）首次引入了数字素养的概念，并在一定程度上促成了它在当前为人所知的应用。Gilster将数字素养解释为"对那些通过计算机呈现的、来自各种渠道与各种形式的信息进行理解和使用的能力"，他并没有以技能列表的方式来处理这个概念，而是采取这种通用且广泛的方式，从而使得对这个概念的解释和操作可以根据需要而发展。相比于技术能力，他更强调批判性思维，"对你在网上找到的东西做出明智判断的能力"是一个至关重要的方面。因此，虽然数字素养的定义早在1997年就被提出，但它仍然是有价值的，并在文献中经常被提及。

Gilster（1997）提出，新媒体需要新的技能来驾驭网络技术和解释数字信息的含义："你不仅要学会查找事物的技巧，还必须学会在生活中使用它们的能力。"Gilster（1997）还提出，数字素养还必须包含理解以下一点：数字资源是如何与其他资源互为补充的，而不是因为有了互联网而放弃其他信息源。

Bawden（2001）将Gilster论及的核心能力总结如下：

> 个人生活任务和目标从ICT中受益

①对在网上发现的东西做出明智判断的能力，他将其等同于"批判性思维的艺术"，其关键是"通过区分内容和表现形式，形成平衡的评估"；②在动态和无序的超文本环境中阅读与理解的技能；③知识组装技能，从不同来源建立一个"可靠的信息群""收集和评估事实和意见的能力，最好不带偏见"；④搜索技能，主要基于互联网搜索引擎；⑤使用信息过滤器和代理来管理"多媒体流程"；⑥制定"个人信息战略"，选择信息来源和传递机制；⑦对他人的认知，以及（通过网络）与他人联系、讨论问题并获得帮助的扩展能力；⑧能够理解问题并提出一套方案来响应该信息需求；⑨了解用网络工具备份传统形式的内容；⑩谨慎判断超文本链接所引用材料的有效性和完整性。

对内容源和表征源进行批判性评估

从不同的和非连续的信息源建立知识

管理传入信息

创建个人信息策略

从人际网络中受益

在对数字素养的回顾和讨论中，Bawden（2008）列出了与数字素养相关的技能和能力清单，这些技能和能力反映了当今世界通过数字工具与媒体获取大量信息的实际需求。该清单除上述项目外，还增加了以下两个方面：①认识到传统工具与网络媒体相结合的价值；②舒适自如地发布、传播以及评估信息。

Martin 和 Grudziecki（2006）报告了一个欧盟项目的结果，他们认为，数字素养的发展是"成功应对一系列电子基础设施及工具的能力，正是这些电子基础设施及工具使得 21 世纪的世界成为可能"。他们还开发了学习和培训这种能力的框架方法。在项目的概念部分，他们详细阐述了数字素养概念的全面定义："数字素养是指个人在特定的生活情境下，为了采取建设性的社会行动，适当地使用数字工具和设施来识别、获取、管理、整合、评估、分析和综合数字资源，构建新知识，创造媒体表达，与他人沟通，以及对这些过程进行反思的意识、态度和能力。"（Martin and Grudziecki，2006）

理解传统工具和资源与数字化相结合的价值

熟悉数字化交流

在数字环境中应用各种技能和能力

这是文献中对数字素养最全面的简短定义。Martin（2008）也进一步阐述了它的含义，总结为：①数字素养包括能够在生活情境中进行成功的数字行为，包括工作、学习、休闲和日常生活的其他方面；②对个人而言，数字素养将根据其特定的生活状况而有所不同，而且是随着个人生活状况的变化而不断发展的终身过程；③数字素养比 ICT 素养更广泛，包括从几个相关"素养"中提取的元素；④数字素养包括获取和使用知识、技术、态度和个人素质，并将包括对生活任务的解决方案中涉及的数字行为进行计划、执行和评估的能力；⑤数字素养还包括意识到自己是一个具有数字素养的人，并对自身数字素养发展进行反思的能力。

> 计划、执行和评估自己的数字能力

> 反思自身的数字素养技能及其发展

3.6　概念化图景（conceptual mapping）

许多在数字时代之前出现的素养概念，后来随着数字工具和媒体机会的出现而得到发展及扩展。这种发展可能会继续下去，试图在某个定义下定格概念不仅是不可能的，而且会很快失去其相关性。例如，联合国教科文组织认为，在任何时候，一种新的形势都可能需要一个新的信息素养水平（Catts and Lau，2008）。

图 1-2 说明了典型的定义是如何使概念相互重叠的。对概念的不同解释使得人们不可能有一个普遍的共识来明确指出不同数字能力领域确切的重叠部分。

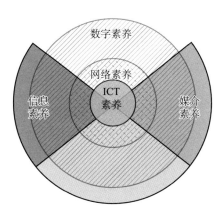

图1-2　数字素养与其他相关概念的关系图

该图是根据前文对概念的讨论得出的，旨在彰显以下要点。

第一，ICT 素养通常是最狭隘的数字概念，主要集中于技术知识和计算机与软件应用的使用。

第二，网络素养于工具相关的知识和技能之外，增加了在网络媒体环境中成功履行职责的考虑和能力。

第三，信息素养和媒介素养在很大程度上是重叠的。然而，两者有不同的关注点：信息素养更多地关注信息的发现、组织和处理，媒介素养则更多地关注出于自身利益和参与而解释、使用和创建媒体。在这两个概念中，批判性的态度都很重要。

第四，在数字领域，数字素养是最广泛的概念，最初由Gilster（1997）定义，包括其他概念的主要方面，以及负责任地、有效地使用数字工具完成个人任务和发展，从人际网络中获益等更深层次的方面。

第五，信息素养和媒介素养涵盖数字与非数字领域，即它们也包含数字素养之外的问题，但它们的一些主要方面在数字领域非常重要。

第六，此外，虽然图 1-2 中没有显示，但作为理解信息和以文化上认同的符号及规则进行交流的基本概念，读写能力层面的素养是至关重要的，是所有其他素养的基础。

本部分的主要目的不是选择并提出一个概念定义作为框架开发的基础，而是认识到所有最重要概念的基本要素。文献支持这一点，例如，Martin（2006）认为，寻找"一种素养来统领所有素养"是徒劳的。类似地，Bawden（2008）强调，相比就特定的一般概念达成共识，解释概念更为重要。Martin（2006）总结道："多种素养可能会让人感到困惑和不便，但它代表了社会生活的现实，在社会生活中，视角和情境在巨变且不断在变化。素养意味着对社会需求和赋权的认知，而一个不断变化的社会将不可避免地继续创造新的素养。"

4　欧洲有关数字能力的政策路径

欧洲政策中不同的行动者从不同的角度对数字能力进行了探讨。有时候，政策讨论使用与文献中介绍的及前文回顾的相同的概念；有时候政策行为者会提出自己的概念，以促进和传播其特定的利益与立场。本部分将简要回顾这些主要概念，以及数字能力领域相关的欧洲政策行动。由于这些概念和方法是以前文回顾的概念为基础且与其相联系的，因此本部分并不介绍数字能力新的模块。本部分的目的是向读者展示欧洲政策是如何对数字能力进行概念化，并将政策路径聚焦于数字能力相关问题的。

4.1　数字素养

数字素养的概念主要用于欧盟委员会信息社会与媒介总局的政策工作中[①]，欧盟委员会的工作文件（European Commission，2008a）中对此是这样定义的：数字素养是实现数字能力所需的技能……数字素养以计算机和互联网的基本技术应用为基础。

该定义主要反映功能性（工具性）工具和互联网使用技能，即对应于上文所述的"ICT 素养"概念。它还强调，数字素养是一个工具性的、较低水平的概念，是数字能力形成的一个技能要求。这里的数字能力指的是关键能力（European Parliament and the Council，2006），具体将在下文"数字能力"部分进行解释。同一份委员会工作文件中，从三个阶段探讨了信息社会的发展和对数字素养的重视：①第一阶段：提高数字素养，改善数字接入；②第二阶段：促进 ICT 用户的基本技

---

① 参见数字素养网站：http://ec.europa.eu/information_society/edutra/skills/index_en.htm。

能；③第三阶段：提高信息社会的使用和参与质量。

第三阶段要求对数字素养进行详细的阐述。数字素养高级别专家组[①]的建议认为，需要扩展这一概念并与媒体素养框架结合，同时强调了使用的意识和质量，包括批判性、创造性的思维和技能。

数字素养和信息社会与媒介总局的电子包容工作[②]相联系，该工作旨在实现让所有人都能享受 ICT 带来的好处。电子包容既指包容性的 ICT，也指利用 ICT 实现更普遍的包容目标，如接纳面临被排斥风险的特定群体（老年人、移民、低技能人群、失业者、特殊需求人群），强调所有个人和社区在信息社会中的积极参与。因此，电子包容政策旨在缩小 ICT 使用方面的差距，促进 ICT 的使用，以克服排斥，提高经济绩效，增加就业机会，提升生活质量，增强社会参与度和凝聚力。

欧洲数字素养的发展得到了信息社会与媒介总局委托开展的多项研究的支持，如"数字素养述评"[③]、"促进 ICT 能力的框架计划研究"[④]、"电子实践平台上的数字素养社区"[⑤]和"欧洲电信中心（TeleCenter Europe）"[⑥]。数字素养发展项目还得到了教育、视听及文化执行署的教育和培训[⑦]及终身学习项目[⑧]的支持。

数字素养和电子包容是"i2010 战略"[⑨]及当前"欧洲数字

---

① 参见：http://ec.europa.eu/information_society/eeurope/i2010/docs/digital_literacy/digital_literacy_hlg_recommendations.pdf。

② 参见电子包容网站：http://ec.europa.eu/information_society/activities/einclusion/index_en.htm。

③ 参见：http://ec.europa.eu/information_society/eeurope/i2010/digital_literacy/index_en.htm。

④ 参见：http://ec.europa.eu/information_society/activities/einclusion/research/competence/index_en.htm。

⑤ 参见：http://www.epractice.eu/community/digilit。

⑥ 参见：http://www.telecentre-europe.org/。

⑦ 参见：http://ec.europa.eu/education/archive/elearning/projects/051_en.html。

⑧ 参见：http://eacea.ec.europa.eu/llp/project_reports_ict_ka3_en.php。

⑨ i2010：社会包容、更好的公共服务和高质量生活，参见：http://ec.europa.eu/information_society/eeurope/i2010/inclusion/index_en.htm。

议程"^① 的重要议题。数字议程突出强调了数字素养、电子包容、电子教学和电子技能（见"电子技能"部分）为重要的行动领域。还有一些提高可用性和可访问性的项目，支持有特殊需求的目标群体发展和应用数字能力。

- 行动 57：将数字素养和能力作为欧洲社会基金的优先事项；
- 行动 58：开发工具以识别和认证 ICT 从业者与用户的能力；
- 行动 59：将数字素养和技能作为"适应新工作的新技能"（以下简称"新工作新技能"）计划的优先事项；
- 行动 60：促进青年妇女和重返工作岗位的妇女更好地参与 ICT；
- 行动 61：开发一个关于新媒体技术的在线消费者教育工具；
- 行动 62：提出全欧盟数字能力和媒介素养指标；
- 行动 63：系统评估所有立法修订中的可访问性；
- 行动 64：确保到 2015 年公共部门网站完全可访问；
- 行动 65：残疾人数字接入谅解备忘录；
- 行动 66：成员国推进长期的电子技能和数字素养政策；
- 行动 67：成员国在电信框架（Telecoms Framework）和《视听媒体服务指令》（Audiovisual Media Services Directive，AVMSD）中执行有关失能的规定；
- 行动 68：成员国将网络教学纳入国家政策主流。

4.2　电子技能

电子技能是欧盟委员会企业与工业总司^② 和 ICT 行业使用的概念，旨在反映从基础能力到 ICT 专业人员和企业家的不同

---

① 参见"数字议程"网站：http://ec.europa.eu/information_society/digital-agenda/index_en.htm。

② 参见"电子技能"网站：http://ec.europa.eu/enterprise/sectors/ict/e-skills/index_en.htm。

层次的 ICT 技能需求。2004 年欧洲电子技能论坛（European e-Skills Forum）从以下三个主要类别来界定"电子技能"。

第一，ICT 用户技能（ICT user skills）代表个人有效应用 ICT 系统和设备所需的能力。ICT 用户将系统作为支持其工作的工具。用户技能包括常用软件工具及支持行业内业务功能的专用工具的使用。在一般水平上，它们包括了"数字素养"。

第二，ICT 从业者技能（ICT practitioner skills）是对 ICT 系统进行研究、开发、设计、战略性规划、管理、生产、咨询、营销、销售、集成、安装、管理、维护、支持及服务等所需的能力。

第三，电子商务技能（e-Business skills）指的是以下各方面所需的能力：利用 ICT（特别是互联网）提供的机会、确保不同类型的机构有更高效的表现、探索以新的方式进行商务 / 行政和组织流程的可能性、创建新的企业等。

电子技能通信[1]（European Commission，2007a）在一项长期的欧洲电子技能议程中采用了这一定义和五个关键行动路线：推进长期合作并监测进展；发展支撑性的行动和工具；增强意识；促进就业能力和社会包容；促进更好更多的电子学习。通过多方利益者的相关活动，电子技能提升行动取得了一些成果，如欧洲电子能力框架[2]与欧洲电子能力课程开发指南和准则[3]、欧洲电子技能与职业门户网站[4]以及促进欧盟及各个国家层面意识提升的欧洲电子技能周、关于欧洲电子技能需求和发展的多项研究[5]。

---

① 参见：http://europa.eu/enterprise/sectors/ict/files/comm_pdf_com_0496_f_en_acte_en.pdf。

② 参见：http://www.ecompetences.eu/。

③ 参见：http:ec.europ.eu/enterprise/sectors/ict/files/curriculum_guidelines_report_april_2010_en.pdf。

④ 参见：http://eskills.eun.org/web/guest/home。

⑤ 查阅报告网站：http://ec.europa.eu/enterprise/sectors/ict/documents/e-skills/index_en.htm。

4.3　媒介素养

欧盟委员会指出，媒介素养是当今信息社会积极的公民权利的一个重要因素[①]。官方文件的定义强调了工具相关技能和对安全使用的批判性态度与理解。

媒介素养是访问媒介、理解和批判性地评价媒介及媒介内容，并在不同语境中进行交流的能力[②]。

媒介素养指的是使消费者能够有效且安全地使用媒体的技能、知识和理解。具备媒介素养的人能够做出明智的选择，了解内容和服务的性质，并利用新通信技术所提供的各种机会。他们能够更好地保护自己和家人免受有害或冒犯性信息的伤害（European Parliament and the Council，2010）。

媒介素养不仅是年轻一代应掌握的基本能力，而且是成年人，尤其是老年人、父母、教师和媒体专业人员应掌握的基本能力。欧洲层面的媒介素养工作得到欧洲委员会和欧洲理事会的支持[③]。

《视听媒体服务指令》[④]要求欧盟委员会在 2011 年 12 月之前报告所有成员国的媒介素养水平，此后每三年报告一次（European Parliament and the Council，2010）。欧盟委员会的通讯《欧洲数字环境中的媒介素养方法》概述了该领域的主要成就和目标（European Commission，2007b）。取得的重要成就包括：通过宣传手册和情况说明书提高认识[⑤]、媒介素养研究及其评估[⑥]、欧洲委员会的互联网素养[⑦]网站、更安全的互联网项

---

① 参见媒介素养网站：http://ec.europa.eu/culture/media/literacy/index_en.htm。

② 参见媒介素养网站上的定义：http://ec.europa.eu/culture/media/literacy/index_en.htm。

③ 参见媒介与信息社会网站：http://www.coe.int/t/dghl/standardsetting/media/。

④ 参见：http://ec.europa.eu/avpolicy/reg/tvwf/index_en.htm。

⑤ 参见媒介素养网站：http://ec.europa.eu/cuture/media/literacy/index_en.htm。

⑥ 参见报告：http://ec.europa.eu/culture/media/literacy/studies/index_en.htm。

⑦ 参见：http://www.coe.int/t/dghl/StandardSetting/InternetLiteracy/default_en.asp。

目①，该项目旨在保护和增强儿童的上网能力，重点关注家长、教师和儿童等终端用户。

4.4 数字能力

基于教育与文化总司的通讯，European Parliament and the Council（2006）从终身学习的角度探讨了数字技能和能力，将数字能力定义为终身学习的八大关键能力之一②：数字能力涉及在工作、休闲和交流中自信且批判性地使用信息社会技术。以ICT基本技能为基础，使用计算机检索、评估、存储、生产、呈现和交换信息，并通过互联网进行交流和参与协作网络。关键能力提供了一个参考框架，以支持各国和欧洲努力实现其定义的目标。这个框架适用于政策制定者、教育和培训提供者、雇主和学习者。它进一步规定了与该能力有关的基本知识、技能和态度的如下要求。

一是对日常环境中（个人、社会生活以及工作中）信息社会技术的性质、作用和机会有良好的理解与掌握。包括主要的计算机应用，如文字处理、电子表格、数据库、信息储存和管理等；了解互联网以及通过电子媒介（电子邮件、网络工具）进行工作、休闲、信息分享和网络协作、学习和研究等的机会和潜在风险。个人还应该理解信息社会技术如何支持创新创造，并了解可用信息的有效性和可靠性问题，以及涉及信息社会技术交互使用的法律和伦理原则等。

二是搜索、收集和处理信息并以批判性与系统性的方式使用信息的能力，包括在识别链接时，能评估真实链接与虚拟链接的相关性并进行区分。评估个人应具备使用工具来生成、呈现和理解复杂信息的技能，以及访问、搜索和使用基于互联网的服务的能力。个人也应该能够使用信息社会技术来支持批判

---

① 参见：http://ec.europa.eu/information_society/activities/sip/index_en.htm。

② 参见：http://ec.europa.eu/education/lifelong-learning-policy/doc42_en.htm。

性思维和创新创造。

　　三是对现有信息持批判和反思的态度，以及对互动媒体负责任地使用。出于文化、社会和专业目的参与社区和网络的兴趣也是这方面能力的一种表现。

　　欧盟委员会教育与文化总司支持多项有关学习和教育的关键能力以及 ICT 应用的研究，以提高学习者的数字能力，并为在信息社会中终身学习做好准备[①]。由成员国各部门代表[②]组成的同行学习小组制定了一份最终报告，强调了 ICT 技能以及在教育和培训中使用 ICT 的重要性与建议[③]。此外，欧盟委员会信息社会与媒介总局长期支持评估和发展学校的 ICT 使用以及加强学习的研究[④]。如前所述，欧盟委员会信息社会与媒介总局经常使用的数字素养概念与数字能力相联系，数字能力是其他能力的基本要求。

　　欧盟委员会就业与社会事务局领导的"新工作新技能"计划[⑤]认识到了数字能力在各行业中的重要性。一份与《新工作新技能通讯》（European Commission，2008b）一起发布的员工工作文件[⑥]指出："跨部门、横向和通用的技能，如解决和分析问题的技能、自我管理和沟通技能、语言技能、数字能力等，在劳动力市场上越来越受到重视。"此外，该文件还指出："数字能力、自信且批判性地使用 ICT 的技能现在被教授，但进展不够。ICT 既是一个主题，也是一种为了新的工作而学习新技

---

① 参见报告：http://ec.europa.eu/education/more-information/moreinformation139_en.htm；也可参见 JRC-IPTS 为教育与文化总司所做的研究：http://is.jrc.ec.europa.eu/pages/EAP/eLearning.html。

② 参见：http://www.kslll.net/PeerLearningClusters/clusterDetails.cfm?。

③ 参见：http://www.kslll.net/Documents/Key%20Lessons%20ICT%20cluster%20final%20version.pdf。

④ 参见：http://ec.europa.eu/information_society/tl/edutra/inno/index_en.htm。

⑤ 参见"新工作新技能"网站：http://ec.europa.eu/social/main.jsp?catId=568&langId=en。

⑥ 参见：http://eur-lex.europa.eu/LexUriServ/LexUriServ.do?uri=SEC:2008:3058:FIN:EN:PDF。

能的新的方式——在有组织的教育中，通过基于互联网的非正式同伴支持，ICT 提供了多种学习途径和工具。"Expert Group on New Skills for New Jobs（2010）的报告也强调了数字能力的重要性。

4.5 其他概念

在谈到信息社会中的技能和能力时，政策文件和计划中还使用了其他概念。有时它们指的是一个特定的应用领域，如"电子政务技能"，并被用作参与相关活动所需技能的一种通用表达。在相关政策讨论中，还有一些用得越来越多的更通用的概念，我们将在本部分中快速回顾这些概念。

（1）电子能力（e-competence）。在欧洲的政策语境中，"电子能力"一词被用于不同的含义和语境。这个术语主要用于和被熟知于欧洲标准化委员会（European Committee for Standardization，CEN）面向 ICT 从业者制定的欧洲电子能力框架[①]工作。这个框架定义了与 ICT 行业相关的 36 种能力。专家们对"能力"的定义为："为达到可观察到的结果而运用知识、技能和态度的能力。"[②]"电子能力"一词一般用来指欧洲电子能力框架中认可和描述的这些能力。

这个术语的用法也有一些变化，例如，欧盟委员会信息社会与媒介总局早先将这个术语用作 ICT 技能的通用参考："……欧洲人需要发展他们的能力，这样他们才能拥有正确的技能、知识和态度以充分利用当今令人眼花缭乱的ICTs。"[③]这个术语也可以在文献中找到，如 Cobo Romani（2009），意指广泛层面上所需的数字技能。因此，该术语的含义取决于语

[①] 参见欧洲电子能力框架网站：http://www.ecompetences.eu。

[②] 参见：http://www.ecompetences.eu/site/objects/download/5256_eCF2.0CWA PartIIImethodology.pdf。

[③] 参见：http://ec.europa.eu/information_society/activities/einclusion/policy/competences/index_en.htm。

境，从基本的 ICT 技能到更高阶的通用或特定的专业能力都有可能。

（2）数字流畅（digital fluency）。如前所述，"数字流畅"一词早在 1999 年就由美国国家研究委员会（Committee on Information Technology Literacy，1999）提出。美国的国家教育技术计划中也提出了流畅使用技术的目标[①]。他们提出"研究与信息流畅"的目标是[②]："学生应该能够使用各种数字媒体来定位、组织、分析和评估各种来源信息。"

这个词也出现在欧洲的政策讨论中。Expert Group on New Skills for New Jobs（2010）建议为所有公民设定一个"数字流畅"的新目标，他们认为这是应用媒介素养和数字素养的一种熟练水平。

对数字流畅没有标准定义，但一般来说，在技能和能力语境下的流畅指的是在生活各个方面应用它们的一种熟练水平。因此，数字流畅意味着在数字能力方面很流畅，如同"英语流畅"意味着在任何任务或目标中流利娴熟地使用英语一样。

4.6　数字能力指标及测量

数字能力的具体方面可以以不同的方式进行测量，并被组合起来代表数字能力整体。对想要达到一定水平的个人、需要具备入门级能力水平的人员的组织，以及需要跟踪发展并确定进一步行动以提高人员能力的政策制定者来说，这都是很重要的。本部分简要概述了欧洲现有的数字能力测量方法，并考虑了它们对知识、技能和态度测量目标的覆盖范围。

---

① 参见：http://www.ed.gov/technology/netp-2010 。

② 这是《美国国家教育技术标准·学生版（NETS-S）》中关于能力的定义之一，参见：http://www.iste.org/standards/nets-for-students.aspx 。

一般来说，个人（数字）能力的测量主要有三种类型，不同形式的数据收集和测量题项会导致不同的覆盖范围与解释需求。

（1）用户问卷调查。以纸质问卷、在线访问或电话调查等方式收集用户信息。这种方法通常可以提供人们的数字使用、知识、看法和意见等信息。问卷也可以要求人们对自己的技能进行评估，可能会有一个指导性表格或特定的题项来帮助他们进行评估。研究表明，通过问卷调查很难对技能进行有效的概括。人们（尤其是年轻男性）往往高估自己的技能，他们通常将这些技能与工具性的使用技能相关联（van Deursen，2010）。欧盟统计局的社区和家庭调查[①]及英国通信管理局的媒介素养审查都使用了用户问卷调查的方法。

（2）数字任务分析是技能评估的一种更客观的方式，但操作起来更费力，因此通常只适用于小的目标群体和特定的研究环境。在测量中，人们按照要求完成相关任务，然后通过观察和收集他们在任务完成过程中的行为数据、分析这些行为产生的结果来衡量他们的表现。欧洲层面还没有过此类测量和评估。但是，van Deursen（2010）研究了三个不同任务领域的网络技能水平，并发现了荷兰互联网用户总体网络技能水平的指标。

（3）二次数据收集和分析提供了分析数字能力水平与设置的第三种方法。例如，针对专家或组织领导的调查问卷可以提供有关数字工具和媒体在其环境中的可用性与使用情况等信息。从与数字能力发展有关的各种来源收集数据，如对国家政策文件、资助原则、课程和在线服务等的分析，可以提供信息，以说明具体环境在多大程度上可以实现并支持数字能力的发展及使用。例如，欧盟委员会的一项研究中开发的媒介素

---

① 参见：http://epp.eurostat.ec.europa.cu/portal/page/portal/microdata/echp。

养综合指标（Celot and Perez Tonero，2009）就使用了各种二手来源。

在欧洲层面，用目前的指标和测量工具收集的信息大多基于调查的方法。获取大规模具有可比性的测量很难，因为还没有针对 ICT 使用的被普遍接受的框架或是知识与技能题项。目前欧洲主要的数据来源提供了以下几个方面的调查信息。

（1）访问和使用。欧盟统计局的社区调查收集了个人、家庭和企业使用 ICT 与互联网的类型，以及互联网接入的设备类型等信息，调查问卷还收集了使用频率和活动类型（从给定列表中选择）等信息。里加指标（Riga indicator）将这一信息与用户的相关信息相联系，以期识别处于被排斥危险中的群体的情况。

（2）知识和技能。欧盟统计局的调查并未具体地衡量数字技能或知识，但提供了一个基于个人声称已经完成的活动的综合指标，并将其作为个人技能水平的代表。英国通信管理局的媒介素养审查在问卷中设计了一些题项以测量受访者对特定互联网相关话题的知识和理解，譬如数字媒体中的信息验证。

（3）态度和动机。欧盟统计局的调查询问了人们对 ICT/互联网使用的担忧，以及他们不使用这些设备或在家中无法接入互联网的原因，但关于人们的使用态度这一信息并未被收集。英国通信管理局的媒介素养审查收集了人们对于可接受的数字使用的认知信息。

（4）数字环境描述符。欧盟统计局的调查从企业收集了有关其计算机和互联网设施、与数字能力相关职位的招聘和就业，以及对员工进行数字能力培训等信息。此外，个人和员工也被问及参加数字能力培训的情况，这体现了这些活动的范围和覆盖面。

欧盟委员会为数字议程计分板（Digital Agenda Scoreboard）编写的一份文件[①]开发了一种方法，基于现有数据集来估计高级技能水平和对数字能力的态度。人们认识到，适用于所有方面的指标是不存在的。当前，对于数字能力的任何组成部分，都没有全面一致的国际衡量标准。最先进的成果可以从媒介素养指标开发和电子技能领域的电子能力定义中找到。

5 21世纪的数字能力所需的其他要素

除了前文介绍的主要概念外，与数字工具和媒体相关的各种新概念与方法不断涌现，如 Lankshear and Knobel（2008a）。这些都突出了社交和参与式数字媒体的技术使用趋势及其对新形式的交流、表达、生活、学习和工作的重要性。

Perez Tornero 和 Varis（2010）认为，在 ICT 比以往任何时候都更加重要的背景下，人与人之间的信息、沟通以及互动呈现爆炸式增长趋势，进而产生了对一种新意识的需求。他们认为，通过将人置于媒体文明的核心位置，这种意识必然会推动形成一种新的人文主义价值观，强调对技术的批判性意识，培养全球传播环境中的自主意识，尊重文化多样性，并恢复具有明确权利和责任的世界公民的理念。根据作者的说法，媒介素养研究的最新趋势都在强调类似的方面。

Jenkins 等（2006）讨论了新的参与式文化，以及教育是如何确保每个年轻人都能获得这种文化的——通过提供成为一个完全的参与者所需的技能和经验来实现。年轻人可以参与复杂

---

① 参见：http://ec.europa.eu/information_society/digital-agenda/scoreboard/docs/pillar/digitalliteracy.pdf。

的公民、社会和休闲活动，例如，通过在线社区和附属机构分享数字产品，在正式和非正式团队中一起工作，以及塑造媒体流。这通常需要新的技能。必要的新素养包括游戏、表演、模拟、占用、多任务处理、分布式认知、群体智慧、（信息）判断、跨媒体导航、网络和谈判，强调在媒介丰富的社会和网络环境中的互动与问题解决。

相关研究和政策讨论都强调了工作、学习和参与数字信息社会的新需求。数字环境中的横向和跨领域技能尤其重要，在不断变化的工作和生活世界中，数字工具、环境和媒体发挥着不可分割但不断变化的作用，适应、创新和自主的需求也尤为重要。如前所述，《新工作新技能通讯》中指出，雇主对横向和跨领域技能的需求日益增长，如解决问题和分析的技能、自我管理和沟通的技能、语言技能，以及更普遍的"非常规技能"（European Commission，2008b）。

这些新技能通常被称为 21 世纪技能。经济合作与发展组织（OECD）对其给出了一个实用定义，即在 21 世纪的知识社会中，年轻人想要成为高效的劳动者和公民所需要具备的技能与能力。对于这些新技能与能力应该包括什么，不同的人持有不同的观点，尽管他们通常都认为数字能力是其中不可或缺的一部分。这是因为，人们期望工作、交流和公民参与将在数字媒介环境中通过使用数字媒介工具来进行。关于这个话题的比较和讨论可以在一些文献中找到，如 Voogt 和 Pareja Roblin（2010）。表 1-1 显示了"21 世纪技能伙伴关系"（P21）[1] 和"21 世纪技能评估与教学"项目（ATC21S）[2] 的相关定义。

---

① 参见：http://www.p21.org/。

② 参见：http://atc21s.org/。

表1-1　21世纪技能的定义

P21	ATC21S
学习和创新技能 1. 批判性思维和问题解决 2. 创造力及创新 3. 交流和协作	思维方式 1. 创造力和创新 2. 批判性思维、问题解决、做决策 3. 学习的领导力、元认知
	工作方式 1. 交流 2. 协作（团队合作）
信息、媒介和技术技能 1. 信息素养 2. 媒介素养 3. 技术素养	工作工具 1. 信息素养 2. ICT 素养
生活和职业技能 1. 自反性和适应性 2. 主动性和自我引导 3. 社会的和跨文化的技能 4. 创造力和责任心 5. 领导力和社会责任感	生活于世界 1. 公民权：区域的和全球的 2. 生活和事业 3. 个人及社会责任（包括文化意识和能力）

（左侧方框）
批判性态度

创造性态度

自反性和适应性

文化意识

主动性和自主性

创造力和责任

（右侧方框）
学习及问题解决

沟通与协作

数字工具和媒体使用

公民参与

在生活的各个方面受益于数字媒体

　　表格两侧的方框显示了技能领域，这也是数字能力的重要组成部分。这些技能和能力也可以被视为学习目标，数字环境是它们展示和发展的一个（且至关重要）空间。数字能力和发展这些面向未来的通用技能及能力之间的关系，已经在数字能力相关文献中被许多作者强调过了。以下部分简要回顾相关讨论和文献中提出的特定主题[①]。

5.1　多用途的数字媒体生产和使用

（左侧方框）
通过可视化和动态媒体来交流与表达

　　Jenkins 等（2006）指出，数字工具和媒体带来了信息的访问、呈现和解释方式的重大变化，从静态的形式（文本和静态图像）到动态的、图形的甚至是多维的信息传递形式，以及体验（动画、互动模拟、视频、3D 环境、多人社交游戏）。数字

---

① 参见：http://atc21s.org。

工具和互联网使所有人都能接触到这些强大的媒体，能够使用和创造它们来增加个人从数字环境与媒体中获得的利益。它们的使用不仅有助于促进年轻人对媒体和游戏的兴趣，而且对专业人士也有所帮助，因为它们可以以图解的动态形式呈现信息和知识。

Eset-Alkalai（2004）提出并测试了一个概念框架，其中包括以下一系列作为数字素养主要组成部分的素养：图片－图像素养、分支素养、再生产素养、信息素养和社会－情感素养。这些素养大多与技术和网络环境中的媒体类型有关。相比文本形式的交流，理解视觉表达需要具有不同的认知技能。此外，这一定义强调［正如 van Deursen（2010）所强调的］，人们需要一种超媒体和非线性思维的能力，在以自我控制的方式导航时访问和连接信息片段。

以超链接的非线性形式导航和处理信息

Eset-Alkalai（2004）强调，"创造性地回收现有材料的技术"是数字素养的一个核心要素，即再生产素养。这需要多维综合思维以从现有材料中创造新的组合，但同时，在利用他人的作品创造自己的表达时，需要具有考虑原创性、合法性和创造性的能力。在批评学校时常落伍时，Erstad（2008）强调了这种"再混合"在当今数字素养和学生现实生活实践中的重要性：

通过混合和匹配旧的知识来产生新的知识

对数字化再生产持负责任和合乎道德的态度

重新组合作为数字素养的一个重要组成部分，代表了当前学校的变化过程；知识发展的模式从基于教科书中预定义的内容和教师提供的知识的再生产，转向学生利用现有内容并创造新的、未预定义的东西……然而，我们的教育体系仍然固守着传统的文化观念。

5.2 跨文化沟通与协作

找到相关的网络和社区

正如 Perez Tornero 和 Varis（2010）所强调的，互联网以及各种社交平台和交流工具的扩展为人们的互动互联及参与带来了前所未有的机会。特别是，社交计算应用程序提供了新平

接受和欣赏多样性

台，人们可以在其中连接、共享和共同创造、成为新网络及社区的成员或创建新的网络和社区。每个互联网用户都应该了解并能够访问相关的网络或社区。与来自不同背景的人交流并参与到这些环境中，突出了理解和接受多样性的必要性，而这些往往是线下环境中所没有的。

对不同的数字交流文化保持灵活性和适应性

Bawden（2001）在评论中已经强调，阅读和写作是特定文化及语境下的交流手段，解释并使用它们的能力，一直是素养的一个内在组成部分。互联网使人们有可能获得不同于线下环境的场景和交流文化，也使新的、在线群体或社区特有的文化得以诞生和繁荣。这种社区特有的互动模式是由参与者学习和发展而来的，后来者通过跟随和参与来学习。参与的一项重要能力是：具备数字交流的形式及精神方面的技能，并为不同数字环境中的不同交流文化做好准备。

Eshet-Alkalai（2004）认为，社会－情感素养是数字素养的五大要素之一，包括对可能的风险的认识，尤其还包括从全球范围内的交流和合作的优势中获益的能力，而正是数字环境使得全球交流与合作成为可能。他认为，与他人分享知识的意愿和协同构建知识的能力是重要因素。团队合作技能、给予和接受反馈、协商、发表意见、分享和利用数字工具和媒体管理任务的能力，是决定参与及与他人建立联系是否成功且有益的非常重要的因素。数字协作可能发生在一个已知的工作、学习或休闲社区，也可能发生在开放的空间（如维基百科），其中的评论和同行参与者可能有着截然不同的观点、知识水平和文化背景。

有分享和协作的意愿

通过数字交流进行谈判和任务管理

5.3 学习与问题解决

持续的个人数字化发展

Martin 和 Grudziecki（2006）强调，数字素养对每个人来说都是不同的，而且会根据个人的生活状况不断变化。因此，数字素养的发展是一个终身的、个体化的过程，每个人都必须承担起自己的责任。因此，对所有具有数字素养的人来说，反思自身数字素养发展和进一步需求的技能与态度本身就是一项重要的能力。数字环境也提供了机会，特别是被年轻人利用，通过在不同的空间创造不同的"公共自我"来探索和发展他们的数字身份。通过发展和展示自己的工作与贡献，在线参与也提供了一个发展不同专家身份的机会。

通过数字网络，人们可以因为共同的兴趣、集体的任务或简单的社会联系而相互联系，构建动态的网络和社区。来自各个年龄段的人都在参与不同类型的在线协作活动，这些活动可以支持工作、学习和公民权利的获得（Ala-Mutka，2008；2010）。这需要有能力建立和维护自己的数字资源，无论是网络、人员还是物质资源，都与当前的任务和兴趣相关。通过在必要的时候很快地提供相关建议和支持，高效的数字资源收集和管理可以为一个人的工作、学习或休闲任务带来明显的益处。

在互联网的多种路径、资源和选择中，具备自我导向及目标导向活动所需的技能是很重要的。在从数字环境的潜力中获益方面，识别知识需求、确定目标、规划活动、反思进展和评估结果等元认知技能发挥着至关重要的作用。通过数字手段（如正规课程、自学材料、实践社区）寻找有效且相关的学习选择的技能，同时考虑到期望的学习成果及其认定，这些都为元认知技能提供了支撑。能够通过不同类型的学习方法（如自主、教师主导、合作）中受益的能力拓展学习的选择。特别是，自组织社区提供了几乎任何主题的协作知识构建的机会，但从中受益则需要个人反思、自主性以及协作技能。如果没有合适的机会，一个积极的学习者可以建立一个新的小组，以探索相关主题并进行观点分享。

展示专业知识和学习成果

收集和管理学习及任务支持所需的链接、资源

计划、执行和评估目标导向的活动

为个人和专业学习寻找或创建相关的选择

协作学习与知识建构

5.4 有效和安全的参与

Cobo Romani（2009）回顾了他认为构成数字社会能力的主

认识到 ICT 在公民参与、工作、休闲和学习中的潜力

了解数字媒体中的法律和道德问题

有兴趣使用 ICT 为个人及社区谋福利

从所有生活情境（工作、公民权利、社交和休闲）的数字活动中受益

利用 ICT 进行改进和创新

要概念，并引入了一个新的元素——数字意识（e-awareness）。他的数字意识观点强调，ICT 是终身学习和公民身份的一种媒介，理解其潜力非常重要，并且还要考虑到法律及伦理等方面。这种积极的认知非常重要，应该比目前的数字活动个人技能更具有广泛性。例如，管理者、领导者和决策者不需要具备数字世界中所有可能活动的个人技能，但应该了解基于 ICT 的工具、媒体和程序的现有潜力及其战略重要性。

在 LINKED 项目下[①]，Ilomäki 等（2010）对数字能力进行了回顾和研究，认为不断演变的概念包括：①技术技能；②在工作、学习和生活中有意义使用的能力；③批判性评价的能力；④参与数字文化的动机。其他因素已在本报告中讨论过，参与数字文化的动机是需要提出的一个重要的新问题。数字鸿沟有时缘于一些人或群体对从事和使用数字技术不感兴趣，这与人们对于这些工具对自身效用的感知有关。如果对新工具或程序没有需求，就很容易导致缺乏学习和使用的兴趣。

应用数字工具和媒体满足个人需求应该是所有技能与素养的最终目标。例如，Martin（2008）得出的结论是，数字素养涉及能够在生活情境中执行成功的数字行动，可能包括工作、学习、休闲和日常生活的各个方面。如前所述，需要意识到 ICT 在这些情况下的潜力，然后将数字工具和媒体成功地整合到个人的日常任务中。经过这种整合之后，人们应该能够考虑新的工具和程序可能带来的改进与新目标，以实现个人有价值的目标，即在日常生活、学习、工作和公民参与方面进行创新。

Bawden（2008）认为，道德/社会素养是数字素养的一个重要元素，指的是在数字环境中明智和正确的行为。人们需要具备保护个人信息和其他数字材料的技能，了解与数字媒体的

---

① LINKED 项目得到了欧盟委员会教育与文化总司的部分支持。项目产出可参见网站：http://linked.project.wikispaces.com。

公开性和全球可见性相关的可能风险。在创建交流和表达时，即在特定环境中建立数字身份时，必须考虑数字行为和内容的可见性、持久性和可追溯性。全球化的另一个重要问题是：信息空间充满了来自世界各地的人，他们拥有不同的技能、态度和意图，需要照顾好自己的安全和隐私，并对新接触的人持有健康的批判性态度。Eshet-Alkalai（2004）指出，网络空间的用户需要知道如何避免落入陷阱，以及如何从数字交流的优势中获益，因为两者都是存在的：

> 创造和管理数字身份

> 明智和正确的行为（隐私、安全）

　　……它不仅是一个地球村，更是人类交流的丛林，包含着无限量的信息——真实的和虚假的、诚实的和欺骗性的、善意的和邪恶的。

5.5　进一步丰富后的概念图景

　　在本报告中，有几个要素被认为对发展当前及未来社会的数字能力至关重要。本部分突出了经常包含在主要概念中的问题，也突出了一些新的认知和态度方面的问题。基于前文的回顾，图1-3提出了被认为是数字能力重要组成部分的技能和态度组。这些组被置于它们通常被更多强调或认为最相关的概念附近。然而，如前所述，这些构成组的图景以及讨论概念的目的不是创建一个主概念，而是帮助读者更好地理解本报告中提

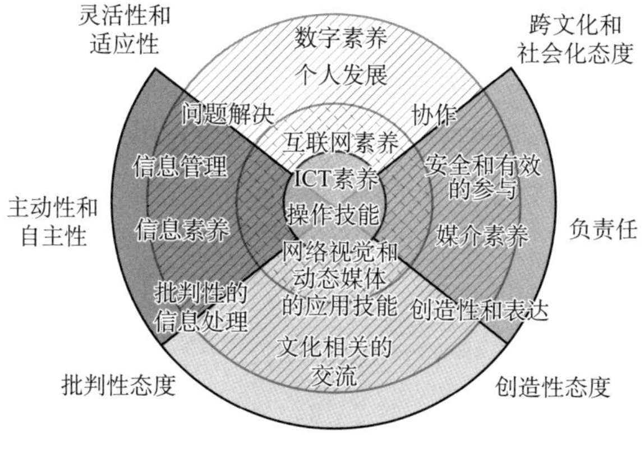

图1-3　21世纪的数字能力架构

出的数字能力的主要组成部分，下文将对此进行详细阐述和
建构。

6 21世纪的数字能力

作为 DigComp 项目第一阶段的成果，本部分提出了在学习与教授数字能力时需要考虑的知识、技能和态度要素图景。我们的目标不是深入研究特定学习项目的细节，也不是设计如何评估这些项目，基于前文的回顾与讨论，本部分将为主要的数字能力领域及其关系提供建议。

6.1 模型的构建

概念模型的基础是前文对数字能力相关概念和问题的回顾中被认为是构建模块的要素。

（1）所有的模块都被收集起来，按照特定的主题进行分组。

（2）模块被涂成工具性知识和技能、高级技能或更高级别的能力和态度。

（3）当组间出现重叠或不平衡时，对模块的颜色和表述进行迭代优化。因此，在模型的创建和要素的识别之间存在双向交互。

（4）最后，对模型、要素、文献讨论的一致性进行审查和修改（删除重复的讨论，调整错位的讨论，必要时增加相关文献的内容和支持）。

如前所述，整体方法并不是进行严格的科学文献分析，然后将模型与分析结果进行拟合。相反，我们的目标是提供一个逻辑模型：一是用知识、技能和态度要素描述数字能力；二是为数字能力组件及其关系提供指导结构，以进一步细化调整；

三是以研究文献证明合理的要素为基础，并可以从文献中追溯到这些要素；四是以这样一种方式构建模型，即结构的组成部分可以与研究和政策文献联系起来。

以下三个研究影响了模型的结构。

（1）基于对几位作者的回顾评述，Bawden（2008）汇集了一个模型，其中包括数字素养的四个主要元素，总结如图1-4所示。基础部分提供了必备的基本技能以及背景知识，使人们对数字和非数字信息创建与交流的方式以及由此产生的各种形式的资源有必要的了解。能力基本上是 Gilster（1997）提出的数字素养的要素。态度和观点反映了数字素养的最终目的，即帮助每个人学习必需的内容，并了解要在数字环境中做出明智和正确的行为。本报告提出的模型利用了一种类似的结构，包括必要的工具要素、几个相互支持的基本技能要素，以及对于数字环境中技能的有效应用的批判性态度。

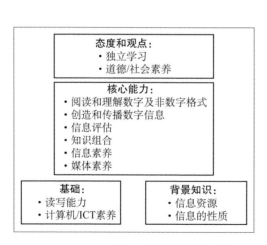

图1-4 Bawden（2008）的数字素养要素

（2）DigEULit 项目为数字能力开发了一个概念模型和一个框架方法与工具（Martin and Grudziecki，2006）。作者们强调，数字素养不能用一个标准化的证书来认证，而必须通过个人发展概况来映射个人的情况。他们提出了三个发展阶段，如

图 1-5 所示：数字能力、数字使用和数字转化。这些层次描述了所有人对通用数字能力的需求，在这些层次的顶端，他们应该为专业的和其他特定目的来发展个人的数字使用。这也会促进创新，并通过个人及社会层面的程序和活动的数字化转型来实现创造。本报告提出的模型同样强调，数字能力的个人应用是以通用技能为基础发展的一个要素。

图1-5　Martin 和 Grudziecki（2006）的数字素养阶段

（3）van Deursen（2010）开发并验证了一个包含四个主要类别的互联网技能模型（图 1-6），按复杂性递增分别为：使用互联网浏览器、搜索引擎和表单的操作技能，具备在互联网上导航和保持位置感的正式网络技能，定位、选择和评估信息的信息网络技能，以及在互联网上成功地开展目标导向活动的战略信息技能。信息网络技能和战略信息技能还包括在其应用中持批判性和目标导向的态度。这个模型聚焦于网络化的信息技能，因此，其不能直接与整体数字能力相比较，因为它缺乏媒体创造、沟通与协作等能力。然而，这个模型阐述了数字能力的一个重要元素，并提供了有用的观点。本报告提出的模型注意到了 van Deursen 对媒介相关技能和内容相关技能的区分，以及在测试该模型时获得的研究结果。

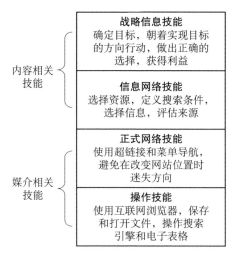

图1-6 van Deursen（2010）的互联网定义总结

6.2 模型的结构要素

考虑到文献中与数字能力相关的结构，从概念综述中识别的构建模块被归类在类似的主题标题下。在主题分组中，技能是根据感知到的认知复杂性程度进行设置的。知识和技能没有被区分为特定的项，因为在这个层次上，知识和技能是相关的（技能是指能够应用知识）。当然，必须注意到，在渐进式的学习和评估中，知识和技能经常被区别对待。

然而，态度的各个方面（指导技能应用的思维方式）被分离并分组在它们自己的主题下。图 1-7 显示了修改后的构建模块结构，其中较小的构建模块被组合成较大的构建模块，并且删除了重复的部分。

6.2.1 工具性技能和知识

工具性技能和知识包括使用数字工具所需的能力，并考虑到网络、视觉及动态等特性。不是所有的工具性技能都必然是简单的：有与工具使用相关的基本技能，也有与数字网络媒体相关的高级工具性技能。在数字能力的每个高级技能领域，都有支撑它的特定工具和媒体相关技能。很多的工具性技能支

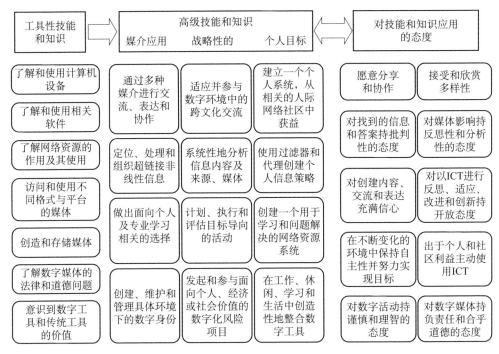

图1-7 数字能力相关的知识、技能和态度

持着多个高级技能，同时，多个高级技能也需要很多的工具性技能。

工具性技能和知识是在数字环境中有效应用其他技能的先决条件，并能通过使新的活动成为可能来提升更高级的技能。例如，了解网络数字媒体中的代理、过滤器和信息流可以提升信息技能；创造、处理和上传数码照片的能力可以增强创造力；社交网络和游戏网站使用的频次与技能可以为参与、学习及社会福祉提供支持。

6.2.1.1 学习和发展这部分的数字能力

工具性技能的学习和发展是进一步发展与应用相关高级技能的先决条件。然而，并不是所有的人都需要所有的工具性技能：他们应该学习哪些工具性技能取决于他们在数字能力方面的个人目标。在开始任何独立的数字活动之前，他们都需要有关机会、法律与道德的基本知识及操作技能。然而，他们应该根据与自己相关的事物来选择更高级的工具性技能（例如，使用电子表格软件、创建一个社交网络文件夹）。

在特定的技术课程中学习工具性技能和知识是可能的，实际上通常也是如此。许多 ICT 基础课程采用了一种对数字能力（ICT 素养）的工具导向的理解，因此在教学和评估中专注于工具性技能。

6.2.1.2　相关研究或案例

现有的框架为工具性技能的教学和评估提供了很好的案例。例如，欧洲计算机使用执照为数字工具和媒体应用的工具性技能学习项目提供了一个详细的框架。此外，Hargittai（2005）和 van Deursen（2010）开发了可用于支持计算机、互联网和数字媒体使用的核心技能的指标。

van Deursen（2010）认为，网络体验有助于提升这些工具性技能。此外，这些技能为成功应用高级技能提供了条件。拥有高级技能的人可能会因为缺乏工具性技能而遭遇技术阻碍，以至于他们无法在互联网环境中完成任务。年轻人通常比老年人拥有更高水平的工具性技能，因为他们有更丰富的互联网使用经验。

6.2.2　高级技能和知识

在建议的模型中，高级技能和知识描述了人们应该在数字环境中学习应用的主要领域，适用于任何内容领域和任务目标。这些技能和知识以一种循序渐进的方式被组织起来：应用数字工具和媒体完成特定任务的能力、从数字环境中获益的战略技能、在数字环境中整合这些数字技能以满足个人日常生活和目标的需要。

6.2.2.1　学习和发展这部分的数字能力

van Deursen（2010）认为，与内容相关的互联网技能最好是在特定领域的任务环境中习得。因此，批判性信息技能的发展应该嵌入基于主题的学习中，正如学校的历史课程、面向失业人员的求职培训等一样。

技能的递进顺序——首先是针对特定功能任务的技能，然后是战略层面的技能，最后是与个人发展目标相结合的技能——也是发展它们的建议顺序。后序技能受益于前序技能，没有前序技能，后序技能就不可能获得。但是，也可以考虑在特定主题上并行发展这些技能。

在这一分类中，有很多技能和知识可供选择，然而，并非所有人都需要所有这些技能和知识，特别是在数字工具和媒体使用受限的情况下。因此，数字能力的教与学应该根据目标群体的需求来选择相关的技能领域和水平。

6.2.2.2　现有的研究或案例

已有研究表明，调查不一定能对高级技能进行高度有效的测量。在自我评估中，年轻人和男性往往认为自己的技能水平比绩效评估所显示的更高（van Deursen，2010）。在调查中，老年人显示出较低的自信心，但在测试中可能有良好的技能表现。

van Deursen（2010）展示了如何将信息技能具象为可衡量的任务和指标，类似的方法也可以用于其他的高级技能。van Deursen（2010）发现，尽管年轻人拥有更多的 ICT 和互联网使用经验，但接受过高等教育的人等通常比年轻人拥有更高的高级（信息）技能水平。Eshet-Alkalai（2004）的研究结果也支持了这一发现。

6.2.3　态度

态度代表了思考方式和行为动机，因此它们塑造了人们在数字环境中的活动。其中一些态度通常被认为是技能应用的一部分，如批判性信息技能。然而，在这里，它们被单列出来，以态度的形式呈现，因为它们在所有技能领域都是必要且适用的。

6.2.3.1 学习和发展这部分的数字能力

在本研究中，尚未发现关于数字能力态度方面的学习方式的具体实例。由于它们与技能相关，因此，在特定主题领域的技能应用或与特定目标相关的背景下来学习它们，都是合乎逻辑的。此外，通过在学习阶段提供个人的积极体验，可以鼓励人们获得期望的态度。例如，通过在自己的培训和教学实践中使用协作的 ICT 方法，鼓励教师对于将个人 ICT 集成作为协作教育工具的信心；通过在特定任务的技能应用中展示批判性态度的好处，鼓励对批判性态度的习得；通过展示一个具有独立性和善于利用自主性态度的人得到的潜在经济、社会和学习收益，体现自主性态度的益处。

6.2.3.2 现有的研究或案例

鉴于 21 世纪技能定义的性质，相关的举措突出了态度和价值，并提供了很好的案例。面向 21 世纪技能的举措之一是开发学习框架和评估方法。要详细阐述数字能力的学习和教学的态度要素，有两项重要举措值得研究——"21 世纪技能伙伴关系"和"21 世纪技能评估与教学"。

6.3 数字能力概念模型

在建议的数字能力模型中，被认可的构建模块在整体结构中被分组在有意义的簇群下。目标是确定上述要素在逻辑构成上的分组，同时作为数字能力各领域的支撑，由此产生了一个包含 6 个技能和知识领域、5 个态度领域的更高层次的概念模型。

图 1-8 展示了这些领域，以及它们如何映射到图 1-7 所示的基本项。在模型中，支撑领域的要素不在具体的学习任务或评估项目的级别上。这些要素显示了在计划课程内容或调查测量时应该详细处理和阐述的主题。概念回顾部分中被认可的构建模块为想要了解如何进一步实现概念模型的读者提供了更多

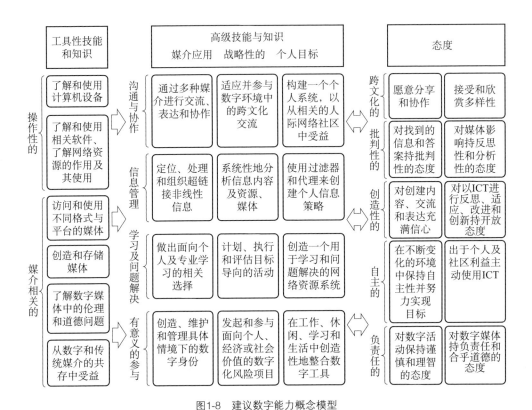

图1-8　建议数字能力概念模型

的细节。主要能力领域的相关描述如下。

（1）操作技能和知识。操作技能和知识反映了数字工具的技术操作方面，如使用鼠标、使用特定软件或文件存储操作。知识方面涉及对这些工具和功能的存在与使用的理解。这些基本技能和知识是后续使用这些工具的先决条件。

（2）媒介相关技能和知识。媒介相关技能和知识是指理解并能够有目的、安全地使用相关媒介。这些技能不仅是操作性的，而且需要针对特定机会的理解和技能，以及对媒介的局限性和可能风险的认识。这一领域包括数字网络媒体（导航、书签、订阅），多媒体（处理数字照片、创建一个在线档案）和全球数字环境中的安全（个人隐私、技术安全风险）等方面的技能。

（3）沟通与协作。有效地表达和沟通的技能、对每种媒体格式的潜力及局限性的理解，对于在数字环境中进行互动和协作至关重要。此外，富有成效的合作可能涉及全球范围，需要欣赏和适应不同文化背景的人的观点。最终，人们应该能够构建和维护与相关人员和网络的个人交流联系系统，从而在物理环境之外不断扩展的社会和专业网络中受益于数字环境。

（4）信息管理。在数字环境中，与信息有关的技能和能力是至关重要的，因为现有信息数量巨大且质量参差。每个人都需要有出于个人目的来定位、批判性地处理和组织信息的技能。对信息内容、媒体展示和生产环境的分析与评估实践需要进行个性化整合且嵌入所有的互联网活动之中。最终，人们应该能够开发自己的个人信息系统，并通过过滤器对传入的信息、个人及共享资源的维护进行更新和组织。

（5）学习及问题解决。所有人都应该获得技能和知识，以从数字工具和媒体中受益，进行学习、工作和问题解决。人们应该能够有效地发现和评估他们当前需要的学习机会，无论是在专业领域还是个人领域。他们应该学会从正确的人和资源网络中获益，以寻求建议。此外，他们应该具备在众多可能的数字路径中，在自我调节的过程中确定学习目标、计划和开展活动并达到预期效果的技能。每个人都应该能够创建自己的网络学习资源、组织和人员系统，以支持自己的学习和问题解决的需求。

（6）有意义的参与。出于个人或社会相关的目的，每个人都应该能够发现和参与数字活动，无论是个人还是与他人合作。他们还应能够找到在本地环境下不一定可获取但会令他们受益的活动和参与机会。这需要以一种适合每种活动和环境的方式来理解与创建数字身份的技能。最终，每个人都应该意识到并寻找机会，以一种有意义的方式将数字工具整合到他们的工作、学习和生活活动中，使数字活动作为一种个人对社会产生影响的手段，成为日常生活中自然且富有成效的一部分。

（7）跨文化和协作的态度。正如前面提到的，要从数字交流中获得最大的好处，需要具有与来自不同文化背景的人互动的能力。对于在线社区的成功合作，这也是必要的，因为人们在线下不一定认识彼此，而互动的成功取决于他们具有以开放的态度理解和协商不同观点的技能。这涉及一种普遍的社会及协作态度，愿意为了共同的目的或兴趣与他人分享和交换自己的想法和贡献。

（8）批评性的态度。正如前文所述，在全球在线环境中采取行动时，必须有一种批判性的态度，在这种环境中，人们参与其中，并以不同的目的和能力创建资源。与传统的出版媒体不同，大多数情况下，对于谁可以参与或可以发表什么，没有官方的审查。用户需要在其数字活动中融入对信息质量的反思和考虑，并知道媒体和信息来源的生产环境与可靠性，以及哪些数字工具和媒体是适用其任务需要的。

（9）创造性的态度。数字工具和环境为几乎所有需求都提供了大量资源，但最大的收益，往往是通过成为积极的参与者和生产者而不只是一个传统的消费者来实现的。对创建个人表达、与朋友合作项目或者为一个社区发起活动等保持开放态度和兴趣，为个人和更广泛的社会与经济利益提供了机会。通过为任务执行或结果展示提供新的、创造性的方式，基于数字工具和媒体的创造力可以让工作、学习或爱好受益。对学习或发明，以及将现有方式调整和改造成新的模式持开放态度是必要的。

（10）负责任的态度。网络数字环境提供了大量的机会，但其中的活动也为自己和他人带来了风险。除了对资源和其他人持批判性态度外，始终意识到自身活动的可见性和可能的后果也是很重要的。用户必须了解安全问题，并将其嵌入数字环境的所有交互和活动中。他们在使用来自他人的材料、创建可能涉及或影响他人的材料（照片、帖子）时，还必须考虑伦理问题。

（11）自主的态度。正如许多作者所强调的，互联网并不是一个结构良好、有着明确规则和行为模式的资源环境。一个人必须始终意识到自己的目标（其他人并不会为你做这些），并努力实现它们，以便从互联网中获得最大的收益。这意味着，要有兴趣和毅力为实现自己的目标寻找最佳的数字工具与媒体，让自己目标明确，在不断变化的技术环境和社会实践中，根据需要适应和反思新的环境。

6.4　小结

本部分提出了一个数字能力的概念模型，该模型建立在研究和政策文献对数字能力的概念与讨论的基础上，并可以回溯到这些研究与政策文献之中。关于这个模型，需要注意的主要问题包括以下几点。

（1）对于 21 世纪人们应该具备的数字能力所涉及的领域，它提供了一个高水平的概述。该概念模型遵循欧洲资格框架的要素结构，详细阐述了对知识、技能和态度的需求。

（2）它并不提供具体的学习或评估项目，也不能直接用于任何课程。但是，每一个主要的数字素养领域都提供了一些主题，可用作进一步详细阐述的参考。

（3）它对主题领域之间的关系给出了建议，这些建议可以用来指导学习的进展和顺序。需要注意的是：技能与知识之间存在前提关系。

（4）它以一种允许我们考虑不同目标群体的具体需求和层次的方式被建构。这种结构可以用于不同目的的、更高层次的内容规划（例如，哪个层次的教育由政府、雇主提供，或者哪些需求由个人自己支付）。

7 结 论

本部分审查了对数字能力的需求、用于描述和理解数字能力的不同概念，以及相关的政策方法和测量。在此基础上，提出了发展数字能力的概念模型。该模型提出了更高层次的内容，但尚未详细到可以用于学习或评估项目的程度。相反，目标是强调发展数字能力时应该考虑的所有不同的知识、技能和态度领域。建议的结构足够灵活，使得数字能力的概念能够满足不同目标群体的学习者和数字用户的需求。

本部分提出的主要研究结论可归纳如下。

第一，确保所有人都具备数字能力是有必要的。它能带来重要的好处，对儿童、青年人、工人、老年人、有被排斥危险的群体和其他所有公民来说，缺乏数字能力有可能导致各种危险。今天所需要的数字能力，并不是自动地来源于许多人对互联网或电脑的使用。

第二，数字能力的图景是多层次的，很难有一个能包揽一切、广泛适用并得到一致认可的单一定义。更实用的办法是，采用一种能识别出主要领域并能根据不同目标群体和情况的需要加以调整的办法。

第三，21 世纪的数字能力必须包括工具和媒体使用等工具性知识与技能，沟通与协作、信息管理、学习与问题解决以及有意义的参与等高级技能和知识。这些必须得到跨文化、批判性、创造性、负责任和自主态度的支持。

第四，工具性知识和技能是发展或使用更高级技能的先决条件。必须确保所有人能具备适当的工具性知识和技能。然而，至关重要的一点是需要认识到，仅有工具性技能远远不够；数字能力是一个更高层次的概念，不仅仅是能够使用数字工具和媒体。在学习各个层级的技能时，还需要秉持安全和有效的态度。

第五，为数字能力开发一个高级概念模型只是第一步。为了制定在欧洲范围内可用和有用的准则以支持数字能力发展，需要与利益相关者合作，并将其细化为可操作的学习和评估项目。

本部分中描述的研究将对 IPTS DigComp 项目做出贡献，并将在该项目中得到进一步的发展。读者可以通过项目网站跟踪其进展和结果（网址：http://is.jrc.ec.europa.eu/pages/EAP/DIGCOMP.html）。

参 考 文 献

Ala-Mutka, K. (2008). Social Computing: Study on the Use and Impacts of Collaborative Content IPTS Exploratory Research on the Socio-economic Impact of Social Computing: Institute for Prospective Technological Studies. Joint Research Centre, European Commission.

Ala-Mutka, K. (2010). Learning in Informal Online Networks and Communities: Institute for Prospective Technological Studies. Joint Research Centre, European Commission.

Ala-Mutka, K., Punie, Y., & Redecker, C. (2008). Digital Competence for Lifelong Learning: Institute for Prospective Technological Studies. Joint Research Centre, European Commission.

Bawden, D. (2001). Information and digital literacies: a review of concepts. Journal of Documentation, 57(2): 218-259.

Bawden, D. (2008). Origins and Concepts of Digital Literacy. In C. Lankshear & M. Knobel (Eds.). Digital Literacies: Concepts, Policies & Practices New York, Oxford: Peter Lang: 17-32.

Bennett, S., Maton, K., & Kervin, L. (2008). The 'digital natives' debate: a critical review of the evidence. British Journal of Educational Technology, 39(5): 775-786.

Brandtweiner, R., Donat, E., & Kerschbaum, J. (2010). How to become a sophisticated user: a two-dimensional approach to e-literacy. New Media & Society, 12(5): 813-833.

Brouwer, P. (1997). Hold on a minute here: what happened to critical thinking in the information age? Journal of Educational Technology Systems, 25(2): 189-197.

Campbell, B. (1990). What is literacy? acquiring and using literacy skills. Aplis, 3(3): 149.

Catts, R., & Lau, J. (2008). Towards Information Literacy Indicators. Paris: UNESCO.

Celot, P., & Perez Tonero, J. M. (2009). Study on Assessment Criteria for Media Literacy levels. Final report.

Chou, C., Chan, P. S., & Wu, H. C. (2007). Using a two-tier test to assess students' understanding and alternative conceptions of cyber copyright laws. British Journal of Educational Technology, 38(6): 1072-1084.

Cobo Romani, J. C. (2009). Strategies to Promote the Development of E-competencies: ESRC funded Centre on Skills, Knowledge and Organisational Performance. Cardiff and Oxford Universities.

Cody, M. J., Dunn, D., Hoppin, S., & Wendt, P. (1999). Silver surfers: training and evaluating Internet use among older adult learners. Communication Education, 48(4): 269-286.

Committee on Information Technology Literacy. (1999). Being Fluent with Information Technology. Washington, DC: National Academy Press.

ComScore. (2011). 2010 Europe Digital Year in Review.

ConsumerReports.org. (2011). Online exposure - social networks, mobile phones, and scams can threaten your security. Consumer Reports, (June 2011). Retrieved from http://www.consumerreports. org/cro/magazine-archive/2011/june/electronics-computers/state-ofthe-net/online-exposure/index.htm.

Council of the European Union. (2010). 2010 joint progress report of the Council and the Commission on the implementation of the

'Education and Training 2010 work programme'. Official Journal of the European Union, C117/111.

Deere, G. (2006). The power of blogs in Europe. Ipsos MORI. Retrieved from http://www.ipsosmori.com/polls/2006/blogging.shtml.

DiMaggio, P., Hargittai, E., Celeste, C., & Shafer, S. (2004). Digital inequality: from unequal access to differentiated use. In K. Neckerman (Ed.). Social Inequality. New York: Russell Sage Foundation: 355-400.

Dupuis, E. A. (1997). The information literacy challenge: addressing the changing needs of our students through our programs. Internet Reference Services Quarterly, 2(2/3): 93-111.

Erstad, O. (2008). Chapter eight: trajectories of remixing. In C. Lankshear & M. Knobel (Eds.). Digital Literacies: Concepts, Policies & Practices. New York, Oxford: Peter Lang: 177-202.

Eshet-Alkalai, Y. (2004). Digital literacy. a conceptual framework for survival skills in the digital era. Journal of Educational Multimedia & Hypermedia, 13(1): 93-106.

European Commission. (2007a). E-skills for the 21st century: fostering competitiveness, growth and jobs. COM(2007) 496 final.

European Commission. (2007b). A European approach to media literacy in the digital environment. COM(2007) 833 final.

European Commission. (2008a). Digital literacy report: a review for the i2010 eInclusion Initiative. European Commission staff working document.

European Commission. (2008b). New Skills for New Jobs. Anticipating and matching labour market and skills needs. COM(2008) 868/3.

European Commission. (2010a). A Digital Agenda for Europe. COM(2010)245 final.

European Commission. (2010b). Europe 2020: a strategy for smart, sustainable and inclusive growth COM (2010) 2020.

European Parliament and the Council. (2006). Recommendation of the European Parliament and of the Council of 18 December 2006 on key competences for lifelong learning. Official Journal of the European Union,L394/310.

European Parliament and the Council. (2008a). Decision of the European Parliament and of the Council of 16 December 2008 concerning the European Year of Creativity and Innovation (2009). Official Journal of the European Union, L348/115.

European Parliament and the Council. (2008b). Recommendation of the European Parliament and of the Council on the establishment of the European Qualifications Framework for lifelong learning. Official Journal of the European Union, C111/111.

European Parliament and the Council. (2010). Directive 2010/13/EU of the European Parliament and of the Council of 10 March 2010 on the coordination of certain provisions laid down by law, regulation or administrative action in Member States concerning the provision of audiovisual media services (Audiovisual Media Services Directive). Official Journal of the European Union, L95/91-L95/24.

Expert Group on New Skills for New Jobs. (2010). New Skills for New Jobs: Action Now. A report by the Expert Group on New Skills for New Jobs prepared for the European Commission.

Fox, S., & Jones, S. (2009). The Social Life of Health Information: Pew Internet & American Life Project.

Gee, J. P. (2007). Good Video Games + Good Learning: Collected Essays on Video Games, Learning, and Literacy. New York: Peter Lang.

Get Safe Online. (2007). Social networkers and wireless networks users provide "rich pickings" for criminals. Dudley: Get Safe Online.

Gilster, P. (1997). Digital Literacy. New York ; Chichester: John Wiley.

Hargittai, E. (2005). Survey measures of web-oriented digital literacy. Social Science Computer Review, 23(3): 371-379.

Hargittai, E. (2009). An update on survey measures of web-oriented digital literacy. Social Science Computer Review, 27(1): 130-137.

Hargittai, E. (2010). Digital na(t)ives? variation in internet skills and uses among members of the "net generation". Sociological Inquiry,

80(1), 92-113.

Horton, F. W., Jr. (1983). Information literacy vs. computer literacy. Bulletin of the American Society for Information Science, 9(4): 14-16.

Hunter, B. (1983). My Students Use Computers: Learning Activities for Computer Literacy. Reston: Reston Publishing.

Ilomäki, L., Kantosalo, A., & Lakkala, M. (2010). What is digital competence. LINKED project. Retrieved from http://linked-project. wikispaces.com/file/view/Digital_competence_LONG+12.10.2010. docx.

Jenkins, H., K., C., Purushotma, R., Robison, A. J., & Weigel, M. (2006). Confronting the Challenges of Participatory Culture: Media Education for the 21st Century: MacArthur. The John D. and Catherine T. MacArthur Foundation.

Lankshear, C., & Knobel, M. (2008a). Digital Literacies: Concepts, Policies and Practices. New York, Oxford: Peter Lang.

Lankshear, C., & Knobel, M. (2008b). Introduction: digital literacies-concepts, policies and practices. In C. Lankshear & M. Knobel (Eds.). Digital Literacies: Concepts, Policies & Practices New York, Oxford: Peter Lang: 1-16.

Lenhart, A., & Fox, S. (2006). A portrait of the internet's new storytellers. Pew/Internet. Retrieved from http://www.pewinternet. org/PPF/r/186/report_display.asp.

Lindmark, S. (2008). Web 2.0. Techno-economic analysis and assessment of EU position. Seville: European Commission - Joint Research Centre-Institute for Prospective Technological Studies.

Livingstone, S., Van Couvering, E., & Thumim, N. (2005). Adult Media Literacy: A Review of the Research Literature. Department of Media and Communications, London School of Economics and Political Science.

Martin, A. (2006). Literacies for the digital age. In A. Martin & D. Madigan (Eds.). Digital Literacies for Learning. London: Facet: 13-25.

Martin, A. (2008). CHAPTER SEVEN: Digital Literacy and the "Digital Society". [Book Chapter]. Digital Literacies: Concepts, Policies & Practices, 151-176.

Martin, A., & Grudziecki, J. (2006). DigEuLit: concepts and tools for digital literacy development. ITALICS: Innovations in Teaching & Learning in Information & Computer Sciences, 5(4): 246-264.

OECD. (2010a). Are the New Millennium Learners Making the Grade? Technology use and educational performance in PISA. Paris: OECD.

OECD. (2010b). PISA 2009 Results: Executive Summary: OECD.

OECD. (2010c). PISA 2009 Results: What Students Know and Can Do: Students Performance in Reading, Mathematics and Science. (Vol. 1). Paris: OECD.

Osimo, D. (2008). Web 2.0 in Government: Why and How? : Institute for Prospective Technological Studies. Joint Research Centre, European Commission.

Palfrey, J., Sacco, D. T., Boyd, d., DeBonis, L., & Tatlock, J. (2008). Enhancing Child Safety & Online Technologies. Final report of the Internet Safety Technical Task Force. Cambridge (MA), The Berkman Center for Internet & Society at Harvard University: Internet Safety Technical Task Force to the MultiState Working Group on Social Networking of State Attorneys General of the United States.

Perez Tornero, J. M., & Varis, T. (2010). Media Literacy and New Humanism: UNESCO Institute for Information Technologies in Education.

Proofpoint, I. (2007). Outbound Email and Content Security in Today's Enterprise.

Redecker, C., Ala-Mutka, K., Bacigalupo, M., Ferrari, A., & Punie, Y. (2009). Learning 2.0: The Impact of Web2.0 Innovations on Education and Training in Europe. Final Report. Seville: European Commission-Joint Research Center -Institute for Prospective Technological Studies.

Redecker, C., Hache, A., & Centeno, C. (2010). Using Information and Communication Technologies to Promote Education and Employment Opportunities for Immigrants and Ethnic Minorities: Institute for Prospective Technological Studies. Joint Research Centre, European Commission.

Sanacore, J., & Palumbo, A. (2009). Understanding the Fourth-Grade Slump: Our Point of View. The Educational Forum, 73: 67-74.

Sefton-Green, J., Nixon, H., & Erstad, O. (2009). Reviewing approaches and perspectives on "digital literacy". Pedagogies: An International Journal, 4: 107-125.

Thoman, E., & Jolls, T. (2003). [Literacy for the 21st Century. An Overview & Orientation Guide To Media Literacy Education].

van Deursen, A. J. A. M. (2010). Internet Skills. Vital assets in an information society. University of Twente. Retrieved from http://doc.utwente.nl/75133/.

van Deursen, A. J. A. M., & van Dijk, J. A. G. M. (2009). Using the Internet: skill related problems in users' online behavior. Interacting with Computers, 21(5/6): 393-402.

van Deursen, A. J. A. M., van Dijk, J. A. G. M., & Peters, O. (2011). Rethinking internet skills: the contribution of gender, age, education, internet experience, and hours online to medium- and content-related internet skills. Poetics, 39(2): 125-144.

Voogt, J., & Pareja Roblin, N. (2010). 21st Century Skills discussion paper. Retrieved from http://onderzoek.kennisnet.nl/attachments/session=cloud_mmbase+2185119/White_Paper_21stCS_Final_ENG_def2.pdf.

第二部分

实践中的数字能力：
框架分析

作者：阿努斯加·法拉利

引言 / 84

致谢 / 86

摘要 / 87

1 简介 / 92

2 理解数字素养 / 96

3 案例集及方法论 / 104

4 选定案例的简要概述 / 107

5 选定框架中的数字能力发展 / 112

6 结论 / 128

7 附件：案例研究情况说明 / 131

参考文献 / 162

引 言

Preface

　　根据 2006 年欧洲的"关键能力建议"，数字能力已被欧盟公认为是公民终身学习的八大关键能力之一。数字能力可以广义地定义为自信地、批判性和创造性地使用信息通信技术以实现与工作、就业能力、学习、休闲、融入及参与社会等相关的各类目标。数字能力是一种能让人获得语言、数学、学习、文化意识等其他关键能力的横向关键能力，它与 21 世纪所有公民都应具备的许多技能密切相关，以保证他们积极参与社会与经济生活。

　　《实践中的数字能力：框架分析》是数字能力项目的一部分，该项目基于一项与欧盟委员会教育与文化总司的行政协议，由 JRC-IPTS 的信息系统部门发起，旨在促进更好地理解和发展欧洲的数字能力。该项目于 2011 年 1 月至 2012 年 12 月开展实施。项目的目标包括：①根据具备数字能力所需要的知识、技能和态度来确定数字能力的关键组成部分；②充分考虑到目前可用的相关框架，开发数字能力的描述符，以提供一个能在欧洲层面进行验证的概念框架或准则；③提出一个可使用和修订的数字能力框架路线图，以及适合所有级别学习者的数字能力描述符。

　　该项目旨在通过与欧洲层面利益相关者的合作和互动来实现上述目标。

　　《实践中的数字能力：框架分析》体现了数字能力项目第二阶段的工作成果，对与数字能力相关的各种案例进行了描述和分析，这些案例有助于对数字能力进行发展、获取、评估或认证。

伊夫·帕尼

学习与包容 ICT 研究项目负责人

致　　谢
Acknowledgements

作者想要感谢 JRC-IPTS 的各位同事们，他们对本报告给予了很多建议和评论，尤其是：伊夫·帕尼、克里斯汀·雷德克（Christine Redecker）、克拉拉·森特诺（Clara Centeno）、斯特凡尼娅·博科尼（Stefania Bocconi）和米亚卢卡·米苏拉卡（Mianluca Misuraca）。感谢欧盟委员会信息社会与媒介总局的科斯蒂·阿拉－马特卡最初的意见。非常感谢案例所属方的贡献，以及他们为总结数字能力框架的事实说明所提供的反馈。感谢帕特里夏·法瑞尔对本报告最终版本的校对和编辑。

摘　　要
Executive Summary

本报告旨在识别、选择和分析当前发展全体公民数字能力的框架。目标是了解在目前的 15 个案例中，数字能力是如何被构建和实施的，这些案例来自学校课程、实践行动、认证计划及学术论文。本报告提出了一个对于数字能力的共识性理解的建议，并确定了组成它的若干子能力。

一、作为一项公民权利的数字能力

要想在当今社会履行职责，数字能力既是公民的一项需求，也是公民的一项权利。然而事实表明，公民不一定能跟上快速的技术变革与吸收所带来的不断变化的需求。

数字能力的概念是一个多层面、处于变化中的对象，涵盖许多领域和素养，并随着新技术的出现而迅速发展。数字能力涉及多个领域的融合。当前，具备数字素养意味着理解媒体（因为大多数媒体已经或正在被数字化）、能搜索信息、对检索到的信息保持批判性态度（随着互联网的普及），以及能够使用各种数字工具和应用程序（移动电话、互联网）与他人交流等。所有这些能力分属于不同的领域：媒介研究、信息科学和传播。分析与数字素养相关的所有能力，需要理解所有潜在的方面。此外，作为在数字环境中履行职责的新的必要条件，其他的一些能力要求也涌现出来，譬如阅读超链接文本的能力等。

二、从概念发展到学习效果

本报告分析了发展数字能力的 15 个框架。在所列举的案例中，"框架"一词有着更广泛的含义：对于那些旨在提高特定群体数字素养相互交织的能力，任何与之相关的有组织的概念化或结构化。因此，本报告收集了各种各样的案例，如学校课程、认证计划、数字素养行动和学术论文。

本部分对一些好的实践进行的分析突出了几个方面，即数字能力的定义、能力领域和水平。

三、数字能力的全面定义

2/3 的选定框架提出了数字能力的定义。我们将这些定义进行合并、调整，形成了一个关于数字能力的相对全面的定义，即数字能力是在工作、休闲、参与、学习、社交、消费及授权中使用 ICT 和数字媒体进行以下一系列活动所需要的知识、技能、态度（也包括能力、策略、价值观和意识）的组合：执行任务、解决问题、沟通、管理信息、合作、创建和分享内容，以及有效、高效、恰当、批判性、创造性、自主、灵活、合乎道德、反思性地构建知识。

大多数框架都是基于技能开发和使用特定工具与应用程序集的能力。正如上述定义所强调的，技能只是数字能力所包含的学习领域的一部分；使用特定工具或应用程序的能力只是用户在数字环境中履行职责需要开发的多种能力领域的其中之一。

在能力方面，本报告收集的大多数框架的主要关注点是：使用一组特定的应用程序或工具的能力。然而，我们认为，对数字能力的需求远不止技术性技能。因此，我们建议考虑表 2-1 中所描述的 7 个方面，因为它们更适合当前的需求。

表2-1　数字能力的7个方面

名称	解释
信息管理	识别、定位、获取、挖掘、存储及管理信息
协作	与其他人建立连接，参与线上网络及社区，有建设性地互动
沟通与分享	通过在线工具进行沟通，并考虑隐私、安全及网络礼仪
创建内容及知识	对已有知识和内容进行整合与重新阐释，构建新的知识
伦理与责任	以合乎道德及负责任的方式行事，并关注伦理规范
评价及问题解决	通过数字方式识别数字需求和解决问题，对挖掘到的信息进行评估
技术操作	使用技术和媒介，通过数字工具执行任务

表 2-1 总结了选定框架所开发的能力领域，以及在上述定义中涉及的能力领域。在选定的框架中，大多数能力领域已经被预见到了，虽然其重点仍是技术操作。我们提出了一个平衡的方法，即每个能力领域都得以均衡地发展。

应当指出，能力领域的识别和描述只是实现学习目标的第一步。本报告的分析表明，不同的框架并不一定能将相同的能力领域转化出相同的学习效果来。事实上，认知型和应用导向型的框架之间存在着巨大的差异。后一种类型的一些框架倾向于将操作技能应用于每个领域。因此，我们建议，除了能力领域的"技术操作"外，能力不应仅集中在工具的视角上。

四、水平

本部分对建议的水平进行了分析，强调了界定能力水平的三个主要标准：目标人群的年龄、应用程序相关内容的广度或深度、认知的复杂性。在详细描述 DigComp 项目的最终成果——数字能力框架的水平时，应该考虑这三个标准。此外，我们建议，应根据能力领域来区分水平，以便让学习者根据自己的需要努力取得每个能力领域的相应水平。

五、选择的框架

表 2-2 总结了所选框架。

表2-2　选择的框架

框架名	目标人群	简述
ACTIC	16 岁以上公民	ACTIC 意指 acreditación de competencias en tecnologías de la información y la comunicación（ICT 能力认证）。这一行动正在加泰罗尼亚（Catalonia）开展，对象是所有 16 岁以上的公民。数字素养指的是在工作、休闲和交流中安全且批判性地使用信息社会技术。
英国教育传播与技术署（BECTA）对数字素养的综述	16 岁以下儿童	这篇综述为中小学教师和学习者提供了一个模型。它对数字素养的理解为：数字素养由数字技能和批判性思维技能组成。这篇综述由文献综述、教师和学习者的支持材料组成。
媒介素养中心（Centre for Media Literacy，CML）媒介素养工具包	成年人	媒介素养中心提供了媒介素养工具包，并建立了一个基本框架，其中包括媒介素养的五个核心概念和五个关键问题。该框架旨在使学习者解构、建构和参与媒体，被视为教师、媒体图书馆员、课程开发者和研究人员的参考资料。
数字能力评估（digital competence assessment，DCA）	中学生	数字能力评估框架是一个更广泛的项目——"互联网和学校：可访问性问题、平等政策及信息管理"的一部分。该框架提出了与一系列测试相联系的数字能力的定义和概念，这些测试一般针对 15～16 岁的中学生。
DigEuLit	全体公民	该项目由欧盟电子学习行动发起，由格拉斯哥大学领导，旨在开发数字能力的一般框架。该项目的主要产出是一系列关于发展数字素养的概念框架的出版物，数字素养被视为几种素养的集合。
ECDL	全体公民	ECDL 是计算机技能认证课程的权威项目之一。它是一个非营利性组织提供的，从入门级到高级水平再到专业级的大约 10 个认证项目。最广为使用的项目欧洲计算机使用执照 / 国际数字素养认证（ECDL/ICDL*）的重点是发展使用文字处理、数据库、电子表格和演示应用程序等所需的技能与知识。
老年电子学习学院（The eLearning for Seniors Academy，eLSe 学院）	老年人	老年电子学习学院的重点是加强欧洲老年公民在知识和信息社会中的社会参与、赋权与融入，特别是注重减少弱势群体的信息孤立问题。eLSe 旨在开发和测试一种专门针对老年学习者需求的数字学习环境。

框架名	目标人群	简述
数字安全工具包（eSafety Kit）	6～12 岁儿童	该工具不只是一个框架，而且是为儿童及其家庭准备的一个工具包，以提高他们对互联网安全问题的认识，并支持有效且安全地使用技术。这套工具旨在促进父母/儿童照顾者与孩子就上述问题进行代际讨论。
埃塞特－阿尔卡莱（Eshet-Alkalai）的概念框架	全体公民	阿尔卡莱撰写的这篇论文探讨了数字素养的不同方面，以及人们在数字时代需要具备的多重素养。它提出了一个概念框架来阐明与数字素养相关的技能。
IC[3] **	全体公民	IC[3] 对有效使用最新的计算机和互联网技术以实现业务目标、扩大生产力、提高盈利能力和提供竞争优势等所需的关键性入门技能进行认证。
i 技能（iSkills）	成年人	数字技能评估框架宣称这是唯一的 ICT 素养测试，用来评估数字环境中批判性思考和解决问题的能力。该框架基于这样的认知：认知技能和技术技能对人们在数字社会中履行职责都是必需的。
爱尔兰学校的 NCCA*** ICT 框架	小学和初中	这个框架是一个指南，帮助教师将 ICT 作为跨课程的组成部分纳入所有学科。它确定了小学生和初中生应具备的知识、技能与态度。它认为数字素养是创造、沟通和协作以组织与生产信息的能力，了解和应用 ICT 功能知识的能力，利用 ICT 进行思考和学习的能力，对 ICT 在社会中的作用具有批判性认识的能力。
ICT 教学认证	教师	ICT 教学认证为当前和未来的教师提供了提升 ICT 技能的机会，并将 ICT 和媒体整合为学校课程学习的自然组成部分。成功完成四个基础模块和四个选修模块的作业才能获得此证书，其目的是利用 ICT 和媒体进行教学。
苏格兰信息素养计划	中学	这一信息素养框架已在苏格兰开发，旨在促进所有教育部门对信息素养的理解和发展。在中学进行了一项试点，其中信息素养被定义为技能、知识和理解。
联合国教科文组织的教师 ICT 能力框架（ICT-CFT）	教师	该框架旨在为教师定义各种 ICT 能力技能，使他们能够将技术融入教学之中，并利用 ICT 发展他们在教学、协作及学校创新等方面的技能。该框架包括一个政策框架、一套能力标准和实施准则。这些标准包括作为全面教育改革方法一部分的 ICT 技能培训。

*　　ICDL 国际计算机使用执照（International Computer Driving License）.

**　IC[3] 即国际网络与信息核心能力认证（Internet and Computing Core Certifications）。

***　NCCA 即全国课程与评估委员会（National Council for Curriculum and Assessment）。

本报告是 DigComp 项目的组成部分之一，而非其最终结果，读者可在项目网站跟踪项目进展和结果，网址：http://is.jrc.ec.europa.eu/pages/EAP/DIGCOMP.html。

1 简 介

素养指的是基本的技能和知识，传统上与书籍和其他印刷品联系在一起。然而，当前不断涌现的技术正在改变这个词的含义。当今社会，读写能力包括解码和编码数字文本的能力。技术的快速扩散和驯化（Silverstone and Hirsch，1992）正在将素养转化为一个指示性的概念（Leu，2000）：随着新技术的出现和新实践的演变，其意义迅速而持续地发生变化。有人指出，我们当前的读、写、听和沟通与 500 年前已不尽相同（Coiro et al.，2008）。

在所谓的电子渗透的社会中（Martin and Grudziecki，2006），把数字素养视为我们在社会中履行职责所需的一项基本技能（Gilster，1997）、一项生活根本要求（Bawden，2008）乃至一种生存技能（Eshet-Alkalai，2004）不无道理。尽管数字素养被置于这样的核心地位，但相关文献和调查都对年轻人（Newman，2008）和老年人的数字素养水平不足提出了警示。

与此同时，数字素养（或能力，在这里我们更喜欢这样命名）的概念是多方面的、不断变化的。政策文件、学术文献以及教学／学习和认证实践对数字素养有着各种不同的解释。对这一概念的大量解读产生了一个难以逾越的术语丛林。仅在欧盟委员会内部，各类行动和《"终身学习的关键能力"通讯》（Key Competences for Lifelong Learning Communication）就涉及数字素养、数字能力、素养、电子技能、数字胜任力、以ICT 基本技能为基础的信息社会技术使用、基本 ICT 技能、基本计算机技能以及 ICT 用户技能等大量术语。学术论文中引入了"技术素养"（Amiel，2004）、"新素养"（Coiro et al.，2008）或"模态"（Kress，2010）等新的术语，并强调数字素养是如何与媒体和信息素养交织在一起的（Andretta，2007；Bawden，2001；Buckingham，2003；Hartley，et al.，2008；Horton，1983；Knobel and Lankshear，2010；Livingstone，2003）。

全面理解数字能力的含义及其潜在的次级能力，有助于明确所有公民的现有需求，并认识到必须在哪些方面采取行动以提高能力水平。

1.1 作为关键能力的数字能力

2006 年，欧洲议会和理事会（The European Parliament and the Council，2006）公布了一项建议，确定了终身学习的八大关键能力：母语交流、外语交流、数学能力与科学技术基础能力、数字能力、学习能力、社会和公民能力、创业能力以及文化意识和表达。四年后，这一建议的价值被"欧洲 2020 战略"认可（European Commission，2010b）。

2006 年欧洲的"关键能力建议"已经将数字能力作为一项基本技能，并对其界定如下：

数字能力包括在工作、休闲和交流中自信且批判性地使用信息社会技术。以 ICT 基本技能为基础，使用计算机检索、评估、存储、生产、呈现和交换信息，并通过互联网进行交流和参与协作网络（European Parliament and the Council，2006）。

该建议解释了具备数字能力所需的基本知识、技能和态度。可预见的知识包括了解主要的计算机应用程序的功能、互联网及在线交流的风险、科技在支持创新创造方面的作用、网络信息的有效性和可靠性、协作工具使用背后的法律和伦理原则。

必需的技能被视为管理信息的能力，区分虚拟世界和现实世界并看到这两个领域之间联系的能力，使用互联网服务的能力以及利用技术进行批判性思考、创造和创新的能力。

在态度方面，该建议认为公民对信息的批判和反思是必不可少的，他们是负责任的用户，对参与在线社区和网络感兴趣。

建议中对能力组成部分的定义和解释提供了对数字能力的详尽描述，很明显，在当今使用数字工具时，操作技能只是所需知识的一小部分。从建议来看，管理信息和使用互联网的能力被认为是非常相关的领域。此外，批判性思考、创造和创新作为数字能力的重要方面被反复提及。

DigComp 项目将制定一个概念框架和描述符，以详细说明上述定义和知识、态度和技能规范。

1.2 DigComp研究及本部分的目标

本报告是数字能力项目的一部分，该项目基于一项与欧盟委员会教育与文化总司的行政协议，由 JRC-IPTS 的信息系统部门发起，旨在开发一个数字能力的通用语言及概念框架，并根据数字能力的描述符对其进行界定。该项目的目标包括：①根据具备数字能力所需要的知识、技能和态度来确定数字能力的关键组成部分；②充分考虑到目前可用的相关框架，开发数字能力的描述符，以提供一个能在欧洲层面进行验证的概念框架或准则；③提出一个可使用和修订的数字能力框架路线图，以及适合所有级别学习者的数字能力描述符。

该项目的成果将是一个数字能力概念框架的综合提案，其中包括数字能力的具体描述符。该项目的总体目标是探索数字素养／能力的更广泛图景。最终的产出将是一个概念框架，将特定的组件和已达成共识的描述符匹配到一起。这些描述符将具体说明当今和未来所有公民具备数字素养所需的一般知识、技能和态度。如此，描述符将不涉及特定的目标群体，而是适用于所有公民。描述符可能会在后续得到应用并被进一步细化，或面向不同目标群体或不同类型的学习者进行具体化。①

图2-1描述了研究的各个阶段。项目包括：①数字能力的概念描述，与术语相关的主要概念都得到了讨论和细化（Ala-Mutka，2011）；②案例研究，收集与分析了当前多个数字能力框架和举措；③与利益相关者进行在线咨询，收集和构建专家对数字能力基本组成部分的意见；④专家研讨会，以完善第一次在线咨询意见，并验证初步方法；⑤一份整合和阐述了上述要点的概念框架的提案草案；⑥利益相关方多方协商，达成共识并详细制定概念框架；⑦一份充分考虑了利益相关者反馈后的最终提案。

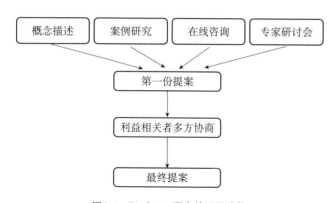

图2-1　DigComp研究的不同阶段

DigComp项目于2010年12月开始实施，计划于2012年12月完成。

本报告是该项目第二个工作包的一部分。案例研究收集的目的是识别和分析各类培养、发展、教授、学习、评估或认证数字能力的例子。本报告概述了发展数字能力的15个框架。这一分析将有助于理解目前哪些能力和子能力被纳入了考虑范

----

① 这里的学习者需要以终身学习的观点加以理解，因此，它被用作公民的同义词。

围。这些案例将作为构建模块来填充和丰富理论框架。在这里报告的案例集合中，"框架"的意思是：任何与数字素养相关的能力和次级能力的有组织的概念化。

1.3　本报告的结构

本报告的结构如下：第一部分为简介，第二部分简要展示了相关学术文献中讨论的数字能力的主要概念；第三部分介绍了案例收集和分析的方法；第四部分总结了所选框架的主要特性；第五部分比较了不同案例对数字能力的设想和定义、对能力的描述，以及对能力水平的预见；第六部分进行了一些总结；第七部分提供了每个案例的情况说明，强调了它们的主要特点，并列出其开发人员所预见的能力和水平。

2　理解数字素养

根据 NCCA（2004）的统计，在促进 ICT 融入教育方面，存在三个主要的、经常被引用的论点。第一个涉及 ICT 对教学和学习未被证实的潜在好处，包括在学生的成就和动机方面的收获。第二个承认技术的普遍性，进而导致了后续为了在我们的知识社会中履行职责而产生的对数字能力的需求（Eshet-Alkalai，2004）。结果，第三个对当前数字鸿沟的危险发出了警示，要让所有公民都能从活跃于数字领域中受益，就必须解决这一问题。数字鸿沟这个术语在 20 世纪 90 年代开始使用，用来暗示在接入 ICT 和互联网方面的差异（Irving et al.，1999）。正如 Molnar 在 2003 年就提出的，新的数字鸿沟已经出现，而且远不只是接入的问题（Molnár，2003）。在这一脉络下，Livingstone 和 Helsper 建立了一个使用分类，将数字包容的层次定义为参与的阶梯（Livingstone and Helsper，2007）。

在论文中，他们并没有提出一个新的二元分裂——类似"落网"（falling through the net）报告那样区分有无（McConnaughey and Lader，1998），而是提出了一个使用的连续统，从不使用网络到低频度使用，再到高频度使用。在专注于首次接入，而后是使用，之后数字鸿沟的第三个视角转向了能力。Erstad 认为，数字包容更多地取决于知识和技能，而不是接入和使用（Erstad，2010b）。

类似地，数字"修辞"话语宣称了发展数字素养以全面参与生活的必要性（Sefton-Green et al.，2009），而政策文件往往强调需要投资于数字技能以提升经济增长和竞争力（European Commission，2010b；Hartley et al.，2002）。根据另一种数字修辞，计算机相关的熟练程度是就业能力和改善生活机会的关键（Sefton-Green et al.，2009）。Magyar 认为，数字素养应当作为一种人权被认可和保证[①]。在过去的十年中，与ICT和技术使用相关的能力开始被理解为"生活技能"，与素养和计算能力相当，因此成为"一项要求和一项权利"（OECD，2001）。

在这个声明发表十年之后，公民们准备好面对数字能力的要求了吗？显然没有。欧盟统计局的数据显示，有几类人的数字技能较低。从计算机技能和互联网技能的角度来看，数字技能较低的人群包括老年人、不活跃人群和低学历人群（European Union，2010）。即使是最年轻的一代，尽管其被称为"数字原住民"（Prensky，2001），但在国际测试中的数字能力方面也不一定能得到高分。学生们在 PISA 2009 在线阅读中的表现不佳：只有 8% 的受访者被认为具有很高的数字能力，显示了有效使用互联网的能力，能对信息的可信度和有用性进行评估（Martin，2006）。英国的一份政策简报的数据声称，在

---

① 参见：http://www.prometheanplanet.com/documents/uk-us/pdf/professional-development/education-fastforward/report-on-the-first-debate-of-education-fast-forward-by-merlin-john.pdf。

英国，媒介素养水平——与数字素养高度相关——正在停滞，政府被呼吁须采取措施以应对这种进展的缺乏（Livingstone and Wang，2011）。

2.1 多种素养融合的数字素养

ICT 的使用在整个社会变得越来越广泛：为了有更多的时间和不同的目的，越来越多的人在世界各地使用技术，其广泛使用是由整个社会的数字化衍生的，因为我们从事的许多活动都有数字化的组成部分。接触数字工具的领域涉及工作、学习、休闲、参与、社交和消费等各个方面。随着社会的数字化，具备数字能力所需的知识、态度和技能正变得日益多样化：今天的数字素养不再局限于对硬件和软件设备的理解。由此，数字能力被一些作者认定为与其他类型的素养密切相关（Bawden，2001；Eshet-Alkalai，2004；Sefton-Green et al.，2009）。数字能力和相关素养的概念已经在图 1-2 中进行了回顾（Ala-Mutka，2011），并综合如图 2-2 所示。

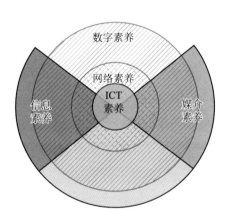

图2-2　数字素养及其他相关素养（Ala-Mutka, 2011）

图 2-2 中显示，网络素养、ICT 素养、媒介素养和信息素养与我们这里所说的数字素养部分重叠。上述所有素养都包含数字元素；反过来，技术激增和融合带来的新手段与工具也丰

富了数字素养的内涵。一开始，数字素养主要被理解为使用计算机和编程的能力，计算机科学是其理论背景。当前，具备数字素养意味着理解媒体（因为大多数媒体已经或正在被数字化）、能搜索信息、对检索到的信息保持批判性态度（随着互联网的普及），以及能够使用各种数字工具和应用程序（移动电话、互联网）与他人交流等。所有这些能力分属于不同的学科：媒介研究、信息科学、传播。分析与数字素养相关的所有能力，需要理解所有这些潜在的方面，此处将进行简要说明。

ICT 素养在图 2-2 中被理解为计算机素养，指的是从终端用户到 ICT 专业人员使用计算机和相关技术的能力[①]。它通常被理解为有效使用硬件和软件组件所需的知识与技能。Simonson 等（1987）将计算机素养定义为"对计算机特征、性能和应用的理解，以及在熟练和有效地使用计算机应用中运用这些知识的能力"。20 世纪 80 年代发展起来的关于 ICT 素养的不同定义都沿着相同的路线，二十多年来不曾改变（Oliver and Towers，2000；Reed et al.，2005）。ICT 素养仍然主要基于操作及技术技能与知识的发展。

网络素养是指对互联网的熟练使用。van Deursen（2010）指出，"网络素养"一词指的是一种特定的工具或媒介。在这个意义上，它可以被视为 ICT 素养的一个子集。在图 2-2 中，它被描述为比 ICT 素养更广泛，因为它假定，一个互联网用户需要能够对计算机功能有基本的了解，能够理解信息、媒体，并能通过互联网进行交流。Hofstetter 和 Sin（1998）认为，网络素养与连接、安全、沟通和网页开发有关。可以注意到，网络素养正在迅速发展，网页开发已不是理解和管理 Web 2.0 工具的核心能力。此外，当前人们还可以通过手机和电视机乃至更多工具上网了。

---

① DigComp 项目中开发的概念框架将不会考虑 ICT 专业人员的需求。后来开发了一个为 ICT 专业人员制定的框架，具体参见：www.ecompetences.eu。

媒介素养是分析媒体信息和媒体环境的能力（Christ and Potter，1998），包括对从电视、广播、报纸、电影和互联网上获取的媒体产品进行消费与创造。媒介教育通常指的是对我们通过媒体所读、所听、所见的内容进行批判性评价，以及分析受众、构建媒体信息并理解这些信息的目的（Buckingham，2003）。媒介教育与符号学和社会研究紧密联系，从而使媒介素养与更技术化、与工具相关的 ICT 素养相去甚远，以至于在大学课程和学校课程中，媒介教育与 ICT 教育保持着明显的分裂（Sefton-Green et al.，2009）。媒介素养包括一系列与沟通和批判性思维相关的能力。在极具影响力的英国通信管理局的定义中，媒介素养的传播组成部分位于核心位置，从该定义来看，网络素养是媒介素养的子集。英国通信管理局将媒介素养定义为"在各种环境中获取、理解和创建沟通交流的能力"（OFCOM，2006）。媒介素养的意义实际上是从对印刷品、广播和电视信息的理解演变为对新媒体（包括互联网）的理解（Livingstone，2003）。

信息素养虽与媒介素养有许多相似之处，且现在与互联网使用极其相关，但它是建立在图书馆员的传统视角的，最初是指检索信息、获取信息和理解信息的能力。America Library Association（1989）将信息素养定义为"识别何时需要信息的能力，以及有效地定位、评估和使用所需信息的能力"。由于信息素养包含了"在信息社会生活、工作和学习所需的"许多技能和能力，因此它从一种只与少数知识分子相关的精英能力，越来越发展成为一种核心能力（NCCA，2004），包括认识到我们为什么以及如何需要信息的能力。它建立在认知科学的基础上，依赖于更高层次的思维技能（包括批判性思维）。

2.2　数字素养是新的素养吗？

上述对于不同素养的定义和前文概述的数字"修辞"强调

了围绕数字素养的话语是如何从"同义反复到理想主义"，到如 Livingstone（2003）所说的，从将素养定义为使用一组特定的工具、应用程序、媒体（如网络素养作为使用互联网的能力）的能力，再到将理解数字素养作为满足生活的一个不可避免的要求（OECD, 2001）。以上概述的素养领域正在汇聚成我们迄今所称的数字素养。我们认为，今天的数字素养包括操作技术、使用互联网、理解媒体和管理信息所需的知识、态度和技能。然而，素养与数字的融合并不仅仅是两个单一元素的加和。换句话说，声明数字素养包括网络素养、ICT 素养、信息素养和媒介素养所需的所有技能与能力是不够的，数字素养还有其他组成部分。

Livingstone（2003）指出，素养不依赖于用户，而是依赖于工具，或者可以说，依赖于应用程序或者对象。阅读纸质报纸或在线报纸是两种不同的体验，需要掌握不同的技能，比如，后者就需要有阅读超链接文本的能力。新工具的激增将不断要求用户能力的重塑，因为新的素养是会持续变化的，也就是说，它们持续地变化着（Leu，2000）。Eshet-Alkalai（2004）声称，互联网带来的视觉刺激需要具有理解图像和视频的能力，以及浏览大量具有视觉吸引力的材料的能力。这就是他所说的视觉素养，它实际上可以被理解为两种方式：一是一种不同的阅读文本的方式；二是一种新的阅读体验，包括对视频、图标等的理解。在线文本阅读需要更动态的方法（OECD, 2010），它提供了一种增强的阅读体验。此外，计算机或智能手机的一般使用是通过基于图标的命令完成的，这需要更高的认知中介（Eshet-Alkalai，2004），因为象征性话语指的是一种符号系统，可能不是每个人都熟悉，因为它的基础是读取作为文本的图像的能力。正如 Gee 等（1996）所指出的："阅读总是带着理解去阅读。人们带着理解去阅读的总是某种特定类型的文本，而这类文本通常需要以某种方式进行阅读。"

不同的文本需要不同的阅读策略，需要一种特定的方式对其进行解码和编码。这对所有文学"体例"或传播类型都是成立的，也是信息与媒介素养理论的基本原则。通过数字方式获得的新增维度是，意义的解码和编码单元由字母、声音、视频及图像等组合而成，并且它们不一定以线性的方式被组织起来的。

此外，Kress（2010）认为，文本形式和功能的变化（这里指的是视觉和音频文本的综合）使读者成为阅读体验的设计者。超文本和多模式文本允许并要求读者在选择方面进行参与，比如跟踪哪些线索或链接，选择哪种阅读模式。因此，科技催生了一种新的阅读方式、新的文本形成方法、新的反应。例如，读者和作者之间存在一种融合，解码和编码的过程以更快的速度进行，而文本（博客、报纸文章、维基百科条目）允许并鼓励读者成为作者。此外，写作正在成为普通人日常生活的一部分（Rainie et al.，2011），因为我们中的许多人都写电子邮件，发送短信，参与社交网络。在某种程度上，这些新的做法包括文本或 Facebook 消息的高度密集可以被视为技术的驯化及用户使用的胜利（Silverstone，2006）。

2.3　迈向能力的一步

关于素养的话语大多围绕解码和编码论点展开，也就是说，围绕阅读和写作展开，即使是在一种多模态的视角下（Kress，2010）。在这里我们更喜欢提到数字能力，将其理解为当今在数字环境中履行职责所需的知识、技能和态度的集合。因此，除了阅读和写作方面的变化，我们可以说，数字能力需要一套新的技能、知识和态度，本部分通篇都将阐述这一点。当前，数字能力的重点主要是知识和技能，态度似乎扮演了次要的角色。在面向能力而非素养时，我们需要考虑到态度。在认证和评估的话语中，态度往往被放在一边，但是，态度与知识和技能往往交织在一起，因而很难将其孤立开来。数字时代的能力获取可以被定义为一种心态，它使用户能够适应不断发展的技术所设定的新要求（Coiro et al., 2008）。此外，Gee 等（1996）认为，只有当获取被嵌入社会实践中时，技术"流畅"或"像使用母语一样"（的使用）才会发生，这需要以特定的方式谈论工具，对特定工具持有特定的信仰和价值观，并以特定的方式与它们进行社会互动。换句话说，技术需要被用户占有。占有需要一种特定的方式去采取行动以及与技术互动（因此需要持特定的态度）、理解它们（因此需要有特定的知识）、能够使用它们（因此需要拥有特定的技能）。

对素养及其之后的编码/解码部分的关注可能源于早期计算机使用的需要。与技术的互动以前是通过基于文本的命令进行的，这些命令是一些复杂指令，需要记忆力和专业知识与技能（Eshet-Alkalai，2004）。由于图形用户界面（graphical user interface，GUI）的出现，计算机的操作变得更加直观。现在，随着转向自然用户界面（natural user interface，NUI），计算机的操作变得更加直观。因此，向更自然、更直观的界面的转变是技术融入日常生活的第一步（Punie，2005）。这种转变并不意味着未来不需要学习如何使用技术，因为易用性仍然需要一系列工具使用技能，以及与这些工具相关的知识体系。然而，从专业工具到日常用具的转变甚至比之前更加需要理解可能性、结果及媒体赋予的功能可见性。随着技术的发展，使用技术所需的能力也在不断发展。随着使用的演变，用户的行为也在演变。例如，Gillen 和 Barton（2010）看到了工程师和消费者之间日渐模糊的界限，随着面向 Facebook 等的应用程序的开发，非专业人士和专业人士都能更方便地接触到它们。

3 案例集及方法论

本部分收集和分析了数字能力的案例。前文中总结的当前关于数字能力的文献和讨论为本部分的案例提供了理论框架。本部分所选择的框架旨在提供一个可供选择但广泛的图景，涉及当今可用的框架以及能力的阐释和概念化过程。本部分还总结了案例收集所基于的方法论。

3.1 框架的搜索及选取

第一个方法论步骤涉及将数字能力的理论阐释与该领域的政策和学术文献评述及描绘中产生的其他相关素养联系起来（Ala-Mutka，2011）。如上所述，数字能力通常被理解为一种多面能力。数字能力的概念以多种素养（媒介素养、信息素养、网络素养和 ICT 素养作为与数字能力相关的主要素养）为基础，这些将是搜索各类框架的基础，以涵盖数字能力的不同方面。最初搜索的是一系列的案例，首先根据这些案例明确培养的特定素养对其进行分类。然而，某些情况下，框架隶属于上述的某个素养领域或两种不同素养的重叠领域。

在收集了数字素养行动的全面证据和例子之后，选择的第二步旨在减少框架下的案例主体。本部分的案例收集中，"框架"有着更广泛的含义：任何与数字素养相关的能力和次级能力的有组织的概念化。参考 CEDEFOP（2008），资格框架是根据一套适用于特定学习成果水平的标准（如使用描述符）来对（如国家或行业层面）资格进行开发和分级的工具。基于同样的思路，在这里，我们将数字能力框架理解为根据一套标准开发或评估数字能力的工具，该工具建立了相互交织的能力描述符，旨在提高特定目标群体的数字素养。因此，除了课程和结构化课程之外，我们还选择了旨在解决数字素养问题的行动，以及文章或报告，这些文章或报告为描绘数字素养图景提出了系统化的方法或解读。虽然一开始似乎应该纳入数字与相关能力有关的当前指标和调查数据，但是，我们在数据收集过程中发现，这些指标或调查数据似乎更侧重于使用而非能力，或是被置于一个更复杂的框架之中。例如，经济合作与发展组织的国际成人能力评估调查（Programme for the International Assessment of Adult Competencies，PIAAC）中就涉及 ICT 技能的相关问题，但是在问卷中，这些技能的相关题项是与读写和计算问题交织在一起的。

这里提出的案例研究是通过以下方式确定和收集的：①前瞻性技术研究所此前针对该主题开展的工作，特别是数字能力的描绘（Ala-Mutka，2011）；②同事的建议（主要来自前瞻性技术研究所和教育与文化总司）；③谷歌搜索与数字能力相关的概念（数字能力、数字能力框架、数字素养、数字素养框架、信息素养框架、网络素养框架、媒介素养框架、ICT 素养框架和相关术语）；④在学术出版物数据库中（ISI Web of Knowledge、ERIC、Scope）搜索"数字能力"和相关术语；⑤搜索和浏览作者所知语言的欧盟国家的课程文件（包括小学、中学的）；⑥评述国际组织（联合国教科文组织、经济合作与发展组织）的项目 / 报告；⑦评述活跃在 ICT 和学习研究领域的组织（英国教育传播与技术署、未来实验室、英国通信管理局）；⑧评述欧盟与数字能力相关的报告和行动。

这种搜索方法的主要局限可以从使用的语言（主要是英语）看出，因为其他语言的框架和计划不太可能出现。此外，确定纳入这一集合的案例取决于该行动的可见性。另一个局限在于术语，因为"能力"和"素养"这两个术语在不同的语境中有不同的含义。特别是"素养"这个词，将其翻译成其他语言并不容易，它有着一系列的内涵，而这些内涵并不是本部分讨论的目的。

通过搜索，本部分收集了超过 100 个框架和行动的数据集，其中根据以下标准选择了 15 个框架进行全面报告：①这些框架目标群体的公平分布；②地理的公平分布；③代表数字素养 / 能力的多种观点；④代表多种行动类型（从学校课程到学术论文，再到认证机构）。

3.2　框架的内容结构

所选框架在性质上是不同的。为了解决多样性问题，对每个框架都编制了一份事实说明，并制作了一个表格以提供案例多个维度的、综合且全面的信息（见 "7. 附件：案例研究情况说明"）。列出所有框架的所有信息不太可能，也并非作者的本意。

框架结构的具体内容如下：①框架或行动的名称；②机构或课程提供者（如果是学术论文，则为论文作者）；③概要（总结框架 / 行动的要点）；④网页；⑤参考文献（列出参考文献、图书、文章、展示框架或行动的报告，或产出该报告的来源项目）；⑥行动的类型（说明案例的性质，如该案例是一个项目、数字素养行动、学校课程、学术论文等）；⑦案例的目的；⑧框架或行动的背景（框架 / 行动所属的组织机构或资助机构）；⑨素养重点和方法（培养的素养类型，如媒介素养、ICT 素养）；⑩愿景（明确理解数字能力及其目标，数字能力或相关能力的定义）；⑪目标群体（框架或行动的目标群体）；⑫案例研究的结构（列出项目的各个阶段）；⑬材料（用于传播、解释框架 / 行动的可用材料或支撑性文件）；⑭方法（预见框架 / 行动实施的方法）；⑮工具（框架实施可用的材料）；⑯实施水平（框架的实施及框架水平，如义务教育、小学 / 中学等）；⑰实施范围（区域、国家、国际）；⑱能力组成部分（框架 / 行动设想的能力和子能力的概述）；⑲水平（设想的熟练程度）；⑳能力评估（是否以及如何衡量或评估能力）；

㉑进一步的信息（在之前的领域中没有涉及的相关方面的说明）；㉒图表（显示框架要点的图表）。

之后，我们将情况说明提供给案例所有人以得到他们的许可，并根据他们给予的反馈进行修订。

框架的大致轮廓以表格的形式进行呈现。在某些情况下，读者可以参考网页或一些外部文件来获取有关个案的进一步资料。本部分在"附件"内插入了案例的情况说明，并在后文以文本形式对案例进行简短说明。

3.3　已选框架的分析

对选定框架的阐释产生了一些关键问题。这些问题研究了数字能力和其他相关能力概念的概念化与操作化。因此：

（1）从选定的框架中产生了什么样的数字能力愿景？如何定义或理解数字能力？

（2）选定的框架中开发的主要能力是什么？在每个框架中发展的愿景和能力是否连贯一致？

（3）设想的数字能力水平是什么？

（4）框架之间是否存在实质性的差异？所选框架之间的主要相似之处是什么？

对这些问题的回答是本部分的主要目标和内容。

4　选定案例的简要概述

这里简要介绍了收集到的框架。对所有行动／计划的主要特征进行了总结，以便读者理解所选择和分析的框架类型。对于每个框架，我们都简要地强调其主要目标和目的以及针对的目标群体。读者可参阅"7.附件：案例研究情况说明"以获得对所选框架的更全面的概述。

4.1　ACTIC

ACTIC 是 acreditación de competencias en tecnologías de la información y la comunicación（ICT 能力认证）的缩写。这一行动正在加泰罗尼亚开展，对象是所有 16 岁以上的公民。它基于一个三级模型，尽管在撰写本报告时，第 3 级还未实现。数字素养被认为是在工作、休闲和交流中安全且批判性地使用信息社会技术。

目标人群：所有 16 岁以上的公民。

4.2　BECTA对0～16岁人群数字素养的综述

这篇综述为中小学教师和学习者提供了一个模型。它基于这样一种理解：数字素养由数字技能和批判性思维技能组成。这篇综述由文献综述、教师和学习者的支持材料组成。

目标人群：16 岁以下儿童。

4.3　CML框架

媒介素养中心提供了媒介素养工具包，并建立了一个基本框架，其中包括媒介素养的五个核心概念和五个关键问题。该框架旨在使学习者解构、建构和参与媒体，被视为教师、媒体图书馆员、课程开发者和研究人员的参考资料。五个核心概念如下：①所有媒体信息都是被构建的；②媒体信息是用一种具有自身规则的创造性语言构建起来的；③不同的人对相同媒体信息的体验是不同的；④ 媒体具有内在的价值观和观点；⑤大多数媒体信息的组织都是为了获得利润或权力。

目标群体：成年人。

4.4　DCA

DCA 框架是一个更广泛的项目——"互联网和学校：可

访问性问题、平等政策及信息管理"的一部分。该框架提出了与一系列测试相联系的数字能力的定义和概念，这些测试一般针对 15～16 岁的中学生。

目标人群：中学生。

4.5　DigEuLit

该项目由欧盟电子学习行动发起，由格拉斯哥大学领导，旨在开发数字能力的一般框架。该项目的主要产出是一系列关于发展数字素养的概念框架的出版物，数字素养被视为几种素养的集合。该项目的作者强调需要将对数字能力的讨论从列出技能转向数字工具对于社会中的个人成长的贡献。

目标人群：全体公民。

4.6　ECDL

ECDL 是计算机技能认证课程的权威项目之一。它是一个由非营利性组织提供的由全球各国计算机协会和国际组织支持的项目，提供大约 10 个认证项目——从入门级到高级水平再到专业级。最广为使用的项目 ECDL/ICDL 的重点是发展使用文字处理、数据库、电子表格和演示应用程序等所需的技能与知识。

目标人群：全体公民。

4.7　eLSe学院

eLSe 学院的重点是加强欧洲老年公民在知识和信息社会中的社会参与、赋权与融入，特别是注重减少弱势群体的信息孤立问题。eLSe 旨在开发和测试一种专门针对老年学习者需求的数字学习环境。目标群体是对 ICT 及其他学科感兴趣并能够获得和进一步发展能力的欧洲老年公民，特别是那些在地理上或由于国内环境而被"孤立"的人。eLSe 学院为老年学习者量身定制了一项为期两年的、非正式的、灵活的、可访问的基于数字学习的 ICT 资格课程。

目标人群：老年人。

4.8　数字安全工具包

该工具不只是一个框架，而且是为儿童及其家庭准备的一个工具包，以提高他们对互联网安全问题的认识，并支持有效且安全地使用数字技术。这套工具包提供了在线活动、家长指南和一本供线下使用的小册子，涵盖了以下主题：安全、沟通、娱乐和下载以及网络欺凌。这套工具包旨在促使父母 / 儿童照顾者与孩子就上述问题进行代际讨论。

目标人群：6～12 岁儿童。

4.9　埃塞特·阿尔卡莱的生存技能的概念框架

埃塞特·阿尔卡莱撰写的这篇论文探讨了数字素养的不同方面，以及人们在数字时代需要具备的多重素养。它提出了一个概念框架来阐明与数字素养相关的技能。

目标人群：全体公民。

4.10　IC³

IC³ 旨在为学生和求职者提供知识基础，这些知识基础是他们能够胜任计算机与互联网使用环境所需的。IC³ 对有效使用最新的计算机和互联网技术以实现业务目标、扩大生产力、提高盈利能力和提供竞争优势等所需的关键性入门技能进行认证。

目标人群：全体公民。

4.11　i技能

数字技能评估框架声称这是唯一的 ICT 素养测试，用来评估数字环境中批判性思考和解决问题的能力。该框架基于这样的认知：认知技能和技术技能对人们在数字社会中履行职责都是必需的。

目标群体：成年人。

4.12　爱尔兰学校的NCCA ICT框架

这个框架是一个指南，帮助教师将 ICT 作为跨课程的组成部分纳入所有学科。它确定了小学生与初中生应具备的知识、技能和态度。它认为数字素养是创造、沟通和协作以组织与生产信息的能力，了解和应用 ICT 功能知识的能力，利用 ICT 进行思考和学习的能力，对 ICT 在社会中的作用具有批判性认识的能力。

目标群体：小学和初中。

4.13　ICT教学认证

丹麦的这项行动为当前和未来的教师提供了提升 ICT 技能的机会，并将 ICT 和媒体整合为学校课程学习的自然组成部分。获得证书需要成功完成四个基础模块和四个选修模块的作业，其目的是将 ICT 和媒体应用于教学。为了实现这一目标，教师与导师合作，选择那些更接近他们日常教学的模块。

目标人群：现职及未来会从事教育工作的教师。

4.14　苏格兰信息素养计划

这一信息素养框架已在苏格兰开发，旨在促进所有教育部门对信息素养的理解和发展。在中学进行了一项试点，其中信息素养被定义为技能、知识和理解。

目标群体：中学。

4.15　联合国教科文组织的教师ICT能力框架

该框架旨在为教师定义各种 ICT 能力技能，使他们能够将技术融入教学之中，并利用 ICT 发展他们在教学、协作及学校创新方面的技能。该框架包括一个政策框架、一套能力标准和实施准则。在这一框架下制定的标准包括 ICT 技能培训，而 ICT 技能培训也只是教育改革路径中的一部分。教育改革还包括政策、课程和评估、教学方法、技术的使用、学校组织和管理以及教师职业发展等。

目标群体：教师。

5 选定框架中的数字能力发展

通过这项工作收集的框架构成了一种定性的简要说明——数字能力是如何被转化为课程体系、课程、认证计划或如何在学术论文中被概念化的。基于对最初搜集的约百份框架的一个基本评论，我们注意到，尽管有大量的数字素养行动，尤其是那些旨在改善数字包容的行动，但是很少有框架是基于我们在此的理解，即交织在一起的各种能力的一种有组织的概念化。一些数字素养行动仍将可访问性作为他们的主要关注点，而教学部分也不一定以一种结构化的方式发展。通常认为，制定课程体系、课程方案和教学大纲是正规教育与非正规教育的任务。一般而言，即便必须承认有一些明显的例外，但制度性课程往往对内容采取更系统的方法。因此，数字能力框架更容易在认证项目或学校项目中找到，而其他类型的数字素养行动在内容和教学问题上往往较少采用结构化的方法。

出于这个原因，这里收集的 15 个案例代表了数字素养视野的一个特定观点，它们说明了数字能力发展的结构化方法。其中 4 个有认证目的，5 个面向正规的义务教育学校，2 个以教师为主要目标群体，2 个是理论案例，2 个有其他目的（一个是老年人的数字包容项目，另一个是终身学习的视角，即使主要关注的是学校/大学学习）。这意味着，超过 2/3 的选定框架是在正式的学校或认证环境下的。

尽管有正规指导和认证的共同趋势，选择的框架在范围和目标群体上仍有所不同，因此它们在组织、目标、可用信息的颗粒度和复杂性方面是不同的。为了对这些架构进行比较分析和讨论，我们选择了三个方面进行阐释：数字能力的定义、能力领域、水平。

所选框架被认为是数字能力发展的良好实践。因此，当前的分析旨在了解数字能力的哪些组成部分已经得到发展以及发展情况如何，数字能力获取体现了怎样的当前趋势，以及框架是否为数字能力提出了不同的方法。因此，这里将批判性地讨论数字能力的定义和愿景，随后分析所选框架提出的能力。然后将讨论这些框架目前所预见的数字能力水平，最后将提出数字能力的综合描述。这些描述符总结并汇集了所选框架中概述的能力领域。

5.1　数字能力的共识性定义

由于针对数字能力概念存在很多争论且数字能力概念具有多面性，如前文文献讨论中所示，所以有 2/3 的选定框架提供了数字素养的定义就并不奇怪了。框架中使用的定义可以合并和总结如下。

数字能力是在工作、休闲、参与、学习、社交、消费及授权中使用 ICT 和数字媒体进行以下一系列活动所需要的知识、技能、态度（也包括能力、策略、价值观和意识）的组合：执行任务、解决问题、沟通、管理信息、合作、创建和分享内容，以及有效、高效、恰当、批判性、创造性、自主、灵活、合乎道德、反思性地构建知识。

这个冗长且全面的定义是通过合并及比较不同框架中的定义而产生的。每个框架都提出了一个不那么详尽的数字素养观点，但这些观点都不会与这个全面、概括的定义相悖。

这个定义可以被分解成几个组成部分，即学习领域、工具、能力领域、模式、目的（图2-3）。我们建议，在开发数字能力框架时，应考虑到这一定义的复杂性及其多建构模块的特征。

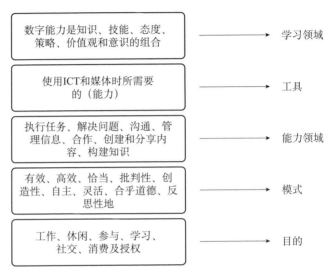

图2-3 数字能力定义的各组成部分

首先，学习领域指向了更被期待的知识、技能和态度——能力的三个组成部分，一些框架添加了意识和策略。在提供了定义的框架中，有一半强调了技能，1/3提到了意识。工具通常包括ICT，只有两个框架明确提到了媒体，不论是否提供了定义的框架，焦点都在计算机和互联网上。关于定义中预见的能力领域，"使用"和"执行任务"当然是经常出现的，其次是沟通和管理信息。应当指出的是，定义中预见到的能力不一定反映了框架中发展的能力。模式——有效、高效、恰当、批判性、创造性、自主、灵活、合乎道德、反思性地——可以被解释为框架开发者对所预见的不同态度的详细说明。它们指的是学习者应该如何理想地使用ICT和数字媒体。最后，目的——工作、休闲、参与、学习、社交等——与共识性的数字素养目标和需求是一致的，如在数字议程计分板框架下开展的数字能力监测工作。在这里，它声称，数字能力已经超越了技术技能，涉及这些技能在生活各个方面的积极应用，譬如工作／专业生活、学习、沟通交流、社会参与、休闲和网络协作。在这种背景下，目的被视为高阶数字能力的代表。

此外，还可以注意到，整合收集到的框架的不同定义所产生的新定义与《"终身学习的关键能力"通讯》（European Parliament and the Council，2006）中建立的定义既有相似之处，也有不同之处，如图2-4所示。

> 数字能力包括在工作、休闲和交流中自信且批判性地使用信息社会技术。以ICT基本技能为基础，使用计算机检索、评估、存储、生产、呈现和交换信息，并通过互联网进行交流和参与协作网络（EC，2006）。

> 数字能力是在工作、休闲、参与、学习、社交、消费及授权中使用ICT和数字媒体进行以下一系列活动所需的知识、技能、态度（也包括能力、策略、价值观和意识的组合：执行任务、解决问题、沟通、管理信息、合作、创建和分享内容，以及有效、高效、恰当、批判性、创造性、自主、灵活、合乎道德、反思性地构建知识。

图2-4　来自框架的定义和来自《"终身学习的关键能力"通讯》的定义

主要的相似之处在于，这两种定义基于相同的构建模块：学习领域、工具、能力领域、模式和目的。此外，两种定义都认识到管理信息和沟通交流的重要性。主要的区别是：虽然2006年的定义已经相当全面，但我们提出的定义作为对案例研究的各种定义的总结更为详细。例如，"关键能力"的定义主要集中在技能上——尽管《"终身学习的关键能力"通讯》进一步详细介绍了与数字能力相关的知识、技能和态度。关于工具，2006年的定义强调信息社会技术和互联网，而我们建议媒体也应该被考虑在内。对于能力领域，我们提出的定义包括了解决问题和构建知识。此外，在《"终身学习的关键能力"通讯》的定义中，内容创建被理解为仅仅是信息的生产和呈现。

《"终身学习的关键能力"通讯》中预见的模式是"自信且批判性地",而来自各类框架定义的冗长列表则包括有效、高效、恰当、批判性、创造性、自主、灵活、合乎道德、反思性地。最后,可以注意到《"终身学习的关键能力"通讯》中承认的目的并不明确涉及"学习"。

我们提出的定义是通过整合这里收集的案例中的若干定义而构建的。虽然它必然是一个内涵广泛的定义,但应该指出,在各种定义中至少缺少两个目的:"消费"和"授权"。网上购物正在普及,40% 的欧盟公民在网上购物[①]。然而,至关重要的是,消费者要认识到与网上购物相关的风险,如安全设置不够。为了安全交易(Lusoli et al., 2011),需要有一定的能力要求,这些要求被视为"数字议程"(European Commission, 2010a, Action 61)的优先事项。此外,人们已经注意到,社交计算实践允许用户授权(Ala-Mutka et al., 2009)。因此,我们在内涵广泛的定义中添加了"消费和授权"。

5.2 能力领域

NCCA(2004)的报告声称,大多数对数字能力的界定都涉及基于工具的技能:聚焦于使用一种特定软件或硬件的实践能力。这强化了数字素养或媒介素养的共同愿景(Livingstone, 2003)。尽管基于工具的界定方法很快就会过时,但它们在描述特定的、容易衡量的技能方面具有优势(NCCA,2004)。事实上,这里提供的集合展示了一些面向技能开发而非能力的框架,而且它们围绕最常用的软件或工具被构建。例如,欧洲计算机使用执照核心课程由 13 个模块组成,这些模块主要针对特定应用程序的使用,尽管它们与供应商无关,即不绑定任何软件品牌。举几个例子:模块开发了使用数据库、电子

---

① 参见:http://ec.europa.eu/information_society/digital-agenda/scoreboard/docs/scoreboard.pdf。

表格、文字处理工具、图像编辑和演示软件的技能。"文字处理"模块的认证包括创建新文档、设置文本格式、创建表格、拼写检查和打印文档等任务。同样地，虽然技能测试的是内容主题和技术主题，但它评估的是使用网络（电子邮件、即时消息、公告牌、浏览器和搜索引擎），数据库（数据查询、文件管理）及软件（文字处理、电子表格、演示文稿、图形）的能力。测试建立在对7种任务类型的评估上，即定义、访问、评估、管理、集成、创建和沟通交流。在美国教育考试服务中心（Educational Testing Service，ETS）的网站上可以找到一个"创建"任务类型的例子，即根据一系列给定的数据创建一个图表，然后提出与图表解释相关的问题。即使这包含了认知组件——图表的解释，但其主要任务仍是围绕一个常见的应用程序——"电子表格包"构建的。

思递波（Certiport）的 IC[3] 提供了另一个工具相关框架的例子。该认证考试明确地以微软 Windows 7 和 Office 2010 为基础。最初的考试则以之前的 Windows 和 Office 版本为基础。如图 2-5 所示，该框架围绕三个模块构建：计算基础、关键应用和在线生活。计算基础模块以计算机硬件、软件和操作系统为基础，因此反映了一种计算机工程的路径。关键应用模块的主题是文字处理、电子表格和演示软件，附加一个涵盖所有应用程序共同特性的部分。在线生活模块被描述为"在互联网或网络化环境中工作的处理技能"[①]，并以使用明显可识别的工具（在线网络、电子邮件系统、互联网浏览器）为基础。"计算机和互联网对社会的影响"是唯一超出了工具相关认证过程的一个部分，主要涉及与计算机硬件、软件和互联网使用相关的风险。

---

① 参见：http://www.certiport.com/portal/common/documentlibrary/IC3_Program_Overview.pdf。

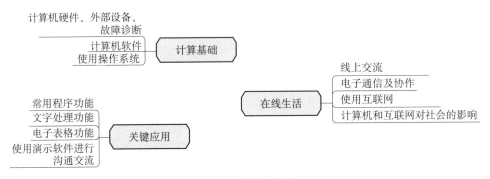

图2-5　思递波的IC³模块

上述案例都取自认证框架，这并不奇怪，因为认证框架必须满足可度量性和评估的需要。这一方面可能也因为雇主的需求而被加强，他们很可能要求（雇员）在硬件/软件使用方面有特定的能力。此外，IC³框架案例正是微软工具被广泛使用的结果。虽然对就业能力特定技能的需求可能是应用导向型项目的一个驱动力，但其他没有就业能力目标的行动也将重点放在与工具相关的操作技能上。

eLSe学院是一个面向有兴趣获取或进一步发展ICT能力且有能力这样做的老年人的数字学习环境，甚至其课程也是典型的基于应用程序的模块：使用学习平台，用电脑写作（文字处理器，包括写字板），通过电脑沟通交流（电子邮件），等等。与IC³一样，这个案例也基于Microsoft Office软件包和Windows操作系统的使用。联合国教科文组织的教师ICT能力框架虽然包含在一个更复杂的结构中，但它也预见了技术操作的要素。该框架并不是关于数字能力本身，而是建议在教育机构的各个方面——从政策到教学、管理——巩固ICT，因此提出了在教育中使用技术的一种创新方法。在模块四中，教师们应具有的基本技术素养是以应用为导向的，至少在基本水平上如此[①]：常用硬件技术的使用，文字处理器的基本任务及使用，

----

① 参见：http://unesdoc.unesco.org/images/0021/002134/213475e.pdf（见第23页）。

演示软件的基本特性，图形软件的基本功能，互联网的使用，使用搜索引擎进行关键字的逻辑搜索（布尔搜索），创建和使用电子邮件账户，教学、演练及实践软件的功能和目的，教育软件包与网络资源的定位与评价，使用联网的档案保存软件，使用常见的沟通和协作技术，如文本消息、视频会议、基于Web 的协作和社会环境。然而，在这个框架中，工具导向的路径只是框架中相对较小的一部分。这表明，尽管工具的掌握仍被认为是一个基本的背景需要，但是我们现在正走向更广泛范围的能力，联合国教科文组织的教师 ICT 能力框架的案例中就包括了教学视角下的技术集成（例如，在课堂活动中，何时以及如何使用或不使用 ICT）。此外，尽管没有明确提及，但联合国教科文组织的教师 ICT 能力框架作为一个例子表明，对于发展数字能力而言，使用（或应用／实施）的环境是最相关的变量之一。

上述例子表明，工具导向的路径在认证计划、就业能力相关课程中占主导地位，也被数字包容项目或更广泛的创新框架所采用。许多数字能力行动建立在一个统一的传统之上，尽管这一传统相对较新。正如 Erstad（2010a）所指出的，数字素养经历了三个主要阶段。第一个阶段是精通阶段（20 世纪 60 年代到 80 年代中期），掌握了编程语言的专业人士可以使用这些技术，之后，20 世纪 80 年代中期到 90 年代后期，界面变得更加友好，并由此向社会开放。第二个阶段是应用阶段，催生了大规模的认证计划。随着技术变得更简单并开始被驯化，它们也变得更加必要，从而增加了人们对特定技能的需求，以"驯服"这些新工具，因此触发了有针对性的课程来满足这些特定需求。我们将应用阶段视为一项近期的但已巩固的传统：许多数字包容／数字学习行动和数字素养话语都建立在与此阶段相关的话语之上，强调访问、可访问性以及作为一种基本能力的与工具相关的操作技能。从 20 世纪 90 年代末开始，我们进入了第三个阶段——反思阶段。在这个阶段，技术使用中的批判性和反思性技能的需求得到了广泛认可（Erstad，2010a）。然而，2004 年，NCCA 报告称，大多数对数字能力的定义和方法都没有考虑到更高阶的思维技能（NCCA，2004）。我们的框架集并不能证实这一说法，因为我们这里搜集到的若干案例确实认识到了反思性和批判性应用的重要性。不过，这些案例将反思性和批判性应用转化为学习目标或能力的模式和方式各不相同。

技能框架虽然具有上述的一个核心操作／技术组件，但它在承认数字能力的思维技能的同时，仍然以应用程序为基础。该框架明确认识到，在数字环境中履行职责需要认知技能：

ICT 素养不能根本地定义为掌握技术技能。专家组认为，ICT 素养的概念需要扩大，应该包括批判性的认知技能以及技术技能和知识的应用。这些认知技能包括阅读和计算能力等一般素养，以及批判性思维和问题解决能力。专家组认为，如果没有这些技能，就无法具备真正的 ICT 素养（International ICT Literacy Panel，2007）。

技能的例子可以说明上述理念是如何转化为能力评估的。如上所述，该框架是围绕七个能力领域构建的。其中之一的"访问"，意味着在数字环境中收集和检索信息，因此通常被赋予认知和批判性的需求。网站上提供的两个样本测试[①] 都是以在数据库中的搜索、准确的搜索词和正确的搜索策略（如使用布尔操作符或引号）为基础的。认知维度当然也被考虑在内，尽管给我们留下的印象是，这种认知和批判性的组成部分距离应用导向的技能并不远。换句话说，批判性和思维能力似乎被视为达到一项特定目的的一种手段，这一目的就是更有效地使用计算机。

---

① 参见：http://www.ets.org/s/iskills/flash/FindingItem.html；http://www.ets.org/s/iskills/flash/ComplexSearch.html。

相似的能力（如"获取信息"），可以在苏格兰信息素养计划中找到，这是一个复杂的框架，围绕水平/目标群体来阐述能力。对于继续教育和高等教育，技能的"访问"能力对应到以下两种能力之间：构建策略以定位信息的能力，定位和访问信息的能力。在苏格兰信息素养计划框架中，它们分别被描述为[①]：①构建策略以定位信息的能力，包括：阐明信息需求以与资源相匹配、开发一种适合需求的系统方法、了解数据库的构建和生成原理；②定位和访问信息的能力，包括：开发适当的搜索技术（如使用布尔值），使用通信和信息技术，使用适当的索引和摘要服务、引文索引和数据库，使用当前的意识方法以跟上最新形势。

可以发现两种方法之间的相似之处。例如，在搜索技术的发展方面，选择适当的信息检索服务（如选择适当的数据库）。然而，可能是因为专注于信息素养而非数字素养，苏格兰信息素养计划涉及更高层次的思维技能和更高水平的认知方法。

认知维度通常与获取信息有关。另一个案例是数字能力评估，其发展了一种将获取信息与认知技能相联系的技能。数字能力评估测试最初是为15～16岁的高中生开发的，后来面向年龄更小的学生开发。该框架预见了四个维度：①技术维度，以通过灵活的方式来探索新技术环境的能力为基础；②道德维度，以负责任且安全地使用技术为基础；③认知维度，以获取、选择和批判性地评价信息为核心；④综合维度，用于网络技术和协作性知识构建。认知维度转化为以下学习目标：能够阅读、选择、解释和评估数据与信息，并充分考虑它们的针对性和可靠性。

认知维度似乎与义务教育框架特别相关。塔贝莎·纽曼（Tabetha Newmann）负责对英国教育传播与技术署16岁以下

---

① 参见：http://caledonianblogs.net/nilfs/framework-levels/further-higher-education/assessment-level-scqf-level-8she-level-2-dip-he-hnd-svq-4/。

儿童的数字素养进行评估，为了简化该领域产生的复杂术语，他建议，将数字素养视为技术使用背景下批判性思维技能的使用（Newman，2008）。根据这份材料，数字素养可以被看作数字技能和批判性思维技能（图 2-6）。

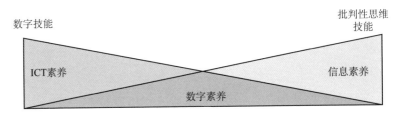

图2-6　数字素养

资料来源：为BECTA服务的提姆斯有限公司

在图 2-6 中，批判性思维技能被视为信息素养的一个属性。在评论中，纽曼澄清，重点更多是在思维技能而不是技术技能。事实上，在评论中，信息素养有时被用作数字素养的同义词。

在爱尔兰学校的 ICT 框架中，"批判性和创造性思维"是NCCA 预见的四个学习领域之一。获取和评估信息是两个重要的学习成果，这也反映了我们在其他框架中遇到的方法。这一课程体系的新颖之处在于它的另外两个学习成果："利用 ICT 表达创造力、构建新的知识和人工制品"和"利用 ICT 探索和制定解决问题的策略"。NCCA 网站提供了一些学习活动的样本，可以被不同学科的教师用来培养这些能力，比如组织一个数字化故事讲述的项目，或者用数码相机记录一次实地考察（表 2-3）。

有一个能力领域——"道德和责任"领域，有时与思维技能有关，有时单独被提出来，它指的是安全、合法和合乎道德地使用技术，尤其是互联网技术。正如我们在上面看到的，IC³ 框架展示了三个应用导向的模块，第三个模块被称为"在线生活"。在三个与应用（互联网、电子邮件和通信网络）相

表2-3 NCCA框架——学习成果：领域T

领域T	批判性和创造性思维
学生们应该会：	
T1	使用ICT研究，获取和挖掘信息
T2	使用ICT评估，组织和合成信息
T3	使用ICT表达创造力，构建新的知识和人工制品
T4	使用ICT探索和制定解决问题的策略

关的部分之外，第四个部分是关于计算机和互联网对社会的影响，其目的在于确定：计算机如何应用于工作、学校和家庭的不同领域；使用计算机硬件及软件的风险；以及如何安全、合法、负责任地使用互联网。虽然在 IC³ 框架中，这部分内容只占教学大纲的一小部分，但在数字安全工具包中，这一问题却占据了中心位置。在四个设想的能力中，有三个是基于道德和责任的。实际上，这个框架是为 6～12 岁儿童开发的，它的主要内容是安全地使用互联网，其能力被描述如下。①安全：防病毒、垃圾邮件过滤器的使用，避免垃圾邮件和短信；②沟通：线上线下身份，聊天和即时通信、网上隐私、网上资料安全，分享内容，线上线下社交；③网络欺凌：从情感和实效角度应对网络欺凌，隐私问题和披露，分享和信任，网络礼仪；④娱乐：下载和法律问题、知识产权、病毒和垃圾邮件、隐私。

可以注意到，关注处理网络欺凌的情感方面是一个新的框架。道德和责任也被纳入爱尔兰学校的 ICT 框架之中。作为第四个能力领域的一部分（"理解 ICT 对社会和个人的影响"），学生应该表现出 ICT 意识，并遵守 ICT 的相关规则，负责任和合乎道德地使用 ICT。

当我们处理信息和通信技术时，很明显，一些框架都将"沟通 / 交流"作为一个能力领域。应该指出的是，不同的框架将这种能力转化为学习成果的方式并不一定一致。事实上，应用导向型框架和更关注认知路径之间存在着巨大的差异，如

图 2-7 所示。

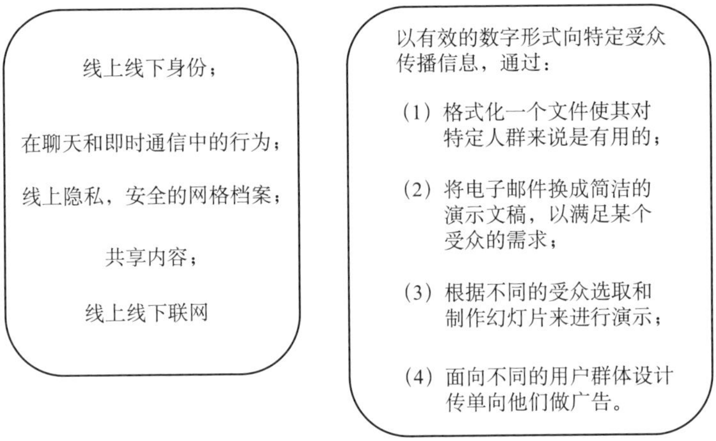

图2-7　阐释"沟通/交流"这一能力的两种不同方式

图 2-7 左侧应对处理的是线上线下身份、隐私和行为。在这个框架下，网络环境中的沟通 / 交流需求被解释为认知需求。与此同时，隐私和安全也受到关注。此外，比较线上线下世界也很有趣，因为沟通交流是一种个人在现实和虚拟环境中都能发展起来的能力。右侧所描述的框架则将"沟通"理解为通过特定的软件将信息传递给不同的受众。因此，根据这个框架所描述的，能够在数字环境中沟通意味着能够格式化文件、将电子邮件转化为类似 PPT 的演示文稿、制作幻灯片和设计传单。不言而喻，沟通的能力是不能被简化为仅仅只会格式化文本。

5.3　水平

这里收集到的框架有 2/3 建议进行水平的划分。即使在有认证目标的框架中，也有一些只预见最低及格线，而不是熟练水平。在没有提出水平的框架中，有两个（即联合国教科文组织的教师 ICT 能力框架和英国教育传播与技术署的框架）考虑到了差异，这种差异也可视为代表了某种水平。联合国教科文组织的教师 ICT 能力框架围绕三种方法（在框架中称为"政策和愿景"）① 建立，可以认为，这三种方法的复杂程度越来越高。这些方法被认为是一个国家或培训机构可能用来为教育改革背书的愿景。英国教育传播与技术署框架提出的发展步骤分为两类：一是密切询问（学习者回应实践者提出的问题）；二是开放式询问（学习者定义自己的问题）。在这两类中，教师提供的指导量是不同的。最高阶段，也就是理想的学习输出，是指学习者能够评估自己的需求，并独立解决问题。

对建议的水平进行分析发现，对能力进行水平划分突显了三个主要标准：①学习者的年龄；②应用相关内容的宽度或深度②；③认知的复杂性。

在第一种情况下（根据学习者的年龄进行水平划分），我们发现了那些为儿童开发的框架。这方面的一个例子是爱尔兰学校的 ICT 框架，根据学习时间预测不同的能力水平。这种区分在学校课程体系中十分典型，并且基于这样一种假设——认知发展随年龄而增长。虽然我们不应该忘记，不同的成熟阶段是存在的，并不是所有的孩子都能在同一学年达到同一成熟阶段，但我们相信，不同的年龄群体会有不同的需求。此外还应该承认，课程体系必须符合一系列标准，而在设立水平时挑战这一原则将意味着对正规教育制度的重新思考，这不是我们在这里想要讨论的。同时，根据目标群体的广泛年龄来进行水平划分，可能是 DigComp 框架实施时需要考虑的一个标准。此外，应该指出的是，这种方法认为，学习者的自主性是定义水平的一个标准。预计水平较低的学生将得到教师或同伴的帮助支持，水平较高的学生则被期望能更自主和独立地工作。

---

① 联合国教科文组织的教师 ICT 能力框架确定这三种愿景作为机构应该认可的主要方法。每一种方法都构成了一种理解教育改革的方式，并与一系列方面（如"课程与评估"或"教学法"）相联系，这些方面反过来又发展出一种整合教育创新的具体方式。

② 基于此，我们希望，用户了解的应用越多，其水平就越高；或者，用户熟悉某个应用的功能越多，其水平就越高。

定义水平的第二个原则是考虑与应用程序相关内容的宽度或深度。采用这种方法的框架以两种方式描述水平：一是学习者能够使用的应用数量的增幅，二是在某个应用中使用更多命令／功能的能力。这种划分能力的方法是应用导向型框架的典型特征。在某些情况下，最高水平的能力被视为求职者／学习者从某个应用或工具的用户跃升为开发人员的能力。例如，通过展示一些编程的能力或能够编写／创建网页。

第三个标准是最普遍的，它根据不断增加的认知复杂性来描述水平[①]。认知复杂性当然可以用多种方式来解释。例如，有一些框架认为，学习者评估自己的工作或判断信息可靠性的能力是一个高的能力水平。其他框架将沟通、信息管理和对媒体的理解看作比技术和操作技能更高水平的能力领域。其他框架将创新视为数字能力的最高水平。后一种方法的一个例子是DigEuLit 三级模型（图 2-8）。一级包括作为数字能力基础的基本技能、能力和方法；二级指的是数字能力在特定专业或领域中的应用，即数字能力被应用于实践；三级是关于创新／创造，以及在专业或知识领域激发重大变革的能力。

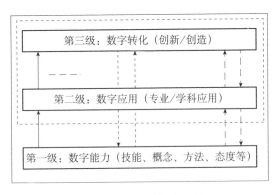

图2-8　DigEuLit的三级模型

这种三级分层的方法（知道→使用→创造）建立在这样一

---

① 即使是以年龄为主要区别标准的框架，也会将认知复杂性作为描述水平的变量，尽管在这种情况下会假设，儿童年龄越大，任务越复杂。

个假设之上：知识是使用的先决条件，转化是最高可达到的认知输出。在我们看来，它描述了一种对学习的理论理解，而不是反映利用技术进行的学习，以及对技术的学习是如何实际发生的。当我们观察用户如何使用技术时，我们看到了一个不同的事件链：首先我们都倾向于使用新工具，然后我们可能想要学习有关它的一些知识。一般来说，数字能力总是应用于某个领域，无论是专业的还是私人的。因此，如果不把数字能力应用于实际生活中，理解数字能力似乎就是不现实的。此外，我们相信，创新甚至可能发生在那些不一定是早期或具备能力的使用者群体之中。例如，研究人员并没有预测到手机会以今天这样的方式被普及，尤其是年轻人对这项技术的使用堪称具有创新性（Silverstone and Hirsch，1992）。然而，这一用户群体在数字能力的其他领域并不一定具有很高的熟练程度，或者可能不完全具备沟通领域的能力，尽管他们仍然展现出了一些创新性的使用。

　　最后，似乎大多数框架都开发了一个三级模型：初级、中级和高级。能力领域和水平并不是脱节的，也就是说，一般的高级能力水平是指在框架中所描述的所有领域或所有次级能力中的高级水平。这种方法没有考虑到这样一个事实，即熟练程度通常会因内容的不同而不同。换句话说，由于各种各样的原因（如对内容的兴趣、之前掌握的知识、内容与学习者需求的相关性），学习者可以在一个领域表现出非常高的能力水平，而在另一个领域表现出中等水平。从这个角度来看，我们相信，电子能力框架（eCompetence framework，eCF）中提出的方法提供了一种划分能力水平的创新方式①。eCF 将熟练程度划分为从 1（最低）到 5（最高）几个不同的水平等级。然而，36 项已确定的电子能力中没有一项被划分为 5 个级别。每个能

---

① 虽然电子能力框架不是本部分分析的案例之一，但该框架的结构和开发方法已在考虑范围内。

力至少在 2 个级别、最多在 4 个级别中被描述。这是因为，水平分级是按照一定的标准建立的，然后根据这些标准来描述能力（如从"应用－较低水平"到"转换－较高水平"）。这种方法允许我们区分更复杂或涉及更高认知领域的能力和那些在方法上更基本的能力。同时，该框架建议，不同的能力及能力领域可以达到不同的水平。我们相信，并非所有公民或学习者都有兴趣或需要在数字能力的所有领域发展到高级熟练程度。根据次级能力区分水平，将允许实施一些适合某个目标群体或学习者具体需要的框架。

此外，应该指出的是，这里所考虑的框架将一般公众而非 ICT 专业人员作为目标群体。虽然在终端用户和 ICT 专业人员之间存在明确的区分，且存在覆盖 ICT 专业人员能力需求的框架（如上述 eCF），但是我们希望强调一个事实：在不久的将来，这种区别可能不会那么明确。Gillen 和 Barton（2010）描述道，随着技术消费者开始创造应用程序和开发开放软件，工程和使用之间的边界正在日渐模糊。伴随已在发生的角色边界的模糊，我们相信，工程或专业能力应该是"终端用户"框架的一部分，或者应该被考虑在内。此外，当前技术被以各种各样的方式用于多种目的，因此 ICT 专家未必能在数字能力的特定领域拥有最高的能力或技能。例如，专业人员不一定能跟上法律或版权法规等的不断变化，或者他们在信息检索方面可能并不是最具批判性的读者。

6 结　论

本部分收集和分析了 15 个发展数字能力的框架。这些框架的范围（从学校课程到认证计划到学术论文）和目标群体（成人、儿童、青年、老年人）各不相同。本部分所做的分析确定了三个需要阐述的领域：数字能力的定义、能力领域的确定和关于水平的讨论。

根据案例中对数字能力的不同理解，我们提出数字能力的定义如下：

数字能力是在工作、休闲、参与、学习、社交、消费及授权中使用 ICT 和数字媒体进行以下一系列活动所需要的知识、技能、态度（也包括能力、策略、价值观和意识）的组合：执行任务、解决问题、沟通、管理信息、合作、创建和分享内容，以及有效、高效、恰当、批判性、创造性、自主、灵活、合乎道德、反思性地构建知识。

这一定义全面而广泛，数字能力框架的发展和实施应该要考虑到这一点。它强调，数字能力建立在不同的学习领域（知识、态度和技能）之上，并跨越多个能力领域。

本分析选择的几个框架表明，技术技能是数字能力的核心组成部分。在我们看来，以技术技能为核心的数字能力模型没有给予其他同样相关方面足够的重视。在更广泛的意义上，数字能力应该被理解为一个多层面的概念。图 2-9 总结了本部分中提出的 15 个框架的能力领域，每个部分都取自多个框架。我们建议，框架的其他所有组成部分都应该得到与技术操作同样的重视和考虑。

信息管理

协作

沟通和分享

内容和知识创造

道德和责任

评估和问题解决

技术操作

图2-9　数字能力的构成

上述列出的领域在目前这里收集到的大多数框架中都被考虑到了，尽管有时它们只是一个次要的关注点。必须承认，虽然原本期望将各框架的不同建议简化为一份简单的核心要素清单，但一些预见的项仍与其他类别存在重叠。这里的所有领域，都从被分析的框架中选取了当前案例进行了解释。

信息管理是指识别、定位、获取、检索、存储和组织信息所需的知识、技能和态度。协作是指与其他用户链接、参与网络和在线社区、以负责任的态度与他人进行建设性互动的知识、技能和态度。沟通是指通过网络工具进行沟通的知识、技能和态度，同时考虑隐私、安全和网络礼仪。内容和知识创造是指通过技术和媒体来表达创造力与构建新的知识，也指通过网络手段对以前的知识和内容进行整合、重新阐述与传播。道德和责任指的是了解法律框架，以合乎道德和负责任的方式行事所需的知识、态度和技能。在多个案例研究中，评估和问题解决被理解为确定正确的技术与媒体来解决确定的问题或完成一项任务，也被理解为评估检索到的信息或咨询的媒体产品。最后，技术操作是指一个人有效、高效、安全、正确地使用技术与媒体所需要的知识、技能和态度。应该注意的是，一些被分析的框架并不是内在一致的，也就是说，它们以一种方式定义数字能力，然后在实践方面又以不同的方式描述它。例如，定义中列出的能力领域不一定与框架中对能力的描述相一致。在提出上述描述符时，我们力求与本部分早些时候提出的定义保持一致。

上述能力领域指的是知识、态度和技能。我们特别想强调的是，在发展数字能力框架时，态度应该被考虑在内。应考虑定义中所列的态度，即有效、高效、适当、批判性、创造性、自主、灵活、合乎道德、反思性，意识也需要被考虑。但是，并非所有的态度都必然与所有的能力领域相关，因此应根据具体能力领域的需要来选择态度。

关于水平，有人指出，被分析的框架根据三个标准确定水平：学习者的年龄、应用相关内容的宽度或深度、认知的复杂性。我们建议，在确定 DigComp 框架的水平等级时，应考虑所有这三个标准。同时，我们认为，不应该对能力水平进行"一刀切"，而应该有所区别。这就是说，不同能力领域间的水平可能不同，任何学习者都应该被允许和鼓励，在每个能力领域努力取得相应的水平。

这部分的结果将有助于 DigComp 项目下一阶段的工作，也会在其中得到进一步发展。读者可以通过项目网站了解其进展和结果（网址：http://is.jrc.ec.europa.eu/pages/EAP/DIGCOMP.html ）。

7 附件：案例研究情况说明

本附件提供了作为本部分案例研究对象的各个框架的信息。框架按英文字母顺序排列。对于每个案例研究，以表格的形式做了一个情况说明清单，以概述框架或计划的主要特征。

这里阐述的每个框架的信息都是从公开的文件、网站或学术文献中收集的，并以最中立的方式加以说明。出于各种原因，并不总是能充分地说明每一框架中的能力的不同方面。读者可以参考相关网站，以更详尽地了解框架的相关情况。

情况说明已提交案例所有者进行验证，并根据案例所有者的反馈进行了修改。2/3 的案例所有者给出了反馈。

7.1　ACTIC

表 2-4 为 ACTIC 框架的相关描述。

表2-4　ACTIC框架

名称	ACTIC
机构	西班牙加泰尼亚政府
概述	ACTIC 是 "acreditación de competencias en tecnologías de la información y la comunicación"（ICT 能力认证）的缩写。这一行动正在加泰罗尼亚开展，对象是所有 16 岁以上的公民。数字素养被认为是在工作、休闲和交流中安全且批判性地使用信息社会技术，其目的是提供一份被企业和行政部门认可的数字能力证书。它基于一个三级模型。ACTIC 评估的是个人的数字能力，而不是他们使用特定工具或应用程序的能力。它包括关于信息社会、数字文化和好的数字化实践的基本知识。它认为信息和通信技术不仅是技术，而且是通信和信息的媒介。它将数字能力视为终身学习的基础。
网页	可提供西班牙语和加泰罗尼亚语信息：http://www20.gencat.cat/portal/ site/actic/menuitem. 74f23dec65fff202f0 55c310b0c0e1a0/?vgnextoid=0dafd65ab5d3e110VgnVCM1000000b0c1e0 aRCRD&vgnextchannel=0dafd65ab5d3e110VgnVCM1000000b0c1e0aRCRD &newLang=es_ES

名称	ACTIC
行动类型	用于数字能力认证的数字素养应用行动
案例目标	该行动的目的是提高公民的数字能力，为建设包容、有活力和有竞争力的知识社会做出贡献。其目标包括：改善公民对 ICT 的使用、提高 ICT 培训和成人教育质量、厘定就业的数字能力参考水平、增加数字凝聚力。
背景	由西班牙加泰尼亚政府资助
素养关注点和方法	数字能力（包括信息素养）
愿景	从网站上看，数字能力被理解为 ICT 领域的知识、态度和技能的结合，是人们在实际情况中为了以有效和高效的方式实现具体目标而发展起来的。 在这个框架下，数字能力被视为所有人的基本能力，适用于专业、个人和社会领域。因此，数字能力被定义为包括在工作、休闲和沟通中批判性且安全地使用知识社会的技术。它涉及自信地使用计算机及其他数字工具来获取、评估、存储、生产、呈现和交换信息，以便在互联网络上沟通交流和参与社区及网络。
目标群体	16 岁以上公民
材料	ACTIC 是一个认证系统，通过当地的中心来促进公民数字素养的教学和培训。ACTIC 网站提供有关数字素养课程的信息，以及与 ACTIC 合作的地方中心的信息。网站还提供关于发展数字能力的在线材料和课程的链接。
方法	面向实施
持续时间	2009 年以来持续进行中，至本报告发布时仍在进行中
实施水平	继续教育和终身学习
实施范围	区域性的：西班牙、加泰罗尼亚
素养组成	认证架构围绕 8 项能力（C1～C8）建立： C1：数字文化、参与和公民网络； C2：数字技术、计算机及操作系统的使用； C3：在数字世界中冲浪和沟通交流； C4：处理文字信息； C5：处理非文字信息（音频、视频和图形）； C6：处理数字信息； C7：数据处理； C8：内容的呈现。
水平	该模型由 3 个级别组成：1 级－基础证书，二级－中级证书，三级－高级证书。对上述 8 项能力中的每一项都按照以下标准定义了指标：1 级包括 6 项能力（C1～C6）；2 级为参考级，包括所有 8 项能力；3 级要求具备 2 级的水平，并包至少 2 项能力的认证，由候选人从以下能力项中进行选择：C4、C5、C6、C7 和 C8。
能力评估	能力是通过自动测试进行评估的，在给定的最长时间内回答问题。随着级别的提升，测试的一系列任务的复杂程度会更高。 这里描述了测试内容的详细信息：http://www20.gencat.cat/docs/actic/01%20Informacio/Documents/Arxius /AnnexII_c.pdf。

续表

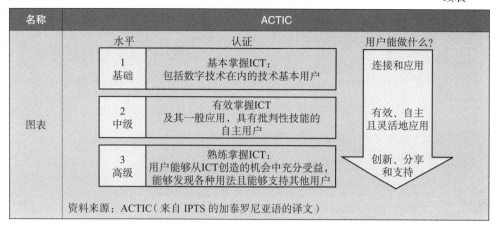

名称	ACTIC
图表	水平：认证：用户能做什么？ 1 基础　基本掌握ICT：包括数字技术在内的技术基本用户　连接和应用 2 中级　有效掌握ICT及其一般应用，具有批判性技能的自主用户　有效、自主且灵活地应用 3 高级　熟练掌握ICT：用户能够从ICT创造的机会中充分受益，能够发现各种用法且能够支持其他用户　创新、分享和支持 资料来源：ACTIC（来自 IPTS 的加泰罗尼亚语的译文）

7.2 BECTA：对0～16岁人群数字素养的综述

表 2-5 为 BECTA 框架的相关描述。

表2-5 BECTA框架

名称	BECTA：对0～16岁人群数字素养的综述
作者	塔贝莎·纽曼（提姆斯有限公司）
概述	中小学教师和学习者的一个模型。它基于这样一种理解：数字素养由数字技能和批判性思维技能组成。这一模型得到了一篇关于 0～16 岁儿童数字素养的文献综述的支持。
网页	由于这个项目的创始方BECTA在2011年关闭了，所以没有官方网站存储这些评论和材料。但是，针对教师和学习者的资源包可以从如下网站获得：http://www.timmuslimited.co.uk/archives/117，并可以请求审议（http://www.timmuslimited.co.uk/）。
参考文献	Newman, T.（2008）. A review of digital literacy in 0–16 year olds: evidence, developmental models, and recommendations. London: BECTA.
行动类型	BECTA 创立的一个研究项目。
案例目标	这项研究的总体目标是增加具备能获取并有效、安全、有区别地使用技术以进行学习的技能和能力的学习者人数。更具体的目标是：收集证据和模型，以便为 0～16 岁儿童建立一个可供合作者和实践者使用的数字素养框架。
背景	由 BECTA 资助，提姆斯有限公司开发。
素养关注点和方法	数字素养技能，重点关注信息素养和网络安全。
愿景	在教师资源包中，数字素养被定义为"功能性 ICT 技能、批判性思维、协作技能和社会意识的结合"。数字素养被视为 ICT 素养与信息素养的交集。数字技能体现了 ICT 素养的特征，批判性思维技能则为信息素养提供了例证。媒介素养有时被认为与数字素养的含义相同。
目标群体	学习者（0～16 岁）和这个年龄段的学生的教师。该资源包是专门针对教师开发的，以支持他们在各个学科领域的课程中嵌入数字素养发展的内容。

名称	BECTA：对0～16岁人群数字素养的综述
材料	该项目提供的材料包括一份综述（三个文件）和一份针对教师和学习者的资源包。资源包内容包括：资源包介绍、一份面向教师和年长学习者的PPT、一份对框架的简要说明、面向教师的一份入门文件、一份含有一张自我评估表和面向小学生的三项活动（关键性的第二阶段）的文件。
方法	数字素养的基本原理如下（来源：资料包）："数字素养的一部分涉及了解和使用数字技术的功能性技能，从PPT演示、模拟软件和博客到互联网搜索引擎与数码相机。数字素养还指对数字信息进行分析和评估的能力，以及如何在网上明智、安全和适当地行动的意识。数字素养还包括知道什么时候不依赖数字技术，如核实印刷出版物（经过同行审查或出版商审查）中的信息通常是有用的。"通过提高教师对数字素养意义和含义的认识，提出了培养框架内确定的知识和技能的活动。
工具	一份数字素养的综述（分为三个文件，可根据需要获得）和一份供教师和学习者使用的资源包（可从如下网站获得：http://www.timmuslimited.co.uk/archives/117）。
持续时间	这份综述发表于2008年。由于该项目是代表BECTA完成的，而BECTA已于2011年关闭，所以现在只能通过提姆斯有限公司获得这些材料。
能力组成	基于英国通信管理局的框架，并考虑到有关信息素养、媒介素养和数字素养的文献，我们确定了五个关键步骤：定义、访问、理解与评估、创建和交流。该发展模式包括数字技能和批判性思维技能的五步过程的关键问题，认为这两个是数字素养的组成部分。
水平	该模型提出的发展步骤分为两类，而不是详细的数字能力水平：一是封闭式询问（学习者回答实践者提出的问题）；二是开放式询问（学习者自己定义问题）。这两种类型都包含了来自教师不同层次的指导。
能力评估	该模型提出了一系列可用于自我评估的问题。资源包为KS2学生（8～11岁）提供了一个自我评估表格。
更多消息	该综述对接触与能力之间的平衡提出了警告：教育工作者不应认为年轻人普遍密集地使用技术就会提高他们的数字能力。
图表	

名称	BECTA：对0～16岁人群数字素养的综述
图表	

定义

他们能阐明你对他们的期望吗？他们已经掌握了什么，他们还需要弄清楚什么？谁是预期的受众，他们的需求是什么么？哪些数字化/非数字化资源可以供他们使用？

发现

学生们知道如何有效地在线搜索信息吗？他们可以使用谷歌搜索或者是否有更好的搜索引擎？他们能否高效地下载、存储和挖掘数据？他们了解知识产权吗

评价

哪个信息最适合该任务或受众（譬如文字、图片、数据）？学习者能够对准确性和可靠性做出判断吗？他们有发展和提炼信息而不只是剪切和粘贴吗？

创建

学习者获得了哪些技术技能，谁可以为他们提供支撑？他们可以以什么样的形式（如视频、演示文档、传单、播客）来展示其工作？他们能够证明选择使用那些数字化技术工具的理由吗？

交流

他们可以使用在线工具来交换信息和想法，并能与其他人一起开展工作吗？哪些进展顺利，哪些又不怎么顺利？他们下次将会有哪些不同的做法？他们知道如何安全且负责任地上网吗？

该图说明了自我评估或教师计划的框架和表格。该框架的版本是提供给教师的版本。
资料来源：提姆斯有限公司数字素养资源包。

7.3　CML框架

表 2-6 为 CML 框架的相关描述。

表2-6　CML框架

名称	CML框架
机构 / 提供者 / 作者	媒介素养中心

名称	CML框架
概述	媒介素养中心提供了媒介素养工具包，并建立了一个基本框架，其中包括媒介素养的五个核心概念和五个关键问题。该框架旨在使学习者解构、建构和参与媒体，被视为教师、媒体图书馆员、课程开发者和研究人员的参考资料。五个核心概念如下：①所有媒体信息都是被建构的；②媒体信息是用一种具有自己规则的创造性语言建构起来的；③不同的人对相同媒体信息的体验是不同的；④媒体具有内在的价值观和观点；⑤大多数媒体信息的组织都是为了获得利润或权力。
网页	http://www.medialit.org/cml-framework
参考文献	一系列的立场文件、文章和报告可从如下网站下载：http://www.medialit.org/reading-room。
行动类型	媒介素养发展的支撑材料
案例目标	CML 致力于 21 世纪的新视野：在各种媒介中进行有效沟通的能力，以及访问、理解、分析、评估和参与构成我们当代大众传播文化的强有力的图像、文字和声音的能力。其使命是通过将媒介素养研究和理论转化为教师、青年领袖、家长和儿童照顾者的实用信息、培训和教育工具，帮助儿童和成人为在全球媒介文化中生活与学习做好准备。
背景	CML 成立于 1989 年，总部设在美国，是一个自给自足的独立营利性组织。
素养关注点和方法	媒介素养和 21 世纪技能
愿景	媒介素养是 21 世纪的一种教育方法。它提供了一个框架来访问、分析、评估、创建和参与各种形式的信息（从印刷物到视频再到互联网）。媒介素养使人们了解媒体在社会中的作用，以及民主国家的公民进行探究和自我表达所必需的基本技能。
目标群体	儿童和成年人
案例研究的结构	该框架围绕五个核心概念和两组五个关键问题（面向消费者——增强解构媒体的能力，面向生产者——构建和生产媒体信息）。
材料	该网站提供了丰富的可下载材料：图书、时事通讯、演讲、教案、论文。课程资源和教案只对订阅者开放。
方法	重点为了 21 世纪的技能或横向能力的发展
持续时间	目前仍在实施
实施水平	已实施
实施范围	国际性的，但主要在美国实施。
能力组成	在 CML 的媒介素养工具包中，五个关键问题直接来自五个核心概念，后者由世界各地的媒介素养从业者逐渐发展起来，以探索媒介信息的五个分析方面。这些关键词为概念及问题背后的分析结构构建了一个简要大纲： （1）作者（构建性）； （2）格式（和制作技术）； （3）观众； （4）内容（或消息）； （5）动机（或目的）。 面向消费者的五个关键问题如下： （1）谁创造了这条信息？

名称	CML框架
能力组成	（2）它使用了什么技巧 / 技术来吸引我的注意？ （3）不同的人对这条信息的理解会有什么不同？ （4）这条消息体现或忽略了什么样的生活方式、价值观和观点？ （5）为什么发出这条消息？ 以下是面向生产者的五个关键问题： （1）我在创作什么？ （2）我的信息是否反映了对格式、创意和技术的理解？ （3）我的信息对我的受众有吸引力吗？ （4）我是否在我的内容中清晰且始终如一地阐述了价值观、生活方式和观点？ （5）我是否有效地传达了我的目的？ 因此，以下五个核心概念与上述问题有关： （1）所有媒体信息都是被建构的； （2）媒体信息是用一种具有自己规则的创造性语言构建起来的； （3）不同的人对相同媒体信息的体验是不同的； （4）媒体具有内在的价值观和观点； （5）大多数媒体信息的组织都是为了获得利润或权力。 对于每个步骤，该框架附带的媒介素养工具包提供了一系列技巧和相关问题，以帮助教师和其他教育工作者开发框架的每个领域。
水平	无法预见
能力评估	为评估媒介素养提供了诀窍和建议。CML 已经开发和使用了评估样本，并可供订阅用户使用，其中包括诊断性评估工具、总结性评估和学习者的自我评估。

7.4　DCA

表 2-7 为 DCA 框架的相关描述。

表2-7　DCA框架

名称	DCA
机构	项目负责人为安东尼奥·卡尔瓦尼（Antonio Calvani）（佛罗伦萨大学）
概述	DCA 框架是一个更广泛的项目——"互联网和学校：可访问性问题、平等政策及信息管理"的一部分。该框架提出了与一系列测试相联系的数字能力的定义和概念，这些测试一般针对 15～16 岁的中学生。
网页	项目信息可以从以下网站获得：http://www.digitalcompetence.org/。
参考文献	• Calvani, A., Cartelli, A., Fini, A., & Ranieri, M.（2009）. Models and instruments for assessing digital competence at school. Journal of eLearning and Knowledge Society, 4（3）: 183-193. • Calvani, A., Fini, A., Ranieri, M. & Picci, P.（2011）. Are young generations in secondary school digitally competent? A study on Italian teenagers. Computer and Education, 58（2）: 797-807. • Calvani, A., Fini, A., & Ranieri, M.（2010）. Digital Competence in K-12. Theoretical models, assessment tools and empirical research. Analisi, 40, 85-99.

名称	DCA
参考文献	• Li, Y., & Ranieri, M.（2010）. Are "Digital Natives" really digitally competent? A study on Chinese teenagers. British Journal of Educational Technology, *41*（6）: 1029-1042. • Calvani, A., Fini, A. & Ranieri, M.（2009）. Assessing Digital Competence in Secondary Education. Issues, Models and Instruments. In M. Leaning（Ed.）. Issues in Information and Media Literacy: Education, Practice and Pedagogy. Santa Rosa: Informing Science Press, 153-172. • Calvani, A., Fini, A., & Ranieri, M.（2011）. Valutare la competenza digitale. Trento: Erickson. • Calvani, A., Fini, A., & Ranieri, M.（2010）. La competenza digitale nella scuola. Modelli e strumenti per valutarla e svilupparla. Trento: Erickson. Academic project.
行动类型	学术型项目
案例目标	研究小组总结该项目的目标如下： （1）从社会、文化、认知和教育角度评述有关 ICT 获取问题的国内国际文献，以及正在涌现的数字能力概念； （2）制作和测试数字能力的评估工具与实验工具，以评估学生和教师对技术的态度。
背景	包含在一项由意大利教育部资助的更广泛的项目中。
素养关注点和方法	数字素养（作为多元素养）
愿景	数字能力包括能够以灵活的方式探索和面对新的技术状况，分析、选择和批判性地评估数据及信息，开发技术潜力以表征和解决问题，建立共享及协作的知识，同时培养个人责任意识及对对等权利／义务的尊重。
目标群体	高中学习者（15～16 岁），对测试学生感兴趣的学校。
案例研究的结构	这些测试最初是为 15～16 岁高中生开发的，后对初中生和小学生开放。
材料	通过项目网站可免费下载（针对小学和初中）测试或作为在线工具（针对高中）使用：http://www.digitalcompetence.org/moodle/mod/resource/view.php?id=54。
工具	线上和线下评估（意大利语测试），定义数字能力的论文、展示项目的网站（意大利语和英语），其他数字能力框架的链接。
持续时间	2006 年开始，至本报告发布时仍在运行
实施水平	通过网站注册后即可进行测试。
实施范围	主要是意大利针对那些希望参加测试的人，该测试也被用于一定样本的中国学生。
能力组成	数字能力模型设想了在技术、认知和伦理层面具有特征的各维度的共存及它们的整合。 （1）技术维度：能够以灵活的方式探索和面对问题与新的技术环境； （2）认知维度：能够阅读、选择、解释和评价数据及信息，并兼顾其针对性和可靠性； （3）道德维度：能够利用现有技术与他人进行建设性互动，并具有责任感； （4）三个维度之间的整合：理解技术所提供的潜力，使个人能够共享信息并协作构建新知识。（Calvani et al.，2009）。

续表

名称	DCA
	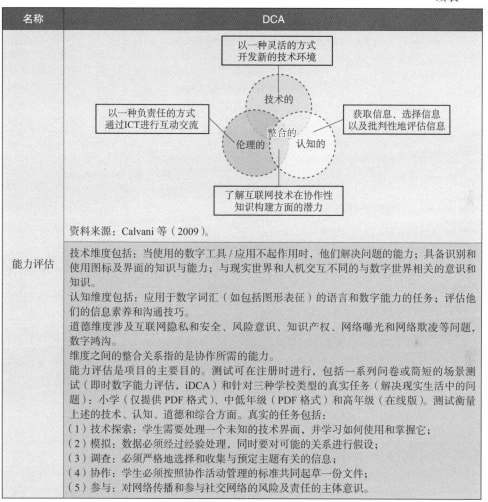 资料来源：Calvani 等（2009）。
能力评估	技术维度包括：当使用的数字工具／应用不起作用时，他们解决问题的能力；具备识别和使用图标及界面的知识与能力；与现实世界和人机交互不同的与数字世界相关的意识和知识。 认知维度包括：应用于数字词汇（如包括图形表征）的语言和数字能力的任务；评估他们的信息素养和沟通技巧。 道德维度涉及互联网隐私和安全、风险意识、知识产权、网络曝光和网络欺凌等问题，数字鸿沟。 维度之间的整合关系指的是协作所需的能力。 能力评估是项目的主要目的。测试可在注册时进行，包括一系列问卷或简短的场景测试（即时数字能力评估，iDCA）和针对三种学校类型的真实任务（解决现实生活中的问题）：小学（仅提供 PDF 格式）、中低年级（PDF 格式）和高年级（在线版）。测试衡量上述的技术、认知、道德和综合方面。真实的任务包括： （1）技术探索：学生需要处理一个未知的技术界面，并学习如何使用和掌握它； （2）模拟：数据必须经过经验处理，同时要对可能的关系进行假设； （3）调查：必须严格地选择和收集与预定主题有关的信息； （4）协作：学生必须按照协作活动管理的标准共同起草一份文件； （5）参与：对网络传播和参与社交网络的风险及责任的主体意识。

7.5 DigEuLit

表 2-8 为 DigEuLit 框架的相关描述。

表2-8 DigEuLit框架

名称	DigEuLit
作者	合作机构包括：苏格兰的瑞德克学院（佩斯利）和西罗锡安学院（利文斯顿），丹麦的社会福利中心（奥本罗）、非全日制的成人教育中心（奥本罗）、森讷堡商学院和高等教育中心（森讷堡），芬兰的凯努职业学院（卡亚尼），波兰的罗兹技术大学，法国的国家科学研究中心（里昂），挪威的国际电信联盟（奥斯陆）。

名称	DigEuLit
概述	该项目从 2005 年持续到 2006 年，由欧盟电子学习行动发起，由格拉斯哥大学领导，旨在开发数字能力的一般框架。该项目的主要产出是一系列关于发展数字素养的概念框架的出版物，数字素养被视为几种素养的集合。作者强调，需要将对数字能力的讨论从列出技能转向数字工具对于社会中的个人成长的贡献。
网页	网页已不复存在。
参考文献	本研究中出现了一些文章和报告，例如：Martin, A., & Grudziecki, J. (2006). DigEuLit: concepts and tools for digital literacy development. ITALICS: Innovations in Teaching and Learning in Information and Computer Sciences, 5(4), 246-264; Rosado, E., & Bélisle, C. (2006). Analysing Digital Literacy Frameworks. A European Framework for Digital Literacy. LIRE, Université Lyon, Lyon, http://lire.ish-lyon.cnrs.fr/IMG/pdf/AnalysingEdu-Frameworks.pdf.
行动类型	国际欧洲教育框架
案例目标	DigEuLit 的目标是建立一个欧洲数字素养框架（EFDL）：一个定义、通用结构和一套工具，它们将使教育者、培训者和学习者共同理解什么是数字素养，以及如何将其映射到欧洲的教育实践中。
背景	欧洲委员会电子教学计划（LLL）
素养关注点和方法	数字素养。在这里，它被认为是不同素养的集合，包括 ICT 素养、信息素养、媒介素养和视觉素养等。
愿景	"数字素养是指个人在特定的生活情境中，适当使用数字工具和设施来识别、获取、管理、整合、评估、分析和综合数字资源，构建新知识，创造媒体表达和与他人沟通，以实现建设性的社会行动，以及反思这一过程的意识、态度和能力。"参见：Martin, A., & Grudziecki, J. (2006). DigEuLit: Concepts and tools for digital literacy development. ITALICS: Innovations in Teaching and Learning in Information and Computer Sciences, 5(4), 246-264.
目标群体	欧洲公民、课程提供者、政策制定者、课程开发者。
案例研究的结构	项目分为 4 个阶段：①识别数字素养相关概念；②现有数字素养框架分析；③构建数字素养框架；④框架的传播与修订。
工具	该项目预见了 4 个在线工具（目前没有或看不到）：①数字能力内容库，表明数字能力要素的范围；②数字素养供应概况，为个人获得适当的数字能力绘制供应地图；③数字能力需求分析，用于评估学生在需求文件中确定的数字能力要素方面的进展；④数字素养发展文件，让每个学生能够通过学习日志（记录成就）、电子文件夹（收集进展证据）和个人发展文件（规划学习路径）来描绘他们如何获得数字能力。
持续时间	2005～2006 年
实施水平	这个框架似乎还没有实施
能力组成	主要能力（模型的 1 级）是由欧盟委员会工作组确定的 13 个过程，总结如下。 （1）陈述：明确指出要解决的问题或要完成的任务，以及可能需要采取的行动； （2）识别：识别解决问题或成功完成任务所需的数字资源； （3）获取：定位和获取所需的数字资源； （4）评估：评估数字资源的客观性、准确性和可靠性及其与问题或任务的相关性； （5）解释：理解数字资源所传达的意思； （6）组织：以一种能够解决问题或成功完成任务的方式来组织和安排数字资源；

名称	DigEuLit
能力组成	（7）整合：将与问题或任务相关的数字资源组合在一起； （8）分析：使用能够解决问题或成功完成任务的概念和模型来检查数字资源； （9）综合：以新的方式重组数字资源，使问题得以解决或任务得以成功完成； （10）创造：创造新的知识对象、信息单位、媒体产品或其他数字输出，以帮助完成任务或解决问题； （11）沟通：在处理问题或任务时与相关的人互动； （12）传播：向相关人员展示解决方案或产出； （13）反思：考虑解决问题或完成任务的成功过程，并反思作为一个具备数字素养的人的自我发展。
水平	三级模型： 1级：数字能力（围绕13个过程形成的一般技能和态度，不同的专业水平可以掌握不同的部分，从基本技能到分析能力不等）； 2级：数字应用（数字能力在特定专业或领域的应用）； 3级：数字转化（当数字化使用使得创新/创造成为可能，并激发个人或组织层面的重大变化时，这种转化就实现了）。
图表	第三级：数字转化（创新/创造） 第二级：数字应用（专业/学科应用） 第一级：数字能力（技能、概念、方法、态度等） 该图说明了 DigEuLit 项目提出的三级模型。 资料来源：Martin & Grudziecki（2006）。

7.6　ECDL

表 2-9 为 ECDL 框架的相关描述。

表2-9　ECDL框架

名称	ECDL
机构	ECDL 基金会是领先的国际计算机技能认证项目 ECDL 的认证机构，该项目在欧洲以外被称为国际计算机使用执照。
概述	ECDL 基金会是一个非营利性组织，其认证项目的交付得到了由国家运营商组成的全球网络的支持。ECDL 基金会提供一系列的认证项目——从初学者入门级到高级水平再到专业级。最广为使用的项目——ECDL/ICDL 包括各种模块的结合，以培养使用文字处理、数据库、电子表格、演示文稿、图像编辑和网络编辑等应用程序所需的技能与知识。

名称	ECDL
网页	http://www.ecdl.org/programmes/index.jsp
参考文献	一系列的立场文件可参见：http://www.ecdl.org/index.jsp?p=94&n=2417。 文件涉及：ICT 基础设施，促进技能发展；IT 安全，促进欧洲的数字素养。
行动类型	认证计划，支持促进数字技能。
案例目标	ECDL 基金会的使命是通过在世界范围内开发、推广和交付质量认证项目，使个人、组织和社会能够熟练使用信息通信技术。 ECDL 基金会的价值观是： （1）社会责任：作为一个非营利性组织，ECDL 基金会致力于在社会中提高数字技能的熟练程度。ECDL 基金会认证课程面向所有公民，不分年龄、性别、地位、能力或种族。 （2）供应商独立性：ECDL 基金会认证项目为候选人提供了获得数字技能的灵活性和自由，并自信地将其应用于他们可能需要使用的任何软件环境。 （3）质量：ECDL 基金会致力于不断改进他们所做的一切，并确保项目按照国际标准实施。
背景	一个非营利性组织
素养关注点和方法	数字素养、计算机技能
愿景	"数字素养通常被视为一套有效使用包括计算机在内的常用技术所需的能力。"摘自 ECDL 立场文件《通过教育建设数字化的欧洲》（http://www.ecdl.org/media/ECDL%20Position%20Paper%20%20Buillding%20Dig.%20Literate%20Europe%20Through%20Educ_2010.pdf）。
目标群体	所有公民，有效地使用电脑的能力是一项基本生活技能。
案例研究的结构	ECDL 基金会的认证项目由设定计算机熟练程度标准的模块组成。有两个入门模块〔平等技能（EqualSkills）和电子公民（e-Citizen）〕；ECDL 项目有 13 个模块，高级项目有 4 个模块。ECDL 基金会还为 ICT 从业者提供专业项目（此处未报道）。ECDL 基金会的一系列认证项目使最终用户能够根据需要，以一种从入门级到高级的渐进方式发展和认证他们的 ICT 技能。
资料	一份定义了各模块学习目标的教学大纲，以及确定是否达到教学大纲规定标准的认证考试。候选人学习的材料包括培训手册和电子学习课程，该课程由第三方创建，但经 ECDL 基金会或国内运营者批准。
持续时间	1995 年至今，仍在进行。
实施水平	成年公民，学生
实施范围	全球（148 个国家），项目以 41 种语言提供。
行动规模	为 1100 多万人提供认证项目。
水平	项目面向不同层次的学生，从低到高： 1-入门：这个基础级别提供两个模块——"平等技能"和"电子公民"。"平等技能"是面向零基础者的有关计算机、电子邮件和互联网开发的介绍；"电子公民"聚焦于互联网技能，并解释如何有效地利用互联网与个人和团体进行沟通，检索信息，获取产品和服务。

名称	ECDL
水平	2-ECDL/ICDL：核心认证项目由 13 个模块组成。要达到数字素养水平（坚实的技能和知识基础），该基金会建议从 13 个模块中选择 4 个模块。要达到数字能力水平（推荐的 ICT 能力水平），至少需要 7 个模块。 3-ECDL/ICDL 高级：这些高级认证项目由模块组成，面向那些成功达到 ECDL/ICDL 技能水平并希望进一步提高他们在四种常用计算机应用类型中的任何一种或全部专业知识水平的人：文字处理、电子表格、数据库和演示文稿。 ECDL 基金会提供两个专业级别的认证，欧洲信息学专业人员认证（EUCIP）和培训专业人员认证（CTP）[①]。
能力组成	能力组成部分取决于所选择的方案。对于 ECDL/ICDL 级别（见上文），预计有 13 个模块，包括下列领域：ICT 的概念、使用计算机和管理文件、文字处理、电子表格、使用数据库、呈现、网页浏览与通信、二维计算机辅助设计、图像编辑、网络编辑、卫生信息系统的使用、IT 安全、项目计划。
能力评估	这是一个认证项目，其目的是通过监督测试评估能力，并提供证书。经过适当的准备后，考生将在指定的考试中心参加每个模块的考试。在完成适当数量的模块后，经批准的考试中心通知国内运营商，并将证书颁发给考生。证书列出持有人所修毕的模块及项目。认证过程由一套标准化的全球质量保证标准支持。

7.7　eLSe学院

表 2-10 为 eLSe 学院框架的相关描述。

表2-10　eLSe学院框架

名称	eLSe学院
机构/建议者	联合体：德国埃尔朗根 - 纽伦堡大学创新与学习研究所、德联邦老年组织协会，西班牙教育责任有限公司，意大利想象力责任有限公司，英国第三时代大学，瑞典第三时代大学，立陶宛考纳斯科技大学，法国南锡第二大学 - 语言和视频研究与教学应用中心。
概述	eLSe 学院的重点是加强欧洲老年公民在知识和信息社会中的社会参与、赋权与融入，特别是注重减少弱势群体的信息孤立问题。eLSe 旨在开发和测试一种专门针对老年学习者需求的数字学习环境（这些人没有或几乎没有使用计算机的经验，或已经有一些基本的经验，但不能完全胜任 ICT），使他们能够自主地利用虚拟信息、通信和电子教学机会。目标群体是对 ICT 及其他学科感兴趣并能够获得和进一步发展能力的欧洲老年公民，特别重视那些在地理上或由于国内环境而被"孤立"的人。
概述	eLSe 学院重点提供为期两年的、非正式的、灵活的、可访问的基于电子学习的 ICT 资格课程，该课程将被开发、测试和评估，课程保持了连贯性，为老年人量身定制，且从教学上适应老年学习者的需求。

① 我们的数字能力分析中将不考虑这两个项目，因为其目标群体——专业人士超出了 DigComp 项目的范围。

名称	eLSe学院
网页	http://www.arzinai.lt/else/
参考文献	技术概念：http://www.arzinai.lt/else/index.php?option=com_docman&task=doc_do wnload&gid=10&Itemid=28&lang=en。 教学概念：http://www.arzinai.lt/else/index.php?option=com_docman&task=doc_do wnload&gid=9&Itemid=28&lang=en。 最终的评估报告：http://www.arzinai.lt/else/index.php?option=com_docman&task=doc_ wnload&gid=8&Itemid= 28&lang=en。 最终报告：http://www.arzinai.lt/else/index.php?option=com_docman&task=doc_do wnload&gid=1&Itemid=28&lang=en。 课程内容链接：http://www.arzinai.lt/else/index.php?option=com_content&view=article& id=9&Itemid=11&lang=en。
行动类型	面向老年人的数字包容
案例目标	主要目标是在6个欧洲国家为老年人开发和建立一个欧洲电子学习学院——eLSe 学院。
背景	eLSe 由格兰特威格终身学习（Grundtvig-Life Long）项目和教育与文化总司联合资助。
素养关注点和方法	ICT 素养
愿景	使老年人能够自主地利用虚拟信息、通信和在线学习机会。
目标群体	有兴趣并有能力获得或进一步发展 ICT 能力的老年人，特别是在 ICT 知识方面不够系统和非常零散的人士。
案例研究的结构	eLSe 学院是老年电子学习的一个为期两年的后续项目。老年电子学习是一项 2004 年的密涅瓦（Minerva）项目，其重点更突出。
方法	使用专门开发的电子学习环境进行面对面学习和远程学习。
工具	经过充分考虑和测试的电子学习环境，以满足老年学习者在知识、灵活性、多样性和支持方面的需求。关于该项目的书籍和光盘在英国有售。
持续时间	2007～2009 年
实施水平	项目已经结束，但课程内容仍然可以在网上找到。
实施范围	意大利、德国、法国、瑞典、立陶宛、西班牙。
行动规模	来自6个欧洲国家的近 600 名参与者。
能力组成	1. 基本能力 （1）使用学习平台 目标：了解学习平台的不同要素——通信和文件传输领域；了解单元的结构和嵌入其中的媒体元素。 （2）用电脑（包括写字板）写字 目标：学习和锻炼计算机的基本技能与概念。

名称	eLSe学院
能力组成	（3）通过互联网与他人保持联系 目标：如何通过电脑，如电子邮件、Outlook Express 或基于 Web 的应用程序等进行交流。 （4）如何准确地找到要找的东西（互联网上的信息搜索） 目标：提高搜索技能。 （5）保持电脑（如 Windows XP）整洁 目标：数据存储和管理。 （6）互联网上的服务 目标：在互联网上探索信息机会和服务。 （7）下一步的打算是什么（进一步的网上学习机会） 目标：在互联网上和基于电脑的平台上获得进一步的学习与信息机会。 2. 高级能力 （1）互联网交流 目标：利用互联网的传播可能性来受益，使用 Skype 和论坛。 （2）数字摄影 目标：本单元主要讲授数字摄影和图像处理的基本知识。 （3）演示 目标：了解设计和制作演示文稿的原则。 （4）互联网上的媒体 目标：了解广播及电视、音乐与演讲、网络电影。
水平	没有设置水平等级，只有两个课程：基础课程与高级课程。
能力评估	没有评估

7.8　eSafety Kit

表 2-11 为 eSafety Kit 框架的相关描述。

表2-11　eSafety Kit框架

名称	eSafety Kit
机构	不安全（Insafe）网络
概述	这一行动旨在提高人们对儿童上网风险的认识。电子安全套件及相关资料帮助儿童、家长／导师及老师安全使用互联网。
网页	www.esafetykit.net；www.saferinternet.org
行动类型	提高儿童（6～12 岁）的网络安全意识运动。
案例目标	这项行动的目的是让孩子们逐渐了解诸如视觉辨别、批判性思维、价值观、隐私等问题。eSafety 工具包倡议为儿童提供材料（一系列小册子、一个活动网站、一个门户网站和国家支持网站／服务），供家长／导师及教师使用。目的是让孩子（以及他们的父母和导师）意识到使用互联网的一系列风险，并提供一些提示，以避免或减少风险。

名称	eSafety Kit
背景	不安全（Insafe）网络是一个欧洲意识中心网络，旨在促进年轻人宣传安全、负责任地使用互联网和移动设备，由互联网安全计划和欧盟委员会共同资助。
素养关注点和方法	电子技能（网络素养、电子意识和电子安全）。
愿景	开发人员声称，他们坚信，技术不应该是代际分离的，而应是代际联合的。根据这一愿景，他们为儿童开发了小册子和活动，其中的材料提供了儿童和家长／老师之间关于互联网安全的讨论要点。孩子们在互联网上遇到的危险堪比他们在操场上或过马路时遇到的危险。据称，如果孩子们不小心或警惕性不高，情况可能会很危险。
目标群体	6~12岁的儿童、他们的父母／导师和老师。
资料	教材适用于多个群体：家长和家庭、孩子和老师。主要有两种传播方式：一种是为家庭印制的工具包，另一种是提供互动游戏／活动的网站。 家庭工具包括全面的家长指南、专门为6~12岁儿童设计的以活动为基础的指南、家庭证书和情况卡。在家庭工具包中，小册子旨在供父母和儿童共同使用，它讲述了两个年轻人及其家庭的故事，并为讨论提供了意见。 电子安全工具包是专门针对6~12岁儿童开发的。这个团队按照同样的思路开发了一系列家庭电子安全工具，包括各种图书、小册子和材料，以支持不同年龄的儿童的上网安全。
方法	该行动提供的主要材料包括小册子（以印刷形式或PDF格式下载）；一个链接到各国相应网站的活动网站及链接，提供了更具体、国家开发的材料。资源为儿童提供了温馨提示和活动，并为家长和教师提供指导，以培养他们的网络意识和安全意识。这些材料被视为促进成人和儿童之间关于网络安全、安全保障和隐私的讨论的引子。活动网站：www.esafetykit.net。活动提供了9种语言。对于构建模型的4个主题（参见"能力组成"部分），用户可以选择执行下列活动：黄金规则（安全互联网使用指南）、下载（可下载的图片和壁纸）、测验（关于每个话题的自我评估测试）、游戏（与主题相关的网络游戏）。
工具	电子安全工具包括家庭娱乐小册子、家长指南、用于额外活动和游戏的卡片，以及全国性网站的链接等。此外，还有一个活动网页（www.esafetykit.net）。主页（www.saferinternet.org）提供了一些通往国家门户（意识中心）的链接。
持续时间	该网络于2008年开发，至本报告发布时仍在运行，从主页和各国相应网站都可以获得一些资源。
实施水平	小学生。该行动并非强制性计划的一部分。
实施范围	国际，欧洲。在30个国家设有意识中心。主要的小册子被翻译成22种语言。活动网站（www.esafetykit.net）有9种语言。

名称	eSafety Kit
能力组成	材料建立在四个领域或主题的发展上：安全、沟通、网络欺凌和娱乐。对于每个主题，对以下问题的认识都有所提高（一些问题出现在多个领域）： （1）安全：防病毒、垃圾邮件过滤器的使用，避免垃圾邮件和短信。 （2）沟通：线上线下身份，聊天和即时通信，网上隐私，网上资料安全，分享内容，线上线下社交。 （3）网络欺凌：从情感和实效角度应对网络欺凌，隐私问题和披露，分享和信任，网络礼仪。 （4）娱乐：下载和法律问题、知识产权、病毒和垃圾邮件、隐私。
水平	无法预见
能力评估	不进行能力评估，但一些小册子（如家庭娱乐小册子、驯服网络）和活动网站提供了自我评估的小测验或测试。
图片	 活动网页的截屏

资料来源：www.esafetykit.net。

7.9　埃塞特·阿尔卡莱的生存技能的概念框架

表 2-12 为埃塞特·阿尔卡莱的生存技能的概念框架。

表2-12　埃塞特·阿尔卡莱的生存技能的概念框架

名称	埃塞特·阿尔卡莱的生存技能的概念框架
作者	埃塞特·阿尔卡莱（主要作者）
概述	埃塞特·阿尔卡莱撰写的这篇论文探讨了数字素养的不同方面，以及人们在数字时代需要具备的多重素养。它提出了一个概念框架来阐明与数字素养相关的技能。

名称	埃塞特·阿尔卡莱的生存技能的概念框架
参考文献	Eshet-Alkalai, Y.（2004）. Digital literacy: a conceptual framework for survival skills in the digital era. Journal of Educational Multimedia & Hypermedia, 13（1）, 93-106. Eshet, Y., & Amichai-Hamburger, Y.（2004）. Experiments in digital literacy. Cyberpsychology & Behavior, 7（4）, 421-429. Eshet-Alkalai, Y., & Chajut, E.（2009）. Changes over time in digital literacy. Cyberpsychology & Behavior, 12（6）, 713-715. Eshet-Alkalai, Y., & Chajut, E.（2010）. You can teach old dogs new tricks: the factors that affect changes over time in digital literacy. Journal of Information Technology Education, 9, 173-181.
行动类型	学术文章
案例目标	这些论文的目的是提出一个数字素养的概念框架，以提高对数字素养概念的理解，而这个概念通常以一种模糊的方式被使用。
素养关注点和方法	作为多元素养的数字素养。
愿景	数字素养的定义如下："鉴于数字技术的快速和持续发展，个人需要使用越来越多的技术、认知和社会学技能，以便在数字环境中执行任务和解决问题。这些技能在文献中被称为数字素养"（Eshet-Alkalai, 2004, p. 93）；"数字素养可以被定义为数字时代的生存技能。它构成了学习者和用户在数字环境中使用的技能与策略系统"（Eshet-Alkalai, 2004, p. 102）；"拥有数字素养不仅仅需要有使用软件或操作数字设备的能力；它包括用户有效使用数字环境所需的各种复杂技能，如认知、运动、社会学和情感"（Eshet and Amichai-Hamburger, 2004, p. 421）；"数字技术的扩展及其随时间的快速变化给用户带来了新的认知、社会和人体工程学挑战，他们需要把控这些挑战才能有效地表现"（EshetAlkalai and Chajut, 2010, p. 173）。
目标群体	学术界、学者
持续时间	第一篇论文发表于2004年，引用了2002年以来持续进行的一项研究；2010年的论文引用了2007年以来开展的进一步研究。
实施水平	没有实施
能力组成	埃塞特·阿尔卡莱数字素养的概念框架包括6种素养：①图片－图像素养；②再生产素养；③信息素养；④分支素养；⑤社会－情感素养；⑥实时思维。它们是这样定义的：图片－图像素养是指阅读图形用户界面的能力和理解以可视化方式表示的指令与信息的能力，包括共时素养，即理解多媒体文本的能力。再生产素养是指通过整合现有的独立信息片段，创造出一种有意义的、真实的和具有创造性的作品或解释的能力。分支素养是指以非线性方式浏览信息和发展多维思维的能力。信息素养，又被称为怀疑的艺术，是指消费者以一种受过教育的、有效的方式来评估信息的认知技能。社会－情感素养是避免落入陷阱的能力，也是从数字交流的优势中获益的能力。实时思维指的是在诸如电脑游戏、模拟和聊天室等实时环境下处理与评估大量信息的能力。
水平	没有提出水平建议。

续表

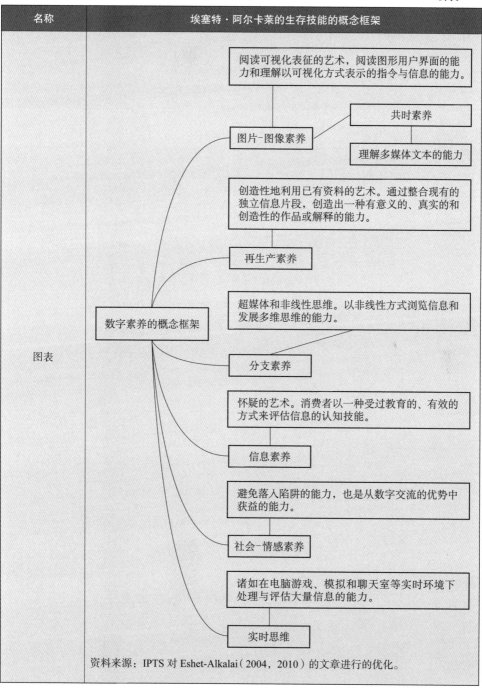

名称	埃塞特·阿尔卡莱的生存技能的概念框架
图表	数字素养的概念框架 图片-图像素养 —— 阅读可视化表征的艺术，阅读图形用户界面的能力和理解以可视化方式表示的指令与信息的能力。 共时素养 —— 理解多媒体文本的能力 再生产素养 —— 创造性地利用已有资料的艺术。通过整合现有的独立信息片段，创造出一种有意义的、真实的和创造性的作品或解释的能力。 分支素养 —— 超媒体和非线性思维。以非线性方式浏览信息和发展多维思维的能力。 信息素养 —— 怀疑的艺术。消费者以一种受过教育的、有效的方式来评估信息的认知技能。 社会-情感素养 —— 避免落入陷阱的能力，也是从数字交流的优势中获益的能力。 实时思维 —— 诸如在电脑游戏、模拟和聊天室等实时环境下处理与评估大量信息的能力。

资料来源：IPTS 对 Eshet-Alkalai（2004，2010）的文章进行的优化。

7.10 IC³

表 2-13 为 IC³ 框架的相关描述。

表2-13 IC³框架

名称	IC³
机构 / 建议者	思递波公司，美国私人公司
概述	IC³ 旨在为学生和求职者提供基础知识，这些基础知识是他们能够胜任计算机与互联网使用环境所需的。IC³ 是国际公认的数字素养标准，旨在反映当今学术和商业环境所需的最相关技能。IC³ 对有效使用最新的计算机和互联网技术以实现业务目标、扩大生产力、提高盈利能力和提供竞争优势等所需的关键性入门技能进行认证。 IC³ 认证包括三项单独考试： （1）计算基础（包括对计算的基本理解）； （2）关键应用（涵盖流行的文字处理、电子表格和演示应用程序，以及所有应用程序的共同特性）； （3）在线生活（涵盖在互联网或网络环境下工作的技能）。
网页	http://www.certiport.com/Portal/desktopdefault.aspx?tabid=229&roleid=102
参考文献	案例研究：http://www.certiport.com/portal/desktopdefault.aspx?page=common/pag elibrary/IC3_case-studies.html。
行动类型	认证计划
案例目标	数字技能认证，以提高就业能力，即 （1）验证候选人的互联网和计算机技能； （2）突出他们独特的才能； （3）展示他们在新兴领域的资格能力。
背景	私人公司：个人可以付费考试，教育机构可以购买教室许可证，公司可以购买商业许可证。
素养关注点和方法	数字素养，面向就业的操作性数字技能。
愿景	在这里，数字能力被定义为学生和求职者能够胜任计算机与互联网使用环境所需的知识，以在当今的学术和商业环境中取得成功。
目标群体	学生和求职者
案例研究的结构	针对考试准备的课程和材料，包括考试演示。最终目的是技能认证。
资料	多个线上和线下资源的链接（需要单独购买）： http://www.certiport.com/Portal/desktopdefault.aspx?ipage=/portal/page s/findcourseware.aspx&iheight=1000。
工具	考试在考试中心举行。考试结果以"思递波认证数字成绩单（Certiport Authenticated Digital Transcript）"的形式提供，考生可以通过该工具查看自己的考试和认证状态，并将这些经过验证的信息分享给潜在的学校、雇主和招聘机构。

续表

名称	IC³
持续时间	至少从 2003 年开始，至今仍在运行中。
实施水平	实施，面向成年人（继续教育）。
实施范围	全球 150 个国家，但考试（目前）只以英语进行。
行动规模	全球超过 10 000 个认证中心。
能力组成	IC³ 认证由三个单项考试组成。 （1）计算基础考试。包括对计算机硬件、软件、操作系统、外部设备和故障排除的基本理解。要求学生认识并理解计算机的类型、它们如何处理信息，以及不同硬件组件的目的和功能；讲解如何维修电脑设备和解决与电脑硬件有关的常见问题，了解软件和硬件如何配合执行计算任务，以及如何分配和升级软件；识别不同类型的应用软件，以及与应用软件类别有关的一般概念；了解什么是操作系统以及它是如何工作的；解决与操作系统相关的常见问题；使用操作系统操作计算机的桌面、文件和磁盘；并确定如何更改系统设置、安装和删除软件。 （2）关键应用考试。涵盖了常用的文字处理、电子表格和演示应用程序。希望学生了解常用程序功能（能够启动和退出应用程序、识别和修改界面元素，利用在线帮助资源，执行常用的文件管理，编辑和格式化，打印／输出功能）；文字处理功能（能够格式化文本和文档，包括使用自动格式化工具的能力；能够使用文字处理工具实现文档审核、安全和协作等自动化处理）；使用电子表格功能（能够修改工作表数据、结构和格式；能够对数据进行排序，运用公式和函数对数据进行操作，创建简单的图表）；能够使用演示软件进行交流（即创建和格式化简单的演示文稿）。 （3）在线生活考试。涵盖了在互联网或网络环境中工作的技能，以及以安全、合乎道德的方式最大限度地进行沟通、教育、协作和社会互动。测试学生对不同网络的理解（即这些网络传输的不同数据类型、网络中客户端和服务器的角色，以及安全的基本原则）；恰当使用不同类型的通信／协作工具（电子邮件、手机、博客、电话会议、社交网络等）以及对它们进行合乎道德的使用（"网络礼仪"）；他们学习如何使用互联网；如何评价网络信息的质量；在创建或使用在线内容时，识别负责任和合乎道德的行为；学生亦需要了解电脑在生活的不同方面是如何使用的，使用电脑硬件和软件的风险，以及如何安全、合乎道德和合法地使用电脑及互联网。
水平	该认证不是以水平而是以分数为基础，最终认证形式为及格或不及格。
能力评估	认证是框架的目标。考试在思递波许可的考试中心进行，并通过基于计算机的测试（CBT）完成。考试包括各种各样的问题类型：一些问题要求在一个操作系统或软件的现实模拟中执行一个功能（基于性能的任务）；有些问题是拖放式的，或多项选择问卷。
更多信息	IC³ 委员会：http://www.gdlcouncil.org/index.html。
图表	

资料来源：IPTS 根据思递波 IC³ 教学大纲进行的优化。

7.11　iSkills

表 2-14 为 iSkills 框架的相关描述。

表2-14　iSkills框架

名称	iSkills
机构	教育考试服务中心（ETS）
概述	数字技能评估框架声称这是唯一的 ICT 素养测试，用来评估数字环境中批判性思考和解决问题的能力。该框架基于这样的认知：认知技能和技术技能对人们在数字社会中履行职责而言都是必需的。
网页	http://www.ets.org/iskills/
参考文献	Katz, I.R. (2007). Testing information literacy in digital environments: ETS's iSkills assessment. Information Technology and Libraries, *26* (3), 3-12. International ICT Literacy Panel. (2002). Digital transformation: a framework for ICT literacy: ETS. Retrieved from http://www.ets.org/Media/Tests/Information_and_Communication_Technology_Literacy/ictreport.pdf.
行动类型	ICT 素养测量 / 评估
案例目标	该框架是用来给基于结果的测试确立一个素养标准。教育考试服务中心长期参与大规模评估工作，希望建立一个 ICT 素养框架，为测量工具和测试的设计提供基础。
背景	由教育考试服务中心召集的一个 ICT 素养小组（包括教育、商业和政府领域的领导者）开发。
素养关注点和方法	ICT 素养（侧重于由技术调节的认知技能）。
愿景	ICT 素养的定义如下："ICT 素养是指使用数字技术、通信工具和网络来获取、管理、整合、评估及创造信息，以便在知识社会中履行职责。" ICT 素养被视为一个连续体，从日常生活技能到精通 ICT 带来的变革性好处。该框架"基于一种强烈的观点，即仅仅掌握技术并不能定义 ICT 素养。只有将技术技能和认知技能（如传统的读写能力、计算能力和解决问题能力）结合起来，人们才能充分定义 ICT 素养。"（International ICT Literacy Panel，2007）
目标群体	所有公民。"该框架为学生和成年人在 21 世纪完成中学教育、完成高等教育、做出职业决定或转型、在日常生活中履行职责时所需的技能和知识提供了一个良好的基础。"（International ICT Literacy Panel，2007）。技能评估的目标是从中学进入高等教育以及从高等教育进入劳动力市场的学生。
资料	报告（International ICT Literacy Panel，2007）和在线测试。还在学术类和教育类期刊上发表了几篇其他研究文章。
方法	基于任务的测试。
工具	线上评估。

名称	iSkills
持续时间	iSkills 评估被美国的学院和大学以及全球一些机构使用。该计划始于 2001 年，当时教育考试服务中心组织了国际 ICT 素养小组。第一次 iSkills 评估是在 2006 年进行的（Katz，2007）。
实施水平	义务教育之后的所有教育。
实施范围	国际（基于美国）。
能力组成	技能评估通过 7 种任务类型来衡量 ICT 素养，这些任务类型代表了学生通过数字技术处理信息的一系列方式。 （1）界定。了解并清楚说明某个信息问题的范围，以便通过以下方法使电子化搜寻更加便捷：将一个清晰、简洁且有主题的研究问题与没有较好架构的问题区分开来，如那些过于宽泛或不满足信息需求的问题；向"教授"提问，消除模糊的研究任务歧义，并进行有效的初步信息搜索，以帮助构建研究声明。 （2）获取。在数字化环境中搜集和挖掘信息。信息来源可能是网站、数据库、讨论组、电子邮件或印刷媒体的在线版。任务包括：生成和组合搜索词（关键字），以满足特定研究任务的要求，有效地浏览一个或多个资源以定位相关信息，以及决定哪种类型的资源可能产生针对某个特定需求的最有用信息。 （3）评估。通过确定材料的权威性、偏误、及时性、相关性和其他方面来判断信息是否满足某个信息问题的需要。任务包括：判断提供的网站和在线期刊文章的相对有用性，评估数据库是否包含适当的当前及相关信息，判断一个资源集合是否充分覆盖了某个研究领域。 （4）管理。通过以下方式组织信息以便后续能找到它：基于对电子邮件内容的批判性态度，将电子邮件分类到适当的文件夹中；将个人信息安排到组织图中；对文件、电子邮件或数据库返回进行排序，以明确相关信息的集群。 （5）整合。使用数字工具来解释和表达信息，以对多来源信息进行综合、总结、比较和对比。任务包括：通过将信息汇总到表格中来比较竞争对手的广告、电子邮件或网站；整合不同来源的信息以进行科学实验并报告结果；将一项学术比赛或体育比赛的结果录入电子表格中以决定是否需要进行复赛。 （6）创建。通过以下方式在数字环境中适应、应用、设计或构建信息：根据一套编辑规范来编辑和格式化文件，创建一个演示幻灯片来为一个有争议的话题提供支持性的立场，创建一个数据显示来阐明学术和经济变量之间的关系等。 （7）沟通。通过以下方式，以有效的数字形式面向特定受众精准地传递信息：对文档进行格式化处理以使其对特定群体更有用，将电子邮件转换为简洁的演示文稿以满足特定群体的需要，并选择和组织针对不同受众的演示文稿。
水平	技能评估报告的得分为 0～500 分。一个国际小组建议，260 分对应 ICT 基本素养水平。
能力评估	能力通过受监督的在线测试来衡量。以 14 个任务作为问题来模拟真实场景，每个任务的完成大约需要 4 分钟。例如，来自教育考试服务中心网站（http://www.ets.org/iskills/scores_reports/）：要求学生查找与研究问题相关的资源（如文章、网页）。在这个任务中，学生将被要求使用搜索引擎从数据库中访问信息，并确定信息满足任务需要的程度。学生们根据信息需求，在可搜索的数据库中定位和识别信息，以此能力为基础对学生进行评价。 查看示例：接入 1 接入 2 管理集成创建通信（Access 1 Access 2 Manage integration Create communication）。

7.12 NCCA ICT框架：课程及评估中的结构化ICT方法

表2-15为NCCA ICT框架的相关描述。

表2-15 NCCA ICT框架

名称	NCCA ICT框架：课程及评估中的结构化ICT方法
机构	NCCA，爱尔兰
概述	这个框架是一个指南，帮助教师将ICT作为跨课程的组成部分纳入所有学科。它确定了小学生与初中生应具备的知识、技能和态度。它认为数字素养是创造、沟通和协作以组织和生产信息的能力，了解和应用ICT功能知识的能力，利用ICT进行思考和学习的能力，对ICT在社会中的作用具有批判性认识的能力。该框架概述了学生在小学和小学后教育中应该获得的ICT（知识、技能和态度）的学习经验。
网页	http://www.ncca.ie/en/Curriculum_and_Assessment/ICT/#1
参考文献	一些报告可以从NCCA网站下载，包括： NCCA (2004). Curriculum, Assessment and ICT in the Irish Context: A Discussion Paper. http://www.ncca.ie/uploadedfiles/ECPE/Curriculum%20Assessmentan dICT.pdf; NCCA (2007). ICT Framework: A structured Approach to ICT in Curriculum and Assessment. http://www.ncca.ie/uploadedfiles/publications/ict%20revised%20fram ework.pdf; NCCA (2008). ICT, the Invisible Plan. http://www.ncca.ie/en/Curriculum_and_Assessment/ICT/ICT_the_invis ible_plan.pdf.
行动类型	爱尔兰小学和初中的课程设置。
案例目标	制定该框架的目的是支持教师在课程中使用ICT规划课程，并培养小学生和初中生在所有科目中使用ICT的技能。ICT框架的目的是：在课程中提供ICT的合理性；确定学生在初级阶段（初中阶段）结束时应具备的知识、技能和态度；使学校和教师能够选择与课程相适应的内容和教学方法；提供机会让学生展示对ICT的掌握。
背景	由爱尔兰NCCA资助、开发和支持。
素养关注点和方法	ICT素养（多种素养，包括信息素养和更高层次思维技能的发展）。
愿景	NCCA对爱尔兰学生ICT素养的愿景已经在2004年的讨论文件中报道过："所有学生离开学校时将成为有能力的独立学习者，能够自信地、创造性地和富有成效地使用ICT，能够有效地沟通，能够合作，并批判性地评估、管理和使用信息"（NCCA，2004，p29）。
目标群体	小学和初中学生。与该框架有关的材料是为教师、家长、学校辅助人员和管理人员、决策者以及对小学和初中教育有兴趣和责任的所有各方准备的。
案例研究的结构	NCCA的网站为教育工作者提供了一系列的报告和支持材料，如参考文献中所列。
方法	ICT素养的发展被视为是与所有学科相结合的。NCCA提倡并认可以下原则和方法：学生积极参与自己的学习、学生高阶思维能力的发展、置于真实环境中的学习、促进学生的兴趣和参与、差异化的学习、协作学习、对学习的评估和评价。ICT素养是一种手段，而不是目标。
持续时间	该框架草案于2006年完成。修订后的框架于2007年公布，目前仍在运行。NCCA的磋商和委员会于1998年开始制定该框架。

续表

名称	NCCA ICT框架：课程及评估中的结构化ICT方法
实施水平	在小学和初中实施。
实施范围	国家层面（爱尔兰）。
能力组成	该框架由四个相互联系和相互依赖的要素或学习目标（learning objective，LO）构成，以15项学习成果加以呈现。 （1）LO1：创造、沟通和协作。学生应该能够：①使用ICT起草、排版和修改文本；②使用ICT以各种不同的格式（图像、声音、视频）创建、操作和插入信息；③使用ICT收集、组织、操作和分析数据；④利用ICT在本地和全球进行沟通和合作；⑤利用ICT规划、设计、创造和呈现信息。 （2）LO2：发展基础知识、技能和概念。学生应该能够：①展示和应用功能性的知识及对ICT的理解；②开发维护和优化ICT的技能；③了解和实践如何健康且安全地使用ICT。 （3）LO3：批判性和创造性思维。学生应该能够：①利用ICT研究、获取和检索信息；②利用ICT评估、组织和综合信息；③运用ICT表达创造力，构建新的知识和人工制品；④使用ICT探索和提出解决问题的策略。 （4）LO4：理解ICT对社会和个人的影响。学生应该能够：①对于ICT对个人和社会的贡献能够理解并具有批判意识；②利用ICT发展独立和协作性的学习及语言技能；③对负责任和合乎道德地使用ICT有所意识并能够遵守。
水平	根据儿童接受的教育水平，描述了四个目标的三个层次的学习成果：较低的初级水平、较高的初级水平和较低的中级水平。
能力评估	在爱尔兰的小学课程中，总结性学习评估和形成性学习评估被视为两个互补与相互关联的过程。该框架包含各种学习机会，这些机会由框架的15项成果中的每一项来确定。根据三个层级，针对每个目标对这些学习机会进行了描述，分别对应较低的初级（第1级）、较高的初级（第2级）和较低的中级（第3级）。针对每个周期结束的每项学习成果，学习机会都描述了学习者在每个领域被期望掌握的知识、技能和态度。
更多信息	学习机会列表如下： http://www.ncca.ie/uploadedfiles/publications/ict%20revised%20framework.pdf。注意上述其他领域没有涉及的方面。
图表	 ICT框架目标 资料来源：NCCA 2007。

7.13 ICT教学认证

表2-16为ICT教学认证的相关描述。

表2-16　ICT教学认证

名称	ICT教学认证
机构	丹麦政府
概述	ICT教学认证为当前和未来的教师提供了提升其ICT技能的机会，并将ICT和媒体作为学校课程学习的自然组成部分。获得证书需要顺利完成四个基础模块和四个选修模块的作业，其目的是将ICT和媒体应用于教学。
网页	www.paedagogisk-it-koerekort.dk
行动类型	国家教师教育框架
案例目标	为当前和未来的教师提供数字能力，他们需要在教学中使用技术。
背景	政府行动
素养关注点和方法	教学视角下的ICT技能
愿景	数字能力被视为一种需求，因为社会要求公民在知识和数字环境中履行职责。
目标群体	教师（当前及未来的教师）。
案例研究的结构	培训课程被分为模块。
资料	在报名参加项目时可获得培训材料。
方法	每个模块都是围绕教师的需求建立的，并从教学的角度来看待，即最终目的是在课堂上使用技术以改善教学实践。
工具	网站提供了模块内容的信息。但是，该框架是通过培训机构实施的，材料也由培训机构提供。课程一般采用现场授课和灵活培训两种方式（即面授和在线教学的结合）。
持续时间	至本报告发布时仍在运行
实施水平	教师培训，包括初期教师培训以及持续职业发展。
实施范围	国家层面（丹麦）
能力组成	课程分为三个核心模块：3个基础模块和1个最终模块。 （1）基础模块： • 在网上搜索信息 • 输入文本 • 沟通合作

续表

名称	ICT教学认证
能力组成	（2）最终模块： • 工作方法和IT——IT在哪里发挥作用 此外，可以从以下领域选择更有针对性的模块： • 理解并制作图像 • 在课堂上使用电脑 • 数据收集 • 数字化学习资源 • 灵活学习 • 电影和动画 • 自制教材 • 超链接 • 互动白板 • 数据库 • ICT作为教学中的补偿性工具（针对有特殊需求的学生） • 布局和格式 • 学习游戏 • 读写能力和IT • 使用音频材料教学 • 演示和互动项目 • 教学中的电子表格 • 学校发展和IT • 数字故事讲述 • 知识和知识体系 • 网站和互联网传播
水平	未进行水平预见
能力评估	接受培训的教师必须证明对所选模块的熟练程度（其中一些是必修模块，另一些是选修模块），并会被给出及格或不及格的分数。根据所选择的教学模式（面授或在线教学），教师可以选择不同的方式来评估他们的能力，其中一种方式是提交一份数字作品集。

7.14 苏格兰信息素养计划

表2-17为苏格兰信息素养计划的相关描述。

表2-17 苏格兰信息素养计划

名称	苏格兰信息素养计划
机构	克里斯汀·欧文（Christine Irving）和约翰·克劳福德（John Crawford）（格拉斯哥卡利多尼亚大学）
概述	这一信息素养框架已在苏格兰开发，目的是促进所有教育部门对信息素养的理解和发展。在中学进行了一项试点，其中信息素养被定义为技能、知识和理解。

名称	苏格兰信息素养计划
网页	http://www.gcu.ac.uk/ils/index.html; http://caledonianblogs.net/nilfs/
参考文献	相关文献包括： Crawford, John and Irving, Christine (2010). The Scottish Information Literacy Project and School Libraries. Aslib Proceedings. Irving, Christine (2009). Collecting case studies / exemplars of good practice to enrich The National Information Literacy Framework (Scotland). Library and Information Research, 33 (105): 10-18. Crawford, John and Irving, Christine (2009). Our information literacy journey. ALISS Quarterly, 4(3): 35-37. Crawford, John and Irving, Christine, (2008). Going beyond the 'library': the current work of the Scottish Information Literacy Project. Library and Information Research, 32 (102): 29-37. Crawford, J. & Irving, C., (2007). Information literacy, the link between secondary and tertiary education project and its wider implications. Journal of Librarianship and Information Science, 39 (1): 17-26. Irving, C., (2006). The identification of information literacy skills which students bring to university. Library and Information Research (LIR), 30 (96): 47-54. Irving, C and Crawford, J (2005). From secondary school to the world of work: the experience of evaluating Information Literacy Skills Development at Glasgow Caledonian University (GCU). JeLit 2 (2). http://www.jelit.org/tocDec2005.html. Crawford, John et al (2004). Use and awareness of electronic information services by students at Glasgow Caledonian University: a longitudinal study. Journal of Librarianship and Information Science, 36(3): 101-117. For a full list of publication. go to: http://www.gcu.ac.uk/ils/publications.html.
行动类型	格拉斯哥卡利多尼亚大学开发的项目。
案例目标	该项目旨在促进所有教育部门、工作场所、家庭和更广泛的社区（主要在苏格兰）对信息素养的理解与发展。
背景	项目由多个组织和机构资助，完整名单见：http://www.gcu.ac.uk/ils/funding.html。
素养关注点和方法	信息素养
愿景	项目成员认可的愿景与图书馆员、信息专家和知识管理人员的专业机构英国图书信息专业协会（The Chartered Institute of Library and Information Professionals，CILIP）在2004年采用的愿景一致："信息素养就是知道什么时候和为什么需要信息，在哪里可以找到信息，以及如何以一种合乎道德的方式进行评估、使用和交流。"它包括所有媒体类型和格式，从印刷品到电子工具和媒体乃至人们自身。
目标群体	从小学到中学、继续教育、高等教育的学习者，包括在工作场所的学习和终身学习。目标群体分为：①小学；②中学和继续教育；③继续教育和高等教育；④终身学习，学习社区和工作场所的学习。
资料	网站（http://www.gcu.ac.uk/ils/index.html）和博客（http://caledonianblogs.net/nilfs/）提供了框架的链接；信息素养材料实例。
持续时间	2004年10月~2010年4月
实施水平	试行

续表

名称	苏格兰信息素养计划
实施范围	苏格兰国家层面（在中学试行）
能力组成	目标群体的划分意味着不同的信息素养能力，在框架中的预期如下： （1）小学：规划；定位；组织；表现；评估。 （2）中学和继续教育：计划和组织；定义主题；关键词识别；确定合适的信息来源；有效的搜索；评估信息；评述；理解使用的伦理和责任；了解如何沟通和分享发现。 （3）继续教育和高等教育：认识到一项信息需求；区分解决信息差距的方法；构建信息定位策略；查找和取得资料；比较和评估不同来源的信息；综合和利用现有信息，促进新知识的创造。 （4）终身学习，学习社区和工作场所的学习：了解一项需求；了解可用性；了解如何查找信息；了解评估结果的必要性；了解如何利用或开发结果；理解使用的伦理和责任；了解如何沟通和分享发现；了解如何管理发现。
水平	每个类别的成就水平都是可以预见的，并与学习者的年龄或他们的教育水平相联系。
能力评估	针对每个水平描述符，能力水平证据的描述符是可以预见的。
图表	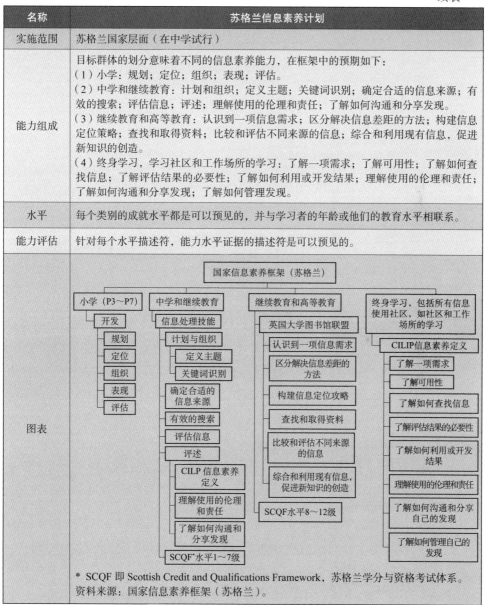

* SCQF 即 Scottish Credit and Qualifications Framework，苏格兰学分与资格考试体系。
资料来源：国家信息素养框架（苏格兰）。

7.15　联合国教科文组织教师的ICT能力框架

表 2-18 为联合国教科文组织教师的 ICT 能力框架的相关描述。

表2-18　联合国教科文组织的教师ICT能力框架

名称	联合国教科文组织的教师ICT能力框架
机构/建议者	联合国教科文组织
概述	该框架旨在为职前或在职教师开发课程提供指导，使教师能够以有效的方式将ICT纳入教学。因此，该框架并不只关注教师ICT技能的发展，它旨在从整体上改善教师的实践，将ICT技能习得与教育学、课程和学校组织的新兴观点有效地结合起来。
网页	http://portal.unesco.org/ci/en/ev.php-URL_ID=22997&URL_DO=DO_TOPIC&URL_SECTION=201.html。 版本二可参见：http://unesdoc.unesco.org/images/0021/002134/213475e.pdf。
行动类型	国家教师教育框架
案例目标	制定教师教育国际标准，支持教师发展将ICT融入课堂实践的能力。更具体地说（来自政策指南），该框架的目标是：①构建一套通用指南，职业发展提供者可以使用该指南来识别、开发或评估在教学中使用ICT的学习材料或教师培训计划；②提供一套基本资格，使教师能够将ICT融入教学，促进学生学习，并改进其他专业职责；③拓展教师的职业发展，以提升他们的教学、协作、领导及运用ICT创新学校发展等方面的技能；④调和教师教育中使用ICT的不同观点和词汇。该框架强调，一般来说，教师仅具备数字能力是不够的，因为他们需要以一种有效的方式将技术融入课堂实践。因此，该框架涉及教师工作的所有方面。
背景	在联合国教科文组织的"全民教育"（EFA）计划中，该框架是与微软、英特尔、思科、国际教育技术协会（ISTE）以及弗吉尼亚理工学院暨州立大学合作制定的。
素养关注点和方法	应用于有效的教学实践的ICT素养。
愿景	该框架未提供ICT技能的定义。技术被视为达到目的的手段，该框架的重点是技术的应用，以及在教育环境中熟练、有效和创新地使用技术所需的技能，以从学习经验中受益。
目标群体	教师（主要是中小学，但不限于中小学）、教育决策和教师职业发展机构——负责教师课程准备初级教师培训（initial teaching training，ITT）和持续职业发展（continuous professional development，CPD）。
资料	有三个描述该框架的主要文件，分别是： （1）一个政策框架，来自：http://cst.unescoci.org/sites/projects/cst/The%20Standards/ICT-CSTPolicy%20Framework.pdf； （2）能力标准模块，来自：http://cst.unesco-ci.org/sites/projects/cst/The%20Standards/ICT-CST-Competency%20Standards%20Modules.pdf； （3）实施指南，来自：http://cst.unesco-ci.org/sites/projects/cst/The%20Standards/ICT-CSTImplementation%20Guidelines.pdf。
持续时间	经过5年的研究之后，于2008年发起，至今仍在运行。
实施水平	教师教育（初期教师教育与持续职业发展）。

名称	联合国教科文组织的教师ICT能力框架
实施范围	该框架旨在国际（全球）范围内实施。
能力组成	三种教育改革的方法（技术素养、知识深化和知识创造）与教育系统的六个组成部分交叉（理解教育中的 ICT、课程和评估、教学、ICT、组织和管理、教师职业发展）。方法和组件的交叉（称为"模块"）构成了框架的模块。例如，技术素养（方法 1）和课程与评估（组成部分 2）的交叉被称为基础知识，可能需要通过技术提高素养技能，并将 ICT 技能的发展添加到相关的课程环境中。
水平	这三种方法可以被认为是教育改革的三个不断增加的层次，并意味着复杂性的增加。三种方法分别是：①技术素养（基础）；②知识深化（中级、应用知识）；③知识创造（更高，21 世纪技能）。这三种方法可以被看作水平的代表，指的是一个国家决定采取的教育改革方法的类型，尽管可能不只采取一种方法。方法取决于 ICT 融入社会和教育系统的程度。因此，水平并不一定指教师在方案结束时所获得的能力，而是说明一种旨在改善一国劳动力和促进经济增长的政策设想。技术素养侧重于将技术作为一种学习和教学工具的引入，以及将技术理解为支持社会发展的手段。知识深化强调协作和解决问题的方法，将技术应用于学习和教学。知识创造的重点是创新和 21 世纪技能，同时，课堂环境被视为一个技术支持的学习社区。

图表	联合国教科文组织教师 ICT 能力框架		
		技术素养	知识深化	知识创造
	理解教育中的 ICT	政策意识	政策理解	政策创新
	课程和评估	基础知识	知识应用	知识社会技能
	教学	集成技术	复杂问题解决	自我管理
	ICT	基本工具	复杂工具	普遍深入的技术
	组织和管理	标准课堂	协作型组织	学习型组织
	教师职业发展	数字素养	管理和指导	教师作为模范学习者

来源：联合国教科文组织 ICT-CFT（2011）
上述图表构成了联合国教科文组织 ICT-CFT 的矩阵。矩阵的每个单元构成框架中的一个模块。
该框架的更新版本于 2011 年 11 月发布。

更多信息	对教师工作的三种教育改革方法和教育系统的六个组成部分进行了全面阐述。对于每种方法和部分都提供了示例以说明在实践中应用该框架时的样子。

参 考 文 献

Ala-Mutka, K. (2011). Mapping Digital Competence: Towards A Conceptual Understanding. Seville: JRC-IPTS. Retrieved from http://ipts.jrc.ec.europa.eu/publications/pub.cfm?id=4699.

Ala-Mutka, K., Broster, D., Cachia, R., Centeno, C., Feijóo, C., Haché, A., et al. (2009). The Impact of Social Computing on the EU Information Society and Economy. Seville: JRC-IPTS. Retrieved from http://ftp.jrc.es/EURdoc/JRC54327.pdf.

America Library Association. (1989). Presidential Committee on Information Literacy. Chicago: ALA.

Amiel, T. (2004). Mistaking computers for technology: technology literacy and the digital divide.

Andretta, S. (2007). Change and Challenge : Information Literacy for the 21st Century. Adelaide: Auslib Press.

Bawden, D. (2001). Information and digital literacies: a review of concepts. Journal of Documentation, 57(2): 218-259.

Bawden, D. (2008). Origins and Concepts of Digital Literacy. In C. Lankshear & M. Knobel (Eds.). Digital Literacies: Concepts, Policies & Practices. New York, Oxford: Peter Lang: 17-32.

Buckingham, D. (2003). Media Education: Literacy, Learning, and Contemporary Culture. Cambridge: Polity Press.

Calvani, A., Cartelli, A., Fini, A., & Ranieri, M. (2008). Models and instruments for assessing digital competence at school. Journal of e-Learning and Knowledge Society, 4(3): 183-193.

CEDEFOP. (2008). Terminology of European education and training policy. A selection of 100 Key Terms. Luxembourg: Office for Official Publications of the European.

Communities. Retrieved from http://www.cedefop.curopa.eu/EN/Files/4064_en.pdf.

Christ, W. G., & Potter, W. J. (1998). Media literacy, media education, and the academy. Journal of Communication, 48(1): 5-15.

Coiro, J., Knobel, M., Lankshear, C., & Leu, D. J. (2008). Handbook of Research on New Literacies. New York, London: Routledge.

Deursen, A. J. A. M. (2010). Internet skills: vital assets in an information society.

Erstad, O. (2010a). Conceptions of Technology Literacy and Fluency. In P. Penelope, B. Eva & M. Barry (Eds.). International Encyclopedia of Education. Oxford: Elsevier: 34-41.

Erstad, O. (2010b). Educating the digital generation. Nordic Journal of Digital Literacy, 1: 56-70.

Eshet-Alkalai, Y. (2004). Digital literacy: a conceptual framework for survival skills in the digital era. Journal of Educational Multimedia & Hypermedia, 13(1): 93-106.

Eshet-Alkalai, Y., & Chajut, E. (2010). You can teach old dogs new tricks: the factors that affect changes over time in digital literacy. Journal of Information Technology Education, 9: 173-181.

Eshet, Y., & Amichai-Hamburger, Y. (2004). Experiments in digital literacy. Cyberpsychology & Behavior, 7(4): 421-429.

European Commission. (2010a). A Digital Agenda for Europe, COM(2010)245 final.

European Commission. (2010b). Europe 2020: A Strategy for Smart, Sustainable and Inclusive Growth, COM (2010) 2020.

European Parliament and the Council. (2006). Recommendation of the European Parliament and of the Council of 18 December 2006 on key competences for lifelong learning. Official Journal of the European Union, L394/310.

European Union. (2010). Europe's Digital Competitiveness Report. Luxembourg. Retrieved from http://ec.europa.eu/information_society/digital-agenda/documents/edcr.pdf.

Gee, J. P., Hull, G., & Lankshear, C. (1996). The New Work Order: Behind the Language of the New Capitalism. Boulder: Westview Press.

Gillen, J., & Barton, D. (2010). Digital literacies. Retrieved from http://eprints.lancs.ac.uk/33471/1/DigitalLiteracies.pdf.

Gilster, P. (1997). Digital Literacy. New York, Chichester: John Wiley.

Hartley, J., McWilliam, K., Burgess, J., & Banks, J. (2008). The uses of multimedia: three digital literacy case studies. Media International Australia, 128: 59-72.

Hartley, J., Montgomery, M., & Brennan, M. (2002). Communication, Cultural and Media Studies: The Key Concepts. London: Psychology Press.

Hofstetter, F. T., & Sine, P. (1998). Internet Literacy. Irwin/McGraw-Hill.

Horton, F. W., Jr. (1983). Information literacy vs. computer literacy. Bulletin of the American Society for Information Science, 9(4): 14-16.

International ICT Literacy Panel. (2007). Digital Transformation: A Framework for ICT Literacy: ETS. Retrieved from http://www.ets.org/Media/Tests/Information_and_Communication_Technology_Literacy/ictreport.pdf.

Irving, L., Klegar-Levy, K., Everette, D., Reynolds, T., & Lader, W. (1999). Falling through the net: defining the digital divide. Washington, DC: National Telecommunications and Information Administration, US Deps of Commerce.

Knobel, M., & Lankshear, C. (2010). DIY Media: Creating, Sharing and Learning with New Technologies. New York: Peter Lang.

Kress, G. (2010). Multimodality: A Social Semiotic Approach to Contemporary Communication. New York: Routledge.

Leu, D. J. (2000). Literacy and technology: deictic consequences for literacy education in an information age. Handbook of Reading Research, 3: 743-770.

Livingstone, S. (2003). The Changing Nature and Uses of Media Literacy. London: LSE.

Livingstone, S., & Helsper, E. (2007). Gradations in digital inclusion: children, young people and the digital divide. New Media & Society, 9(4): 671.

Livingstone, S., & Wang, Y. (2011). Media Literacy and the

Communication Act. What Has Been Achieved and What Could Be Done? London: LSE.

Lusoli, W., Bacigalupo, M., Lupiañez, F., Andrade, N., Monteleone, S., & Maghiros, I. (2011). Pan-European Survey of Practices, Attitudes & Policy Preferences as Regards Personal Identity Data Management. Seville: JRC-IPTS.

Martin, A. (2006). Literacies for the digital age. In A. Martin & D. Madigan (Eds.). Digital Literacies for Learning. London: Facet: 3-25.

Martin, A., & Grudziecki, J. (2006). DigEuLit: concepts and tools for digital literacy development. ITALICS: Innovations in Teaching & Learning in Information & Computer Sciences, 5(4): 246-264.

McConnaughey, J., & Lader, W. (1998). Falling through the net Ⅱ: new data on the digital divide. National Telecommunications and Information Administration. Washington, DC: Department of Commerce, US Government.

Molnár, S. (2003). The explanation frame of the digital divide. Proceedings of the Summer School, Risks and Challenges of the Network Society, 4-8.

NCCA. (2004). Curriculum Assessment and ICT in the Irish Context: A Discussion Paper. Retrieved from http://www.ncca.ie/uploadedfiles/ECPE/Curriculum%20AssessmentandICT.pdf.

Newman, T. (2008). A review of digital literacy in 0-16 year olds: evidence, developmental models, and recommendations. BECTA.

OECD. (2001). Learning to Change. Paris.

OECD. (2010). PISA 2009 Results: What Students Know and Can Do: Students Performance in Reading, Mathematics and Science. (Vol. 1). Paris: OECD.

OFCOM. (2006). Media Literacy Audit: Report on Media Literacy Amongst Children. London: OFCOM. Retrieved from http://stakeholders.ofcom.org.uk/market-dataresearch/media-literacy/medlitpub/medlitpubrss/children/.

Oliver, R., & Towers, S. (2000). Benchmarking ICT literacy in tertiary learning settings.

Prensky, M. (2001). Digital natives, digital immigrants. On the Horizon, 9(5).

Punie, Y. (2005). The future of Ambient Intelligence in Europe: the need for more everyday life. Media, Technology and Everyday Life in Europe: From Information to Communication. London, 159-177.

Rainie, L., Purcell, K., & Smith, A. (2011). The social side of the internet. Washington: Pew Research Centre. Retrieved from http://pewinternet.org/Reports/2011/The-Social-Side-of-the-Internet.aspx.

Reed, K., Doty, D. H., & May, D. R. (2005). The impact of aging on self-efficacy and computer skill acquisition. Journal of Managerial Issues, 17(2): 212.

Sefton-Green, J., Nixon, H., & Erstad, O. (2009). Reviewing approaches and perspectives on "digital literacy". Pedagogies: An International Journal, 4: 107-125.

Silverstone, R. (2006). Domesticating domestication: reflections on the life of a concept. In T. Berker, M. Hartmann, Y. Punie & K. J. Ward (Eds.). Domestication of Media and Technology. Maidenhead: Open University Press: 229-248.

Silverstone, R., & Hirsch, E. (1992). Consuming Technologies. London, New York: Routledge.

Simonson, M. R., Maurer, M., Montag-Torardi, M., & Whitaker, M. (1987). Development of a standardized test of computer literacy and a computer anxiety index. Journal of Educational Computing Research, 3(2): 231-247.

第三部分

DigComp：
欧洲提升和理解
数字能力的框架

作者：阿努斯加·法拉利

编者：伊夫·帕尼，芭芭拉·N.布雷科

（Barbara N. Brečko）

引言 / 168

致谢 / 170

摘要 / 173

1 简介 / 176

2 DigComp 建议概览 / 181

3 数字能力框架 / 186

4 附件 / 206

参考文献 / 214

引 言
Preface

　　根据 2006 年欧洲的"关键能力建议"，数字能力已被欧盟公认为是公民终身学习的八大关键能力之一。数字能力可以广义地定义为自信地、批判性和创造性地使用信息通信技术以实现与工作、就业能力、学习、休闲、融入及参与社会等相关的各类目标。数字能力是一种能让人获得语言、数学、学习、文化意识等其他关键能力的横向关键能力，它与 21 世纪所有公民都应具备的许多技能密切相关，以保证他们积极参与社会和经济生活。

　　《DigComp：欧洲提升和理解数字能力的框架》是数字能力项目的一部分，该项目基于一项与教育与文化总司的行政协议，由 JRC-IPTS 的信息系统部门发起，旨在促进更好地理解和发展欧洲的数字能力。该项目于 2011 年 1 月至 2012 年 12 月开展实施。项目的目标包括：①根据具备数字能力所需要的知识、技能和态度来确定数字能力的关键组成部分；②充分考虑到目前可用的相关框架，开发数字能力的描述符，以提供一个能在欧洲层面进行验证的概念框架或准则；③提出一个可使用和修订的数字能力框架路线图，以及适合所有级别学习者的数字能力描述符。

　　该项目旨在通过与欧洲层面利益相关者的合作和互动来实现上述目标。

　　《DigComp：欧洲提升和理解数字能力的框架》体现了数字能力项目第三阶段及最终的工作成果，提出了数字能力发展框架。

　　有关数据收集阶段的历次报告，可从下列网站查阅：①对学术和政策文献中对数字能力概念描绘的报告（网址：http://ipts.jrc.ec.europa.eu/publications/pub.cfm?id=4699）；②数字能力发展的案例分析报告（网址：http://ipts.jrc.ec.europa.eu/publications/pub.cfm?id=5099）；③在线咨询期间收集的专家意见的报告（网址：http://ipts.jrc.ec.europa.eu/publications/pub.cfm?id=5339）。

伊夫·帕尼
学习与包容 ICT 研究项目负责人

致　　谢

Acknowledgements

　　非常感谢所有以各种方式为本研究做出贡献的人。首先，感谢 JRC-IPTS 的同事提供了意见和建议，特别是：伊夫·帕尼（学习与包容 ICT 研究项目负责人），芭芭拉·布雷科，克里斯汀·雷德克，帕纳约蒂斯·坎帕拉（Panagiotis Kampylis），克拉拉·森特诺，克里斯蒂娜·托雷西利亚斯（Cristina Torrecillas），乔纳森·卡斯塔尼奥·穆诺兹（Jonatan Castaño Muñoz）和斯特凡尼娅·博科尼（意大利教育技术学院）。还要感谢帕特里夏·法瑞尔对本报告最终版本的校对和编辑。

　　还要感谢那些在项目前几个阶段发挥积极作用的同事：科斯蒂·阿拉 - 马特卡［彼时在 IPTS-JRC，现在欧盟通信网络、网络数据和技术总司（DG Connect）］，何塞·詹森（José Janssen）和斯拉维·斯托亚诺夫（Slavi Stoyanov）（荷兰开放大学）。除了他们在项目各类可交付成果上所做的有趣工作外，他们在讨论中给出的意见对最终框架的形成也非常有帮助。

　　感谢作为利益相关者参与磋商的人们：伯纳德·科尔尼（Bernard Cornu）、加布里埃尔·瑞萨拉（Gabriel Rissola）、玛丽亚·拉涅利（Maria Ranieri）、马克斯·阿本德罗特（Max Abendroth）、莫妮卡·布杰（Monica Bulger）、希拉·韦伯（Sheila Webber）、伊斯特·哈基泰（Eszter Hargittai）、艾伦·赫尔斯佩尔（Ellen Helsper）、迪维纳·弗洛（Divina Frau）、米利亚·拉斯特雷利（Milvia Rastrelli）、伊尔丝·马

里恩（Ilse Marien）、克莱门蒂娜·马里诺尼（Clementina Marinoni）、丹尼斯·莱希（Denise Leahy）、奥拉·厄斯泰德（Ola Erstad）、莉莉娅·维拉（Lilia Villafuerte）和唐·帕西（Don Passey）。感谢 2012 年两次研讨会期间来到塞维利亚的专家分享他们对数字能力和框架的看法，他们是：菲奥娜·范宁（Fiona Fanning）、尤塔·布雷耶（Jutta Breyer）、约尼·坎加斯涅米（Jouni Kangasniemi）、汉斯·佩格勒姆（Hans Pelgrum）、卡尔·斯蒂芬斯（Karl Steffens）、阿里－马蒂·奥维宁（Ari-Matti Auvinen）、吉姆·迪瓦恩（Jim Devine）、克劳德·博杜安（Claude Beaudoin）、安雅·布兰斯科特（Anja Balanskat）、彼得·B. 史路普（Peter B.Sloep）、塔贝莎·纽曼、玛尔特·兰佩雷（Mart Laanpere）、安德里亚·帕罗拉（Andrea Parola）、盖尔·奥特斯塔（Geir Ottestad）、马西莫·卢安（Massimo Loi）、弗兰克·莫克勒（Frank Mockler）、安妮·萨菲娜（Anne Saphiro）、玛丽埃塔·格拉迈诺（Marietta Grammenou）、何塞·詹森、尼尔·法伦（Neil Farren）、达德利·多兰（Dudley Dolan）、拉尔斯·因盖萨纳（Lars Ingesman）、艾利森·利特尔约翰（Allison Littlejohn）、保罗·舍尔（Paolo Schgor）、彼得（Peter Micheuz）、尼韦斯·克鲁（Nives Kreuh）、赫尔穆特·施特默尔（Helmut Stemmer）、娜塔莎·莫科特（Natacha Moquet）、亚采克·克罗利科夫斯基（Jacek Krolikowski）、劳拉·萨尔托里（Laura Sartori）、卡罗琳娜·托姆蒂（Karoline Tømte）、何塞·路易斯·卡贝洛（José Luis Cabello）、弗朗西斯科·尼利亚（Francesco Niglia）、马丁·霍赫迈斯特（Martin Hochmeister）、古斯·维恩哈德斯（Guus Wijngaards）、胡安·弗朗西斯科·德尔加多（Juan Francisco Delgado）、拉里·约翰逊（Larry Johnson）和加布里埃尔·里索拉（Gabriel Rissola）。该项目的先前版本已提交给多个会议、研讨会及大会，收集并吸纳了诸多专家的建议，笔

者对此表示深深的感谢。

最后但并非最不重要的一点是，感谢教育与文化总司的几位同事，他们阅读了部分或全部框架，并为改进和完善框架做出了贡献，他们是：利夫·范·登·布兰德、杰西·阿尔克萨尔－萨巴蒂（Jesus Alquezar-Sabadie）、安娜·卡拉·佩雷拉（Anna Carla Pereira）和佩德罗·查韦斯（Pedro Chavez），非常感激他们的支持和热情。

摘　要
Executive Summary

本报告介绍了 DigComp 项目的最终结果，并提出了一个面向所有公民的数字能力框架。数字能力是终身学习的八大关键能力之一，对于参与到日益数字化的社会中至关重要。然而，相关国际调查和学术文献指出，许多人缺乏数字能力。为了填补数字能力的空白，有必要理解和定义什么是数字能力。本报告详细列出了 21 种数字能力，并从知识、技能和态度等维度对它们进行了描述。

该项目的产出基于数据收集阶段（包括文献综述、案例研究分析和在线调查）的工作，以及与利益相关者的密集磋商（包括研讨会、访谈、专家评论、研讨会和会议报告）。它包括：①一份自评估表格，包括五个领域的数字能力，横跨三种熟练程度；②一个详细的框架，深入描述数字能力的不同方面。

所确定的 21 种数字能力都列在一个表中，包括：对能力的简短定义，对三种熟练程度的描述，与能力有关的知识、技能和态度的示例，以及如何将能力应用于特定目的的两个例子，即学习和就业。

数字能力的领域如下：

（1）信息：识别、定位、检索、存储、组织和分析数字信息，判断其相关性和目的。

（2）沟通：在数字环境中沟通，通过在线工具共享资源，通过数字工具与他人联系和协作，与社区和网络互动及参与，具有跨文化意识。

（3）内容创建：创建和编辑新内容（从文字处理到图像和视频），整合和重新阐述之前的知识和内容，制作创意表达、媒体输出和编程，处理并申请知识产权与许可。

（4）安全：个人保护、数据保护、数字身份保护、安全措施、安全及可持续使用。

（5）问题解决：识别数字需求和资源，根据目的或需要对最合适的数字工具做出明智的决定，通过数字手段解决概念问题，创造性地使用技术，解决技术问题，更新自己和他人的能力。

表3-1提供了数字能力框架的概述，并概述了每种能力。

表3-1　数字能力框架的概述

能力领域–维度1	能力–维度2
1. 信息	**1.1　浏览、搜索和过滤信息** 获取和搜索网络信息，阐明信息需求，找到相关信息，有效地选择资源，在网络资源之间导航，制定个人信息策略。 **1.2　评价信息** 收集、加工、理解和批判性地评价信息。 **1.3　存储和检索信息** 操作和存储信息与内容，使检索更容易；组织信息和数据。
2. 沟通	**2.1　通过技术进行交互** 通过各种数字设备和应用程序进行交互，了解数字沟通是如何分布、显示和管理的，了解通过数字手段进行沟通的适当方式，参考不同的沟通模式，使沟通模式和策略适应特定的受众。 **2.2　共享信息和内容** 与他人分享所发现信息的位置和内容，愿意并能够分享知识、内容和资源，扮演中介角色，积极主动地传播新闻、内容和资源，了解引用实践并将新信息整合至现有知识体系中。 **2.3　参与在线公民权** 通过在线参与来参与社会活动，在使用技术和数字环境时寻求自我发展与赋权的机会，了解技术在公民参与方面的潜力。 **2.4　通过数字渠道进行协作** 使用技术和媒体进行团队合作、协作流程以及资源、知识和内容的共同建设与共同创造。 **2.5　网络礼仪** 拥有在线/虚拟互动中行为规范的知识和诀窍，了解文化的多样性，能够保护自己和他人免受可能的在线危险（如网络欺凌），制定积极的策略来发现不当行为。 **2.6　管理数字身份** 创建、调整和管理一个或多个数字身份，能够保护自己的信誉，处理个人以多个账户和应用程序生成的数据。

能力领域- 维度1	能力-维度2
3. 内容创建	**3.1 开发内容** 以包括多媒体在内的不同格式创建内容，编辑和改进自己创建或他人创建的内容，通过数字媒体和技术创造性地表达。 **3.2 整合和重新阐述** 修改、优化和混合现有资源，以创建新的、原创的及相关的内容和知识。 **3.3 版权和许可** 了解版权和许可如何适用于信息与内容。 **3.4 编程** 应用设置、程序修改、编程应用程序、软件、设备；了解编程原理，了解程序背后的内容。
4. 安全	**4.1 保护设备** 保护自己的设备并了解在线风险和威胁，了解安全和安全措施。 **4.2 保护个人数据** 了解常见的服务条款，积极保护个人数据，尊重他人隐私，保护自己免受在线欺诈和威胁以及网络欺凌。 **4.3 保护健康** 避免与使用技术相关的健康风险，即对身心健康的威胁。 **4.4 保护环境** 了解 ICT 对环境的影响。
5. 问题解决	**5.1 解决技术问题** 在数字手段的帮助下，识别可能的技术问题并解决它们（从故障排除到解决更复杂的问题）。 **5.2 确定需求和技术对策** 评估自身在资源、工具和能力发展方面的需求，将需求与可能的解决方案相匹配，使工具适合个人需求，批判性地评估可能的解决方案和数字工具。 **5.3 创新和创造性地使用技术** 通过技术创新，积极参与数字和多媒体协同制作，通过数字媒体和技术创造性地表达自己，在数字工具的支持下创造知识和解决概念问题。 **5.4 识别数字能力鸿沟** 了解自己的能力需要改进或更新的地方，支持他人发展其数字能力，跟上新发展。

1 简 介

European Parliament and the Council（2006）确认了终身学习的八大关键能力：母语交流、外语交流、数学能力与科学技术基础能力、数字能力、学习能力、社会和公民能力、创业能力以及文化意识和表达。在欧盟委员会的相关政策、行动和通信文件中，数字能力已被认定为一项相关优先事项（European Commission，2010a，2010b）。

此外，人们认识到，当今的社会参与需要一组与技术有关的能力，这些能力在过去 10 年中开始被理解为"生活技能"，与素养和计算相当。因此，它们已成为"一项要求和一项权利"（OECD，2001）。这里界定的能力和能力领域可被视为电子公民身份的组成部分，从而有助于解决数字鸿沟问题。事实上，人们认识到，数字领域的参与不再是一个"有"或"没有"的问题，而是一个能力问题。如今，数字包容性更多地取决于知识、技能和态度，而不是获取和使用（Erstad，2010）。本报告的研究将强调当今公民实现全面数字包容性所需的一系列能力。

1.1 研究目的和目标

DigComp 研究由 JRC-IPTS 的信息系统部门根据和教育与文化总司签订的行政协议发起，旨在促进更好地理解和发展欧洲的数字能力。该项目的目的是确定数字能力的详尽描述符。该项目于 2011 年 1 月至 2012 年 12 月实施。

DigComp 研究旨在通过多方利益相关者协商制定概念框架，在欧洲层面就数字能力的组成部分达成共识。DigComp 提案可以作为当前框架、行动、课程和认证的总括或元框架。我们还希望它可以用来以一种对数字能力更广阔的视野激发新的行动的开展。

1.2 研究方法

图 3-1 描述了研究的各个阶段，包括几个步骤，其中一些步骤包括以报告的形式发布了中期结果（类似情况均提供了参考资料）。

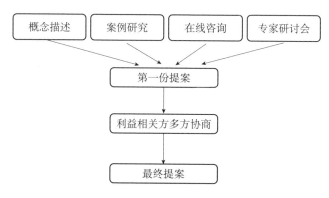

图3-1 DigComp研究的不同阶段

（1）数字能力的概念描述，与术语相关的主要概念都得到了讨论和细化（Ala-Mutka，2011）。

（2）案例研究，收集与分析了当前多个数字能力框架和举措（Ferrari，2012）。

（3）与利益相关者进行在线咨询，收集和构建专家对数字能力基本组成部分的意见（Janssen and Stoyanov，2012）。

（4）专家研讨会，以完善第一次在线咨询意见，并验证初步方法。

（5）一份整合和阐述了上述要点的概念框架的提案草案。

（6）利益相关者多方协商，达成共识并对描述符进行优化（包括访谈、宣传和工作坊）。

（7）一份充分考虑了利益相关者反馈后的最终提案（本报告）。

关于案例研究的报告分析了 15 个框架。在线咨询收集了来自不同领域的 95 位专家的意见建议，17 名外部与会者参加了专家研讨会。拟订提案时考虑到了若干框架，包括案例研究报告中分析的框架。大约 40 个利益攸关方为第一份提案的审查做出了贡献（包括访谈、对提案或完整提案的部分内容进行审查、一次审定研讨会以及几次会议和演示介绍）。同时，考虑了国际教育研究的现有框架，这些框架正在测度 DigComp 框架的各个要素（即 PIAAC、PISA 2012、PISA 2015、ICILS[①] 2013）。

作为构建模块的草拟描述符以项目的三个初步步骤为基础：概念描述、案例研究、在线咨询。每个构建模块都确定了数字能力的领域以及知识、技能和态度的示例。首先，项目之前的每个步骤确定的不同领域被比较和整合。之后，所有知识、技能和态度的例子都被置于这些新领域并对这些领域进行完善。根据示例在特定领域的归属对其进行聚类，从而能力被创建出来。在某些情况下，鉴于数字能力发展当前框架的措辞和描述之精美，它常常被用作良好写作的示例或是特定能力表达的范例。随后，根据利益攸关方的建议，第一项提案得到进一步完善和调整。

数字能力框架矩阵包括五个维度（能力领域；能力；熟练程度；知识、技能和态度示例；目的）。该结构是从 ICT 专业人员的电子能力框架借鉴并阐述的，该框架有四个维度，DigComp 框架则添加了第五个维度（目的），以应用于不同的语境。对电子能力框架结构的再次使用基于两个观点：①电子能力框架使用了一种得到利益相关者广泛支持的清晰结构；②使用此结构使得两个项目能够相互参照。由于 ICT 用户电子能力

---

① ICILS 即国际计算机与信息素养研究（International Computer and Information Literacy Study）。

框架①采用了这一结构，从而强化了我们使用这一结构的决定，因为此举有助于两个平行项目之间的协调。

另一个被用作制定 DigComp 提案的良好范例的框架是欧洲语言共同参考框架（the Common European Framework of Reference for Languages，CEFR）。CEFR 提供了一个基于三种熟练程度的自我评估表格（每个级别被分成两个子级别）。CEFR 自我评估表格还得到了更广泛的工具包的支持，该工具包为评估外语学习成果设定了标准。

建立等级的标准大致基于欧洲资格框架的描述符。我们决定选择三个级别，而不是欧洲资格框架中的八个级别。各级别的一般基线从"意识到并理解"转变为 A 级（基础水平），从"能够使用"转为 B 级（中级水平），从"积极参与实践"转为 C 级（高级水平）。

1.3　研究的局限性

本研究概述了所有公民在数字社会中成为或变成有能力的人的需求。由于研究具有远大目标，因此也应明确其局限性。

这里建议的成果是一个密集且多样化的协商过程的结果。然而，这仍然只是一个概念框架，因为它从未被试行或实施。该提案的后续步骤是在实践中验证该框架，并根据从业者和用户的反馈意见对其进行修改与完善。

参与审查该提案的若干利益攸关方认为，该提案是一个非常全面和详尽的工具，它反映了数字能力领域的复杂性，涉及我们日常生活的几个方面。虽然数字能力框架可以被视为该提案的附加价值，但并非所有公民、学习者或用户都有兴趣发展此处列出的所有能力，这也是事实。因此，这取决于愿意使用提案的用户、机构、中介或主动性开发人员，以使其适应他们

---

① 与 DigComp 项目并行运行的一个项目：http://www.cen.eu/cen/Sectors/Sectors/ISSS/Activity/Pages/WSICT-SKILLS.aspx。

的需求。

该提案的一个相关挑战涉及个人能力与我们采用的一般方法，因为不同年龄组或不同目标群体之间存在巨大差异。这里提出的建议可以看作是数字能力和使用数字媒体的社会实践的概念与解释的开始，随着时间的推移，这些概念和解释将变得更加详细与具体。为了执行这项建议，当然需要使这里所列的能力适应特定目标群体的特殊需要。

框架结构和可视化可能非常复杂，这也是事实。但是，所使用的矩阵的复杂性使得提案可以被分解为更小的部分，如人们可能只是对能力领域及其描述感兴趣。或者，对能力列表进行概述可能是有用的。提案中包含的各种维度允许读者根据自己的兴趣对框架进行拼图式阅读。此外，自我评估表格和能力清单（附有说明）为提案提供了更简化的概览。

在这个框架和其他类似框架中可能遇到的另一个挑战是：我们试图概念化的现象在快速变化，技术发展迅速，很难想象未来几年数字能力将如何发展。多年前人们还无法想象社交媒体的影响，现在社交媒体已是我们日常生活中不可分割的部分。因此，本提案中描述的能力是相当一般和抽象的。然而，有必要继续监测有哪些新的技术创新可能会对这些能力产生影响。考虑到新的和即将出现的技术发展以及新的社会实践和采用的影响，这里提出的框架将需要一个修订过程。

1.4 本报告的结构

本报告介绍了 DigComp 研究的结果。

在第一部分的简介之后，第二部分概述了所确定的领域和数字能力，并介绍了自我评估表格，从而概述了建议框架。第三部分提出了完整的框架，其中详细说明了每种能力的水平、知识、态度和技能的示例，以及适用于目的的例子。第四部分为附件。其中，附件一是关键术语的词汇表；附件二是所有能

力的大纲，对每种能力都有一个简短的描述；附件三提供了能
力之间的交叉引用；附件四提出了如何从一种熟练程度提升到
下一个能力水平的建议；附件五提供了终身学习的关键能力与
这个数字能力框架的能力之间的交叉参考。

2 DigComp 建议概览

DigComp 的建议包括两个相互关联的不同产出：①一个自
我评估表格，提出数字能力的领域和三种熟练程度的描述符；
②一个框架，为每个领域确定所有相关能力，并为每种能力提
供一个总体描述、三个层次的描述符；知识、态度和技能的示
例，以及适用于不同目的的例子。

这两个产出提供了同一个架构下能力的不同颗粒度层级。

自我评估表格可作为每个公民向第三方描述自身数字能力
水平以及了解如何提高自身数字能力的工具。附件四提供了发
展指标，以便更容易确定从一种熟练程度提升到另一种熟练程
度所需采取的步骤。自我评估表格还可以作为一种交流工具，
因为它以简洁和易于掌握的方式呈现了框架。

该框架可供课程和计划开发人员使用，以发展某个特定目
标群体的数字能力，并可以从这个框架得到启发或获得想法。
框架中预见的能力抽象级别允许利益相关者以他们认为最适合
的目标群体或环境来进行优化和指定子能力。该框架还可以作
为一种参考工具，对现有框架和行动进行比较，以便确定当
前现有框架（认证计划、教学大纲）考虑了哪些领域和哪些
级别。

DigComp 框架的结构分为五个维度。这些维度反映了描述
符的不同方面和颗粒度的不同程度：维度 1：已确定的能力领
域；维度 2：与每个领域相关的能力；维度 3：每种能力所预

见的熟练程度；维度4：适用于每种能力的知识、技能和态度的示例（示例没有在熟练程度上进行区分）；维度5：适用于不同目的——学习和就业的能力例子。其他可以考虑的维度包括：休闲、社会、购买与销售、学习、就业、公民身份、健康。

自我评估表格包括框架的维度1和维度3。这意味着每个能力领域被分解为三个能力水平，这三个水平隐含地考虑到属于它们所涉及领域的能力。

2.1 领域及能力

数字能力的领域可以总结如下。

（1）信息：识别、定位、检索、存储、组织和分析数字信息，判断其相关性和目的。

（2）沟通：在数字环境中沟通，通过在线工具共享资源，通过数字工具与他人联系和协作，与社区和网络互动及参与，具有跨文化意识。

（3）内容创建：创建和编辑新内容（从文字处理到图像和视频），整合和重新阐述之前的知识和内容，制作创意表达、媒体输出和编程，处理并申请知识产权与许可。

（4）安全：个人保护、数据保护、数字身份保护、安全措施、安全及可持续使用。

（5）问题解决：识别数字需求和资源，根据目的或需要对最合适的数字工具做出明智的决定，通过数字手段解决概念问题，创造性地使用技术，解决技术问题，更新自己和他人的能力。

领域1、2和3更偏线性，领域4和5更偏横向。这意味着，领域1至3的能力可以根据具体的活动和使用进行追踪确定，领域4和5的能力则在于通过数字手段进行的所有类型的活动之中。这并不意味着领域1、2和3不相关联。尽管每个领域都有其特殊性，但仍然存在几个重叠点及与其他领域的交叉引

用。在这一点上，我们需要讨论"问题解决"（领域5），该能
力领域是所有领域中最横向的。在这个框架中，它是一个独立
的能力领域，但另一方面，解决问题的要素可以在所有的能力
领域中找到。例如，能力区域"信息"（领域1）包括"评价信
息"能力，这是"问题解决"认知维度的一部分。沟通和内容
创建包括几个问题解决的元素（即互动、合作、开发内容、整
合和重新设计、编程等）。尽管相关能力领域包含了解决问题
的要素，但人们认为，鉴于问题解决与技术使用和数字实践的
相关性，有必要设立一个专门的独立领域——问题解决。可以
注意到，领域1至4中列出的一些能力也可以映射到领域5中。

　　对于上述每一个能力领域，一系列相关的能力被确定。每
个领域的能力从最少3个到最多6个不等。对能力进行了编号，
但编号的递增并不意味着不同程度的能力水平（能力水平在维
度3中可以预见）。每个领域的第一种能力总是包含更多技术
方面的能力：在这些特定能力中，知识、技能和态度都以操
作过程为主导，而技术能力和操作技能也包含在每种能力中。

　　表3-2列出了能力领域（维度1）和能力（维度2）的相
关内容。

表3-2　维度1和维度2概览

维度1 能力领域	维度2 能力
1. 信息	1.1　浏览、搜索和过滤信息 1.2　评价信息 1.3　存储和检索信息
2. 沟通	2.1　通过技术进行交互 2.2　共享信息和内容 2.3　参与在线公民权 2.4　通过数字渠道进行协作 2.5　网络礼仪 2.6　管理数字身份
3. 内容创建	3.1　开发内容 3.2　整合和重新阐述 3.3　版权和许可 3.4　编程

维度1 能力领域	维度2 能力
4. 安全	4.1 保护设备 4.2 保护个人数据 4.3 保护健康 4.4 保护环境
5. 问题解决	5.1 解决技术问题 5.2 确定需求和技术对策 5.3 创新和创造性地使用技术 5.4 识别数字能力鸿沟

这里需要强调的一点是：我们提出的框架希望是描述性的而不是规定性的。数字能力有几个方面是微妙且有争议的，例如，所有的活动可能包括/预见法律和伦理问题。规范性标准的建立可能是矛盾的。例如，不能因为某个人进行了非法下载就判定他不具备数字能力。进行非法下载的那个人可能具有很高的数字能力，而且非常清楚自己违反的许可和规则，以及这种行为所带来的后果。在这个框架中，我们提出的是涉及这些方面的能力的一种描绘，而不是期望公民的理想行为。道德的方面也包括在能力之内（即对正确行为的认识而非正确行为）。因此，我们提出了这个问题，但我们认为，如果他们愿意的话，执行行动（方）应以更规范的术语来定义这一能力。

2.2 自我评估表格

自我评估表格由数字能力的5个领域和3种熟练程度等级组成，分为A级（基础水平）、B级（中级水平）、C级（高级水平）。

这5个领域被用作两个主要产出的基础：自我评估表格和详细框架。根据对各个领域的描述，每个领域发展了3种熟练程度级别，表3-3对该领域的内容进行总体概述，在更抽象、更一般的水平上对模型进行总结，就像欧洲语言共同参考框架那样。

在每一行中，一种能力会有多项具体的解释。

表3-3　自我评估表格

	A–基础水平	B–中级水平	C–高级水平
信息	我可以通过搜索引擎做一些在线搜索。我知道如何保存或存储文件和内容（如文本、图片、音乐、视频和网页）。我知道如何返回到我保存的内容。我知道不是所有的网上信息都是可靠的。	我可以浏览互联网上的信息，我可以在网上搜索信息。我可以选择自己找到的合适的信息。我可以比较不同的信息源。我知道如何保存、存储或标记文件、内容和信息，我有自己的存储策略。我可以检索和管理我保存或存储的信息与内容。	我可以使用广泛的策略搜索信息和浏览互联网。我对我找到的信息很挑剔，我可以反复检查和评估它的有效性与可信度。我可以过滤和监控自己收到的信息。我可以运用不同的方法和工具来组织文件、内容与信息。我可以部署一套策略来检索和管理我或其他人组织与存储的内容。我知道在网上信息共享的地方（如微博）应该关注谁。
沟通	我可以使用通信工具的基本功能（如手机、互联网电话、聊天工具或电子邮件）与他人互动。我知道使用数字工具与他人交流时应遵循的基本行为准则。我可以通过简单的技术手段与他人分享文件和内容。我知道技术可以用来与服务互动，我也被动地使用了一些。我可以使用传统技术与他人合作。我知道与数字身份相关的好处和风险。	我可以使用几种数字工具，使用通信工具更先进的功能（如手机、互联网电话、聊天工具、电子邮件）与他人互动。我知道网络礼仪的原则，我能够把它们应用于我自己的情境中。我可以参与社交网站和在线社区，在那里我传递或分享知识、内容和信息。我能积极使用网上服务的一些基本功能。我可以使用简单的数字工具与他人合作创建和讨论输出。我可以塑造自己的在线数字身份，并跟踪自己的数字足迹。	我经常使用各种在线交流工具（电子邮件、聊天工具、短信、即时消息、博客、微博、社交网络）。我可以将网络礼仪的各个方面应用于不同的数字交流空间和语境中。我制定了一些发现不当行为的策略。我可以采用最符合目的的数字模式和通信方式。我可以为我的听众量身定做沟通的形式和方式。我能处理收到的不同类型的交流信息。通过在线社区、网络和协作平台，我可以积极与他人分享信息、内容和资源。我积极参与在线空间。我知道如何积极参与在线活动，我可以使用几种不同的在线服务。我经常自信地使用几种数字协作工具和手段与他人合作生产并共享资源、知识和内容。我可以根据背景和目的管理多个数字身份，我可以监控自己通过在线互动产生的信息和数据，我知道如何保护自己的数字声誉。
内容创建	我可以制作简单的数字内容（如文本、表格、图像或音频等）。我可以对他人制作的内容进行基本的修改。我可以修改一些简单的软件和应用程序的功能（应用基本设置）。我知道我找到的一些内容是受版权保护的。	我可以制作不同格式的数字内容（如文本、表格、图像、音频等）。我可以编辑、优化和修改我或其他人制作的内容。我对版权、公共版权和知识共享之间的区别有基本的了解，我可以对自己创作的内容申请一些许可。我可以对软件和应用程序进行几种修改（如高级设置、基本程序修改）。	我可以制作不同格式、适应不同平台和环境的数字内容。我可以使用各种数字工具来创建原创的多媒体输出。我可以混合现有的内容项来创建新的内容。我知道不同类型的许可如何适用于我使用和创建的信息与资源。我可以干预（开放）编程、修改、改变或编写源代码，我可以用几种语言编码和编程，我了解程序背后的系统和功能。

续表

	A–基础水平	B–中级水平	C–高级水平
安全	我可以采取基本的步骤来保护自己的设备（如使用杀毒软件、密码等）。我知道我只能在网络环境中分享自己或他人的某些类型的信息。我知道如何避免网络欺凌。我知道如果滥用科技会影响我的健康。我采取基本措施来节约能源。	我知道如何保护自己的数字设备，我更新了自己的安全策略。我可以保护自己和他人的在线隐私。我对隐私问题有大致的了解，我对自己的数据是如何被收集和使用的有基本的了解。我知道如何保护自己和他人免受网络欺凌。我了解与使用技术相关的健康风险（从人体工学方面到技术上瘾）。我了解技术的使用对环境的积极和消极影响。	我经常更新自己的安全策略。我可以在装置受到威胁时采取行动。我经常更改在线服务的默认隐私设置，以加强对个人隐私的保护。我对隐私问题有广泛的了解，我知道自己的数据是如何被收集和使用的。我意识到正确使用技术可以避免健康问题。我知道如何在线上和线下世界之间找到一个很好的平衡。对于技术对日常生活、在线消费和环境的影响，我有着明确的立场。
问题解决	当技术失效或使用新设备、程序或应用程序时，我可以请求有针对性的支持和帮助。我可以使用一些技术来解决日常任务。当我选择一个数字工具进行常规实践时，我可以做出决定。我知道技术和数字工具可以用于创造性的目的，我可以创造性地利用技术。我有一些基础知识，但我知道自己在使用技术时的局限性。	我可以解决技术失效时出现的简单问题。我明白科技能为我做什么及不能做什么。我可以通过探索技术的可能性来完成非常规的任务。我可以根据目的选择合适的工具，我可以评估工具的有效性。我可以使用技术进行创造性的输出，也可以用技术来解决问题。我与他人合作进行创新和创造性成果的创造，但我不太主动。我知道如何学习用科技做一些新的事情。	我可以解决由于使用技术而产生的各种各样的问题。当我为不熟悉的任务选择工具、设备、应用程序、软件或服务时，我可以做出明智的决定。我了解新技术的发展。我了解新工具是如何工作和操作的。我可以批判性地评估哪种工具最有助于我达到目的。我可以利用技术和数字工具解决概念问题，我可以利用技术手段为知识创造做出贡献，我可以利用技术参与创新行动。我积极与他人合作，产出富有创造性和创新性的成果。我经常更新自己的数字能力需求。

3 数字能力框架

本部分以表格的形式提供了详细的数字能力框架。对于数字能力的每个领域，给出了对领域的相关描述，以及一份属于该领域的能力清单。对于每一种能力，我们都有详细的描述，包括能力的内涵，三种熟练程度，可以说明该能力的知识、态度和技能的示例列表（尽管该列表并不详尽），以及这些能力在两个特定目的（即学习和就业）中的适用性。

3.1　领域1：信息

3.1.1.　总体描述

识别、定位、检索、存储、组织和分析数字信息，判断其相关性和目的。

3.1.2.　能力

（1）浏览、搜索和过滤信息；

（2）评价信息；

（3）存储和检索信息。

表3-4为能力领域"信息"的相关内容。

表3-4　能力领域"信息"

维度1 领域名		信息		
维度2 能力及其描述		1.1　浏览、搜索和过滤信息 获取和搜索网络信息，阐明信息需求，找到相关信息，有效地选择资源，在网络资源之间导航，制定个人信息策略。		
维度3 熟练程度		A- 基础水平	B- 中级水平	C- 高级水平
		我可以通过搜索引擎做一些在线搜索。我知道不同的搜索引擎可以提供不同的结果。	我可以浏览互联网上的信息，我可以在网上搜索信息。我能清楚地表达自己的信息需求，我可以选择自己找到的合适的信息。	我可以使用广泛的搜索策略搜索信息和浏览互联网。我可以过滤和监控自己收到的信息。我知道在网上信息共享的地方（如微博）应该关注谁。
维度4 示例	知识	了解如何生成、管理和提供信息 了解不同的搜索引擎 了解哪些搜索引擎或数据库最能满足自己的信息需求 了解如何在不同的设备和媒体中找到信息 了解搜索引擎如何分类信息 了解馈送机制的工作原理 了解索引的原则		
	技能	根据特定需要调整搜索 可以跟踪超链接和非线性形式呈现的信息 可以使用过滤器和代理 能搜索限制点击次数的词 能细化信息搜索并选择特定于搜索工具的受控词表 具有目标导向活动的策略性信息技能 可以根据算法的构建方式来修改信息搜索 能够采取适应特定搜索引擎、应用程序或设备的搜索策略		
	态度	积极主动地寻找信息 重视信息检索技术的积极方面 在生活中是否有动力寻求不同方面的信息 对信息系统及其功能感到好奇		

		A- 基础水平	B- 中级水平	C- 高级水平
维度5 有目的 的应用	学习	我可以使用搜索引擎找到一种特定类型的热能的详细信息。	通过输入适当的关键字，我可以找到关于某种特定形式的热能的一系列信息来源，我可以使用精练的搜索来定位最合适的来源。	我可以使用不同的搜索引擎和高级搜索找到关于某种特定形式的热能的一系列信息来源，我还可以通过链接的参考文献使用在线数据库并进行搜索。
	就业	我可以用一个普通的搜索引擎找到航班的详细信息。	我可以使用许多搜索引擎和许多航空公司网站找到航班的详细信息，选择与预定时间相关的详细信息。	我可以通过许多搜索引擎、航空公司网站以及比较多家航空公司详细信息（包括成本和预定时间）的网站找到航班的详细信息。

维度1 领域名	信息		
维度2 能力及其描述	1.2　评价信息 收集、加工、理解和批判性地评价信息。		
维度3 熟练程度	A- 基础水平	B- 中级水平	C- 高级水平
	我知道不是所有的网上信息都是可靠的。	我可以比较不同的信息源。	我对我找到的信息很挑剔，我可以反复检查和评估它的有效性与可信度。

维度4 示例	知识	能分析检索到的信息 能评估媒体内容 能判断在互联网或媒体上发现的内容的有效性，评价和解释信息 了解不同信息来源的可靠性 了解线上和线下信息的来源 了解信息来源需要交叉检查 能把信息转化为知识 了解网络世界的力量		
	技能	能够处理推送给用户的信息 能够评估信息的有用性、及时性、准确性和完整性 能够比较、对比和整合来自不同来源的信息 能够区分可靠的信息和不可靠的来源		
	态度	认识到不是所有的信息都能在互联网上找到 能批判性地看待找到的信息 意识到在全球化时代，某些国家在互联网上的代表性越来越强 意识到在显示信息时搜索引擎机制和算法不一定是中立的		
维度5 有目的 的应用	学习	我从不同的来源找到了一些关于16世纪社会的信息，但我不确定如何判断它的价值。	我找到了一系列关于16世纪社会的资料，我寻找了这些资料的来源，以此来判断它们的价值。	我找到了一系列不同的关于16世纪社会的资料，我寻找了它们的来源，删除了一些，因为这些资料的学术性质不明确，我检查了所有资料的细节，看看它们是否有效。

续表

维度5 有目的 的应用	就业	我被要求查看某些产品的销售情况，但我不确定我得到的数据有多可靠。	我被要求查看某些产品的销售情况，我检查了所获得的数据来源，所以我知道这些数据可能有多可靠。	我被要求查看某些产品的销售情况，我检查了所获得的数据来源，所以我知道这些数据可能有多可靠。我已经剔除了那些看起来不可靠的数据，我会与同事或专家核实那些看起来更一致的结论的有效性。
维度1 领域名	信息			
维度2 能力及其描述	1.3　存储和检索信息 操作和存储信息与内容，使检索更容易；组织信息和数据。			
		A- 基础水平	B- 中级水平	C- 高级水平
维度3 熟练程度		我知道如何保存文件和内容（如文本、图片、音乐、视频和网页）。我知道如何返回到我保存的内容。	我知道如何保存、存储或标记文件、内容和信息，我有自己的存储策略。我可以检索与管理我保存或存储的信息和内容。	我可以运用不同的方法和工具来组织文件、内容与信息。我可以部署一组策略来检索我或其他人组织与存储的内容。
维度4 示例	知识	了解信息如何存储在不同的设备 / 服务上 能列举出不同的存储介质 了解不同的存储选项，并能选择最合适的		
	技能	根据分类方案 / 方法对信息和内容进行架构与分类 组织信息和内容 下载 / 上传信息及内容，并进行分类 使用各种分类方案来存储和管理资源与信息 能够使用信息管理服务、软件和应用程序 能够检索和访问以前存储的信息与内容 能够标记内容		
	态度	认识到不同存储设备 / 服务（在线和本地存储）的优点与缺点 知道备份的重要性 承认拥有一个可理解和实用的存储系统 / 方案的重要性 当将内容存储为私有或公开时，能意识到由此会产生的后果		
维度5 有目的的应用	学习	我创建了关于固态知识的笔记，并将文本和图像保存在桌面上。	我创建了关于固态知识的笔记，并以不同的文件格式保存到有组织的命名文件夹中。	我创建了关于固态知识的笔记，并将它们保存在硬盘上的文件夹中，也保存在文件托管服务（云存储）中，这样我和其他人就可以轻松地检索与共享它们了。
	就业	我负责市场营销方面的工作，我知道如何保存文本、PDF 或视频格式的文件。	我可以保存营销材料的文本、PDF 和视频格式，并将这些文件归档到命名文件夹中，以便以后能方便地找到它们。	我已将营销资料的文本、PDF、视频、音频文件保存在硬盘上，并备份到共享文件驱动器上供他人访问，同时存入文件托管服务（云存储）中，方便其他国家和地区的人员访问与共享。

3.2 领域2：沟通

3.2.1 总体描述

在数字环境中沟通，通过在线工具共享资源，通过数字工具与他人联系和协作，与社区和网络互动及参与，具有跨文化意识。

3.2.2 能力

（1）通过技术进行交互；

（2）共享信息和内容；

（3）参与在线公民权；

（4）通过数字渠道进行协作；

（5）网络礼仪；

（6）管理数字身份。

表3-5为能力领域"沟通"的相关内容。

表3-5 能力领域"沟通"

维度1 领域名		沟通		
维度2 能力及其描述		2.1 通过技术进行交互 通过各种数字设备和应用程序进行交互，了解数字沟通是如何分布、显示和管理的，了解通过数字手段进行沟通的适当方式，参考不同的沟通模式，使沟通模式和策略适应特定的受众。		
维度3 熟练程度		A- 基础水平	B- 中级水平	C- 高级水平
		我可以使用通信工具的基本功能（如手机、互联网电话、聊天工具或电子邮件）与他人互动。	我可以使用几种数字工具，使用通信工具更先进的功能（如手机、互联网电话、聊天工具、电子邮件）与他人互动。	我经常使用各种在线交流工具（电子邮件、聊天工具、短信、即时消息、博客、微博、社交网络）。我可以采用最符合目的的数字模式和通信方式。我可以为我的受众量定做沟通的形式和方式。我能处理收到的不同类型的交流信息。
维度4 示例	知识	了解不同的数字通信方式（如电子邮件、聊天工具、互联网电话、视频会议、短信） 知道如何存储及显示消息和电子邮件 了解几种通信软件包的功能 了解不同通信手段的优势和局限，并能根据具体情况选择最适当的通信手段		
	技能	能够发送电子邮件、写一篇博客文章、发送一条短信 能够找到并联系同伴 能够编辑信息以便通过多种方式进行交流（从发送电子邮件到制作幻灯片） 评估受众，并能根据受众量身定制沟通方式 能够过滤收到的交流信息（如整理邮件、决定在微博社交网站上关注谁等）		

续表

维度4 示例	态度	能够自信与舒适地通过数字媒体进行沟通和表达 能够意识到与背景相适应的行为准则 能够意识到与陌生人在线交流的风险 能够积极参与在线交流 愿意根据目的选择最合适的沟通方式		
维度5 有目的 的应用	学习	我使用聊天或讨论论坛与其他学生交流。	我用聊天工具和其他同学交流，必要的时候我也使用群聊和主持讨论。在需要的时候，我也用互联网电话与其他同学交流。	我使用多种通信工具（手机、互联网电话、聊天工具或电子邮件）与其他同学交流。我使用互联网电话的几个功能——当我和其他学生一起做项目时：我可以使用屏幕共享功能，我还可以录制对话并播放。我知道应该选择哪种沟通工具，这取决于目的及受众规模。
	就业	在我处理旅行安排时，使用手机和电子邮件与他人沟通。	当我处理旅行安排时，我经常使用手机，但也使用电子邮件和互联网电话与一些人沟通。我可以使用互联网电话来组织与更多的参与者讨论。	当我旅行时，我使用几种通信工具（如手机、互联网电话、聊天工具或电子邮件），我可以使用互联网电话组织会议，使用不同的功能（文件、屏幕共享、录音），我还可以在远程站点之间运行视频会议并主持会议。我知道什么时候使用互联网电话，什么时候使用视频会议工具。

维度1 领域名	沟通		
维度2 能力及其描述	2.2　共享信息和内容 与他人分享所发现信息的位置和内容，愿意并能够分享知识、内容和资源，扮演中介角色，积极主动地传播新闻、内容和资源，了解引用实践并将新信息整合至现有知识体系中。		
	A- 基础水平	B- 中级水平	C- 高级水平
维度3 熟练程度	我可以通过简单的技术手段与他人分享文件和内容（如发送带有附件的电子邮件、上传图片到网络上等）。	我可以参与社交网站和在线社区，在那里我传递或分享知识、内容和信息。	通过在线社区、网络和协作平台，我可以积极与他人分享信息、内容和资源。
维度4 示例	知识	知道与同龄人分享内容和信息的好处（对自己和他人） 判断共享资源的价值和共享的目标受众 知道哪些内容、知识、资源可以公开共享 知道如何以及何时确认特定内容的来源	
	技能	可以查看内容的知识产权 知道如何分享在互联网上找到的内容（例如，在社交网站上分享视频） 知道如何使用社交媒体来推广工作成果	

维度4 示例	态度	在资源、内容和知识共享方面采取积极主动的态度 对分享实践、收益、风险和限制有自己的知情意见 对创作实践有一个明智的意见 了解版权问题		
维度5 有目的 的应用	学习	当我完成一门课程作业时，我会把它以电子邮件附件的形式发送给我的导师。	当我完成一项任务时，我会在社交网站上请同事审阅，然后把它提供给我的导师。	我使用在线社区与其他同学分享完成的作业。在我把作业交给导师之前，我会小心地确保他们的贡献都得到了适当的认可。
	就业	我与公司其他人员共享草稿格式的文件，以邮件附件的形式发送给他们。	我与公司的其他人员共享草稿形式的文件，如果它们的分发受限，我可能会将它们作为附件发送，如果需要分发给更广泛的群体，我将通过我们的社交网站进行共享。	我与自己公司和相关公司的人员共享草稿形式的文档，根据分布的范围选择不同的网络。

维度1 领域名	沟通		
维度2 能力及其描述	2.3　参与在线公民权 通过在线参与来参与社会活动，在使用技术和数字环境时寻求自我发展与赋权的机会，了解技术在公民参与方面的潜力。		
	A- 基础水平	B- 中级水平	C- 高级水平
维度3 熟练程度	我知道技术可以用来与服务互动，我也被动地使用一些网上服务的基本功能（如在线社区、政府、医院或医疗中心、银行）。	我能积极使用网上服务的一些基本功能（如政府、医院或医疗中心、银行、电子政府服务等）。	我积极参与在线空间。我知道如何积极参与在线活动，我可以使用几种不同的在线服务。
维度4 示例	知识	知道技术可以用于参与民主行动（如游说、请愿、议会） 了解技术和媒体如何使不同形式的参与成为可能		
	技能	能够出于不同的目的访问一些相关的网络和社区 能够找到与兴趣和需求相符的相关社区、网络和社交媒体 了解并能够使用网络、媒体和在线服务的不同功能		
	态度	能够意识到参与的技术和媒体的潜力 对社交媒体、网络和在线社区有批判性的理解 参与到参与式媒体之中		
维度5 有目的 的应用	学习	如果我想学习一门新的课程，我知道可以在网上搜索符合我的兴趣和需求的课程，我可以提问，并从提供合适课程的机构获得详细信息。	我已经搜索了合适的课程，并向几家选定的机构发送了一些查询请求，这样我就可以在网上申请了。	我注册了一门课程，也完成了详细信息，这样我就可以出现在学校的社交网站上，让其他可能有类似兴趣的人看到。

维度5 有目的 的应用	就业	作为一名员工，我使用工会网页，在那里我偶尔会阅读该领域的新闻、信息和法规。	我在网上申请成为工会会员。我使用新闻动态等服务，定期阅读该领域的新闻、信息和法规。	我积极参与在线工会门户网站，我参与公民活动（如签署请愿书），使用法律援助等服务。
维度1 领域名		沟通		
维度2 能力及其描述		2.4　通过数字渠道进行协作 使用技术和媒体进行团队合作、协作流程以及资源、知识和内容的共同建设与共同创造。		
维度3 熟练程度		A- 基础水平	B- 中级水平	C- 高级水平
		我可以使用传统技术（如电子邮件）与他人合作。	我可以使用简单的数字工具与他人合作创建和讨论输出。	我经常自信地使用几种数字协作工具和手段与他人合作生产并共享资源、知识和内容。
维度4 示例	知识	知道协作过程有助于内容创建 知道什么时候创建内容可以从协作过程中受益，什么时候不可以 理解为什么要进行协作、给予和接受反馈		
	技能	能够判断他人对自己工作的贡献 了解不同形式的在线协作所需要的不同角色 能够使用软件包和基于网页的协作服务的协作特性（如跟踪更改、对文档或资源的评论、标签、对维基百科的贡献等） 能够给予和接受反馈 能和别人保持距离工作 了解社交媒体可以用于不同的协作目的		
	态度	愿意与他人分享和合作 准备好了成为团队的一员 寻求新的合作形式，不一定是基于以前面对面的接触		
维度5 有目的 的应用	学习	我需要在一个课程的项目上与他人合作，我知道使用技术来帮助解决这个问题是可能的，也是有效的。	我已经开始做我们的项目了，我已经创建了一个文件和其他人分享，这样他们就可以进行评论和添加材料了。	我把一个文档放到了一个在线协作工具里，别人可以修改和添加，系统会通知我已做的修改。
	就业	我需要与公司的其他人合作创建一个关于财务的项目文档，并且知道我可以使用技术来帮助实现这一点。	我已经创建了一个关于财务的项目文件草案，并与他人分享，以便他们进行评论和添加材料。	我已经创建了一个关于财务的项目文件草案，并将其放在一个在线协作工具中，以便与我一起工作的其他人可以修改并添加内容。当这些变化发生时，系统会提醒我，以便我可以与他们同步协作。

维度1 领域名		沟通		
维度2 能力及其描述		2.5　网络礼仪 拥有在线／虚拟互动中行为规范的知识和诀窍，了解文化的多样性，能够保护自己和他人免受可能的在线危险（如网络欺凌），制定积极的策略来发现不当行为。		
维度3 熟练程度		A- 基础水平	B- 中级水平	C- 高级水平
		我知道使用数字工具与他人交流时应遵循的基本行为准则。	我知道网络礼仪的原则，我能够把它们应用于我自己的情境中。	我可以将网络礼仪的各个方面应用于不同的数字交流空间和语境中。我制定了一些发现不当行为的策略。
维度4 示例	知识	了解数字交互中的约定实践 懂得自己行为会产生的后果 了解数字媒体中的道德问题，如访问不当网站和网络欺凌 了解不同的文化有不同的沟通和互动实践		
	技能	有能力保护自己和他人免受网上威胁 能够禁止／报告虐待和威胁 能够制定处理网络欺凌及发现不当行为的策略		
	态度	考虑使用和发布信息的道德原则 拥有与媒体背景、受众和法律条款相适应的先进的行为意识 能够展示对不同数字沟通文化的灵活性和适应性 接受并欣赏多样性 在数字活动中持有安全及明智的态度		
维度5 有目的的应用	学习	我知道发给我导师的评论不应该是冒犯性的。	我总是反复阅读消息，以确保评论不是冒犯性或不道德的，如果我收到其他人这样的评论，我知道如何屏蔽他们的消息或让谁知晓这个问题。	我在网上阅读了有关道德实践的官方材料，并参加了网上会议，以了解出现的任何新问题的最新情况。
	就业	我知道发布在公司网站上的评论不应该是冒犯性的。	我总是反复阅读发往我们公司网站的信息，以确保评论不是冒犯性或不道德的，如果我收到其他人这样的评论，我知道如何屏蔽他们的消息或让谁知晓这个问题。	我在网上阅读了有关道德操守的官方材料，并参加了网上会议，以了解出现的任何新问题的最新情况，特别是与商业有关的问题。
维度1 领域名		沟通		
维度2 能力及其描述		2.6　管理数字身份 创建、调整和管理一个或多个数字身份，能够保护自己的信誉，处理个人以多个账户和应用程序生成的数据。		

续表

		A- 基础水平	B- 中级水平	C- 高级水平
维度3 **熟练程度**		我知道与数字身份相关的好处和风险。	我可以塑造我的在线数字身份，并跟踪自己的数字足迹。	我可以根据背景和目的管理多个数字身份，我可以监控自己通过在线互动产生的信息和数据，我知道如何保护自己的数字声誉。
维度4 **示例**	知识	知道拥有一个或多个数字身份的好处 了解线上和线下世界之间的联系 理解一些行动者可以积极或消极地构建他的数字身份		
	技能	有能力保护自己和他人的网络声誉免受在线威胁 能够建立一个符合自身需要的档案 能够追踪自己的数字足迹		
	态度	了解在线身份暴露的好处和风险 不怕透露自己的某些信息 考虑通过数字手段表达自己身份和个性的多种方式		
维度5 **有目的的应用**	学习	我知道人们可能会通过我在学校门户网站上分享的内容来了解我的个性。	我跟踪自己在学校门户网站上分享的内容，以创建一个网络声誉。	在学习空间和为了提高学习而参与的虚拟社区，我拥有不同的身份。
	就业	我知道可以在社交网络上建立一个用于职业工作的公共档案。	我在一个社交网络上建立了一份用于职业工作的个人档案，我只用它来分享我的职业信息。	我管理自己的职业档案，使用在线服务来跟踪我参与的项目和我制作的作品。

3.3　领域3：内容创建

3.3.1　总体描述

创建和编辑新内容（从文字处理到图像和视频），整合和重新阐述之前的知识和内容，制作创意表达、媒体输出和编程，处理并申请知识产权与许可。

3.3.2　能力

（1）开发内容；

（2）整合和重新阐述；

（3）版权和许可；

（4）编程。

表3-6为能力领域"内容创建"的相关内容。

表3-6　能力领域"内容创建"

维度1 领域名	内容创建		
维度2 能力及其描述	3.1　开发内容 以包括多媒体在内的不同格式创建内容，编辑和改进自己创建或他人创建的内容，通过数字媒体和技术创造性地表达。		
维度3 熟练程度	A-基础水平	B-中级水平	C-高级水平
	我可以制作简单的数字内容（如文本、表格、图像或音频等）。	我可以制作包括多媒体在内的不同格式的数字内容（如文本、表格、图像、音频等）。	我可以制作不同格式、适应不同平台和环境的数字内容。我可以使用各种数字工具来创建原创的多媒体输出。

维度4 示例	知识	知道可以以各种形式生产数字内容 知道哪种软件/应用程序更适合自己想要创建的内容类型 理解如何通过多媒体（文本、图像、音频、视频）进行表达
	技能	能够使用基本的软件包创建不同形式的内容（文本、音频、数字、图像） 能够使用数字媒体创建知识表征（如思维导图、图表） 能够运用多种媒介创造性地表达自己（文字、图像、音频、电影） 能够编辑内容以增强最终的输出
	态度	不满足于常用的内容创作形式，而是不断探索新的方式和格式 能够看到技术和媒体在自我表达与知识创造方面的潜力 重视新媒体对认知和创造过程的附加价值 了解到媒体和技术对知识生产与消费至关重要 自信地创建媒体内容和表达 参与创造性内容

维度5 有目的 的应用	学习	我需要在课堂上向其他人展示自己的想法，并且可以利用技术创造性地做到这一点。	我需要在课堂上向其他人展示自己的想法，我可以使用演示文件、图像、视频和音乐创造性地完成。	我需要在课堂上向其他人展示自己的想法，并且知道如何将音频、文字、图像、视频和音乐整合成电影格式。
	就业	我需要向项目团队展示自己的想法，我可以利用技术创造性地做到这一点。	我需要向项目团队展示自己的想法，并且可以使用演示文件、图像、视频和音乐创造性地做到这一点。	我需要向项目团队展示自己的想法，知道如何将音频、文字、图像、视频和音乐整合成电影格式。

维度1 领域名	内容创建		
维度2 能力及其描述	3.2　整合和重新阐述 修改、优化和混合现有资源，以创建新的、原创的及相关的内容和知识。		
维度3 熟练程度	A-基础水平	B-中级水平	C-高级水平
	我可以对他人制作的内容进行基本的修改。	我可以编辑、优化和修改我或其他人制作的内容。	我可以混合现有的内容项来创建新的内容项。

续表

维度4 示例	知识	知道公共知识领域有贡献（如维基百科、公共论坛、评论） 知道资源可以从不同的和不连续的信息源进行构建 了解可以混合重用的不同数据库和资源 知道内容应该被引用		
	技能	能够使用编辑功能以简单、基本的方式修改内容 能够使用数字媒体创建知识表征（如思维导图、图表） 能够使用适当的许可来创作和共享内容 能够将不同的现有内容重新组合成新的内容 能够通过混搭原有的内容创造新的内容		
	态度	能够批判性地选取内容和需要重新阐述的资源 评判并欣赏他人的工作 对现有存储库［如开放教育资源（OER）］的认识		
维度5 有目的 的应用	学习	我可以编辑我的作业初稿，并接受导师的跟踪修改。	当我完成作业时，我经常会把创建的材料与引用的其他来源的图表结合起来，以说明我的论点中的某些观点。	当我完成作业时，我可以使用软件，它允许我通过链接从现有来源中提取数据，而不需要复制和粘贴。
	就业	我可以编辑我同事发送的时事通讯草稿。	我每个月都需要制作一份新的公司通讯，我会把发送给我的不同来源的材料结合起来。	我需要每个月创建一份新的公司通讯，我使用一个模板，可以从发送给我的信息来源中提取数据，而不需要复制和粘贴它们。
维度1 领域名	内容创建			
维度2 能力及其描述	3.3　版权和许可 了解版权和许可如何适用于信息与内容。			
维度3 熟练程度		A- 基础水平	B- 中级水平	C- 高级水平
		我知道我所使用的一些内容是受版权保护的。	我对版权、公共版权和知识共享之间的区别有基本的了解，我可以对自己创作的内容申请一些许可。	我知道不同类型的许可如何适用于我使用和创建的信息与资源。
维度4 示例	知识	考虑有关使用及信息公开的许可管制原则 了解版权和许可规则 知道有不同的方式授权知识产权产品 清楚版权、知识共享、公共版权和公共领域许可之间的区别		
	技能	知道如何授权自己的数字产品 知道如何找到版权和许可规则的相关信息		
	态度	对法律框架和法规持批判态度 独立行事，对自己的行为和选择承担责任		

维度5 有目的的应用	学习	我知道某些行为是非法的,例如未经许可下载受版权保护的材料。	我了解自己使用的教育材料是否受版权保护,我了解哪些权利适用于我的作业。	我可以为我制作的学习材料申请不同的许可,我还详细研究了与非法在线教育实践有关的法律。
	就业	我知道对竞争对手的评论可能会被理解为诽谤或负面的。	我对适用于商业和商业实践在线使用的法律知识有直观的了解。	我一直在线,并参加了专家在线会议,研究与非法商业和商业在线实践有关的法律。

维度1 领域名	内容创建		

维度2 能力及其描述	3.4 编程 应用设置、程序修改、编程应用程序、软件、设备;了解编程原理,了解程序背后的内容。		

	A-基础水平	B-中级水平	C-高级水平
维度3 熟练程度	我可以修改一些简单的软件和应用程序的功能(应用基本设置)。	我可以对软件和应用程序进行几种修改(如高级设置、基本程序修改)。	我可以干预(开放)编程、修改、改变或编写源代码,我可以用几种语言编码和编程,我了解程序背后的系统和功能。

维度4 示例	知识	了解数字系统和程序如何工作 了解软件如何工作 理解技术生态系统 了解技术背后的架构原则		
	技能	使用数字信息创建真实世界的复杂模型、模拟和可视化 能够对数字设备进行编码和编程 可以改变基本设置 可以应用高级设置		
	态度	知道计算思维背后的过程 知道可以将设置应用于大多数的现有软件 对ICT在规划和创造产出方面的潜力感到好奇		

维度5 有目的的应用	学习	我可以修改我正在使用的文本编辑器的样式模板。	我可以使用开放软件创建自己的文献索引库。	我可以创建一个适合自己需要的新文献索引软件。
	就业	我可以修改别人设置的公司网页。	我可以在用户友好的网页编辑工具的帮助下创建一个基本的网页。	我会用不同的编程语言编写网页。

3.4　领域4：安全

3.4.1　总体描述

个人保护、数据保护、数字身份保护、安全措施、安全及可持续使用。

3.4.2　能力

（1）保护设备；

（2）保护个人数据；

（3）保护健康；

（4）保护环境。

表3-7为能力领域"安全"的相关内容。

表3-7　能力领域"安全"

维度1 领域名		安全		
维度2 能力及其描述		4.1　保护设备 保护自己的设备并了解在线风险和威胁，了解安全和安全措施。		
维度3 熟练程度		A- 基础水平	B- 中级水平	C- 高级水平
		我可以使用基本步骤来保护自己的设备（如使用杀毒软件、密码等）。	我知道如何保护自己的数字设备，我更新了自己的安全策略。	我经常更新自己的安全策略。我可以在装置受到威胁时采取行动。
维度4 示例	知识	知道使用技术会存在一些风险 了解当前和最新的规避风险的策略 了解与在线使用相关的风险		
	技能	会安装杀毒软件 能够通过使用密码等措施来降低被骗的风险 能够保护不同的设备免受数字世界的威胁（如恶意软件、病毒等）		
	态度	对与在线技术相关的利益和风险持积极且现实的态度		
维度5 有目的 的应用	学习	我知道学校的公共电脑必须安装功能强大的杀毒软件，因为许多学生会使用同一台电脑上网。	如果我通过学校的免费Wi-Fi上网，我总是试图确保我的访问安全［使用虚拟专用网络（VPN）］。	我使用不同的密码进入学校的电脑和服务，我经常更换自己的密码。

维度5 有目的 的应用	就业	我在办公室的电脑上设置了很强的密码，只有我能访问它。	如果我在工作电脑上安装了一个从互联网上下载的软件，我会使用在线扫描服务。	当我使用云存储服务进行文件共享时，我会用最机密的工作信息对其进行加密。
维度1 领域名		安全		
维度2 能力及其描述		4.2 保护个人数据 了解常见的服务条款，积极保护个人数据，尊重他人隐私，保护自己免受在线欺诈和威胁以及网络欺凌。		
维度3 熟练程度		A- 基础水平	B- 中级水平	C- 高级水平
		我知道我只能在网络环境中分享自己或他人的某些类型的信息。我可以保护自己和他人的在线隐私。	我对隐私问题有一个大致的了解，我对自己的数据是如何被收集和使用的有基本的了解。	我经常更改在线服务的默认隐私设置，以加强对个人隐私的保护。我对隐私问题有广泛的了解，我知道自己的数据是如何被收集和使用的。
维度4 示例	知识	了解网上服务的使用条款（即服务供应商可使用他们所收集的有关用户的个人资料），并可在知悉后谨慎行事 知道许多交互式服务以或多或少明确的方式使用自己的相关信息进行商业筛选 能够区分数据保护和数据安全 了解数字领域的适当行为 了解他人如何看到自己的数字足迹 知道有关自己的数字身份资料如何能或不能被第三方使用 了解身份被盗用和其他证件被盗用的风险 知道如何保护适用于自己环境的他人数据（作为工作者、家长、教师等）		
	技能	能够监控自己的数字身份和足迹 能够在隐私问题上谨慎行事 能够追踪到自己的信息 能够删除或修改自己或自己负责的他人信息		
	态度	了解自己和他人的网络隐私原则 能够意识到自己考虑出版的数字信息的影响和寿命 能够可以利用以多种身份来满足多个目的的好处 在网上展示自我信息时表现出批判的态度		
维度5 有目的 的应用	学习	我知道在申请课程时不应该与他人分享的信息类型。	我了解自己所申请的机构将如何使用我的数据，并能在与机构人员沟通时选择适当的安全设置级别。	我已经询问了该机构会如何保留我的数据，以及他们在隐私方面的政策。我经常检查自己的安全设置和系统，并更新安全软件，以确保尽可能地减少漏洞。
	就业	我知道当别人要求购买信息服务时，我应该询问他们需要的信息类型。	我对公司将如何持有数据有一个直观的想法，并选择适当的安全设置水平，当与公司内外的人员沟通时，我知道数据是如何保留在公司内的，以及它的隐私政策是什么。	我经常检查自己的安全设置和系统，安全软件会自动更新，如果我认为可能存在问题，我知道该联系谁。

续表

维度1 领域名		安全		
维度2 能力及其描述		4.3　保护健康 避免与使用技术相关的健康风险，即对身心健康的威胁。		
维度3 熟练程度		A- 基础水平	B- 中级水平	C- 高级水平
		我知道如何避免网络欺凌。我知道如果滥用技术会影响我的健康。	我知道如何保护自己和他人免受网络欺凌，我也了解与使用技术相关的健康风险（从人体工学方面到技术上瘾）。	我意识到正确使用技术可以避免健康问题。我知道如何在线上和线下世界之间找到一个很好的平衡。
维度4 示例	知识	了解长期使用技术的影响 了解技术上瘾		
	技能	能够处理好数字工作、生活中会分散注意力的问题 能够采取预防措施保护自己和负有责任的其他人的健康		
	态度	对技术的使用持平衡的态度		
维度5 有目的的应用	学习	我知道使用技术会让人上瘾，无论是因为学习还是出于其他目的。	我了解技术的消极和积极方面，以及它与学习相关的使用。	我读过有关技术及其与学习相关的应用的消极和积极方面的东西，并在一个在线专家论坛上讨论过这个问题。
	就业	我知道使用技术可能会让人上瘾，当它们被用于就业时，就像它们被用于其他目的一样。	我了解技术的消极和积极方面，以及与商业和我的工作领域相关的技术应用。	我阅读了与我工作领域相关的技术及其应用的消极和积极方面的东西，并在网上与相关行业的其他人讨论了这个问题。
维度1 领域名		安全		
维度2 能力及其描述		4.4　保护环境 了解 ICT 对环境的影响。		
维度3 熟练程度		A- 基础水平	B- 中级水平	C- 高级水平
		我采取基本措施来节约能源。	我了解技术的使用对环境的积极和消极影响。	对于技术对日常生活、在线消费和环境的影响，我有一个明确的立场。
维度4 示例	知识	能够确定是否有适当和安全的数字手段，而且与其他手段相比，这些手段是有效的和划算的 对网络世界如何运作有一个全面的心理图景 了解自己正在使用的技术水平，以支持良好的购买决策，如关于设备或互联网服务提供商 了解电脑和电子设备对环境的影响，以及如何通过回收部分电脑和电子设备（如更换硬盘）来延长它们的使用寿命		

维度4 示例	技能	能够在不完全依赖（或完全不依赖）数字服务的情况下使用数字服务 知道如何既划算又省时地使用数字设备		
	态度	对信息技术带来的好处和风险持积极且现实的态度 明白我们所面临的数字环境会让事情变得更好或更糟——这完全取决于我们如何使用它以及我们为它制定了什么规则 了解与使用数字技术相关的环境问题		
维度5 有目的 的应用	学习	我不会把考试需要阅读的所有文章都打印出来，我会先读摘要，先看看它是否真的相关。	当我看到数字选择对地球的影响较小时，我倾向于选择技术解决方案而不是非技术解决方案。	如果我的旧设备还可以用来学习，我不会仅仅因为同伴的压力而购买一个新的学习设备（如笔记本电脑、电子书阅读器）。
	就业	离开办公室时我会关掉电脑。	我知道我需要的新的工作设备会给环境带来一定的影响。	在要求更换工作设备之前，我会研究现有的性能最佳的技术设备和软件。

3.5　领域5：问题解决

3.5.1　总体描述

识别数字需求和资源，根据目的或需要对最合适的数字工具做出明智的决定，通过数字手段解决概念问题，创造性地使用技术，解决技术问题，更新自己和他人的能力。

3.5.2　能力

（1）解决技术问题；

（2）确定需求和技术对策；

（3）创新和创造性地使用技术；

（4）识别数字能力鸿沟。

表3-8为能力领域"问题解决"的相关内容。

表3-8　能力领域"问题解决"

维度1 领域名	**问题解决**
维度2 能力及其描述	5.1　解决技术问题 在数字手段的帮助下，识别可能的技术问题并解决它们（从故障排除到解决更复杂的问题）。

		A- 基础水平	B- 中级水平	C- 高级水平
维度3 熟练程度		当技术失效或者使用新设备、程序或应用程序时，我可以请求有针对性的支持和帮助。	我可以解决技术失效时出现的简单问题。	我可以解决由于使用技术而产生的各种各样的问题。
维度4 示例	知识	知道计算机或数字设备是如何构建的 知道在哪里寻找解决问题的方法 了解信息的来源，以及到哪里寻求解决问题和排除故障的帮助 知道从哪里找到解决技术和理论问题的相关知识		
	技能	对不同的问题使用广泛多样且平衡的数字和非数字技术组合，并随时间动态地改变选项 能够解决技术问题或决定当技术不能发挥作用时该做什么		
	态度	采取积极的方法解决问题 当问题出现时，愿意听取他人的建议 当问题无法解决而事情必须要做的时候，能想出替代方案		
维度5 有目的 的应用	学习	如果出现问题，我知道如何向帮助热线解释清楚问题。	当出现问题时，我通常可以解决大约一半的问题，要么借助以前的经验，要么通过联系服务部门。	没有多少问题是我解决不了的，但是当软件对我来说是新的时，我仍然需要联系服务部门。
	就业	如果出现问题，我知道有公司的热线和服务台可以联系，我能够向对方解释清楚问题。	当问题出现时，我通常可以解决大约一半的问题，要么借助以前的经验，要么通过联系公司的服务部门。	没有多少问题是我解决不了的，但是当软件对我来说是新的时，我仍然需要联系公司的服务部门。
维度1 领域名		问题解决		
维度2 能力及其描述		5.2　确定需求和技术对策 评估自身在资源、工具和能力发展方面的需求，将需求与可能的解决方案相匹配，使工具适应个人需求，批判性地评估可能的解决方案和数字工具。		
		A- 基础水平	B- 中级水平	C- 高级水平
维度3 熟练程度		我可以使用一些技术来解决问题，但仅限于有限的任务。当我选择一个数字工具进行常规实践时，我可以做出决定。	我明白技术能为我做什么及不能做什么。我可以通过探索技术的可能性来完成非常规的任务。我可以根据目的选择合适的工具，我可以评估工具的有效性。	当我为不熟悉的任务选择工具、设备、应用程序、软件或服务时，我可以做出明智的决定。我知道新技术的发展。我了解新工具是如何工作和操作的。我可以批判性地评估哪种工具最有助于我达到目的。

维度4 示例	知识	了解数字设备和资源的潜力与局限性 了解使用技术可以做的事情的范围 了解他人（如同行、知名专家）使用的最相关或最流行的数字技术 对现有的技术、它们的优势和劣势，以及它们是否和如何支持个人目标的实现有合理的了解		
	技能	能够就是否以及如何使用技术来达成个人相关目标做出明智的决定（在适当的人力或技术协助下） 可以根据问题选择最合适的技术		
	态度	意识到传统工具与网络媒体相结合的价值 对新技术感兴趣 批判性地评估使用数字工具可能的解决方案		
维度5 有目的 的应用	学习	我使用在线学习环境来完成常规任务，但当我面临一个新的或不明确的问题时，我必须寻求帮助。	对于学校的作业，我可以使用几种方法或技术来完成，但我需要采取一些步骤来探索最适合自己的方法。	我可以计划、监控和批判性地评估哪些工具（如在线资源、软件、技术）最适合我的学习需求。
	就业	我使用在线资源来解决某些（常规）任务。	当我面对一个不熟悉的任务或者任务不是很明确的时候，我可以探索不同的可能性（工具、技术），并决定哪一个是最有效的。	在工作中，我对最适合自己业务需求的技术和工具进行选择与排序。我可以从几种产品中选择最能满足我需要的。我可以计划和监督所采取的步骤。
维度1 领域名	问题解决			
维度2 能力及其描述	5.3 创新和创造性地使用技术 通过技术创新，积极参与数字和多媒体协同制作，通过数字媒体和技术创造性地表达自己，在数字工具的支持下创造知识和解决概念问题。			
	A- 基础水平	B- 中级水平	C- 高级水平	
维度3 熟练程度	我知道技术和数字工具可以用于创造性的目的，我可以创造性地利用技术。	我可以使用技术进行创造性的输出，也可以使用技术来解决问题（即可视化问题）。我与他人合作进行创新和创造性成果的创造，但我不太主动。	我可以利用技术和数字工具解决概念问题，我可以利用技术手段为知识创造做出贡献，我可以利用技术参与创新行动。我积极与他人合作，产出富有创造性和创新性的成果。	
维度4 示例	知识	对不同的问题使用广泛多样且平衡的数字和非数字技术组合，并随时间动态地改变选项 通过或借助数字工具的支持，能够解决个人或集体利益的理论问题 懂得寻找解决理论问题的相关知识 理解如何通过多媒体和技术进行表述		

续表

维度4 **示例**	技能	在寻找解决方案时，知道如何利用网络、市场或自己的在线网络 有能力挖掘技术潜力，以表征和解决问题 知道如何单独和集体地解决问题（同行解决问题） 能够通过与数字可用资源的交互来建立有意义的知识 能够运用多种媒介（如文字、图像、音频、电影）创造性地表达自己		
	态度	愿意探索技术提供的替代解决方案 能够积极寻找解决方案 积极主动地合作解决问题 愿意根据情况的变化改变自己的价值观和态度 能够看到技术和媒体在自我表达与知识创造方面的潜力 重视新媒体对认知和创造过程的附加价值 认识到媒体和技术对知识生产与消费至关重要		
维度5 **有目的** **的应用**	学习	我可以用自己的智能手机为学校的项目拍照，我提出了一个创造性人工制品的想法，尽管使用的是基本的数字手段。	我可以使用适当的数字工具作为辅助更好地完成学校作业，并更好地理解和表征一个概念问题（如思维导图）。	当我组织我的作业时，我使用了几种工具来表示概念。我使用维基百科是为了与同学合作完成作业。我能想到几个原始的基于技术的计划。
	就业	我可以以不同的方式使用公司提供的简单软件。	我可以使用项目管理软件计划、组织和管理资源池。我可以使用软件和应用程序，帮助我可视化或组织复杂的任务，从而以不同的方式看待它。	我知道技术可以帮助自己更好地理解如何组织团队中的人员和资源、处理财务问题及相关行动，我使用各种专门软件来帮助预测我的项目和团队的未来需求。
维度1 **领域名**	问题解决			
维度2 **能力及其描述**	5.4 识别数字能力鸿沟 了解自己的能力需要改进或更新的地方，支持他人发展其数字能力，跟上新发展。			
维度3 **熟练程度**	A- 基础水平	B- 中级水平	C- 高级水平	
	我有一些基础知识，但我知道自己在使用技术时的局限性。	我知道如何学习用技术做一些新的事情。	我经常更新自己的数字能力需求。	
维度4 **示例**	知识	在以全球化和网络化为特征的数字时代，理解数字工具的更广泛背景 了解 ICT 从何而来，谁开发了它，出于什么目的 拥有在自身领域使用主要数字技术的第一手知识和专业知识		
	技能	具备更新数字工具可用性知识的技能 能够利用主动搜索和个性化、自动化的信息传递来保持信息的灵通 知道如何自我调节对数字技术的学习 能够自我监控个人目标，并能够诊断实现这些目标所需的数字能力的不足 可以支持其他人进行监测和诊断 能够学习和整合出现的新技术		

续表

维度4 **示例**	技能	能够通过尝试并利用其内部指导和帮助来学习如何使用任何新的数字技术 能够顺利地适应新技术，并将技术融入自身环境中 能够转移知识 在日常生活中纳入越来越多的数字仪器，以提高生活质量		
	态度	有一般水平的自信，这意味着自己愿意尝试新技术，但也拒绝不适当的技术 反映自己的数字技能和发展（意识到自己是一个有数字素养的人，并反映自己的数字素养发展） 对学习新兴数字技术持积极态度 能够根据个人、专业需求扩展与更新数字能力 即使自己不使用新媒体，也了解新媒体的总体发展趋势		
维度5 **有目的** **的应用**	学习	我知道其他人在使用技术来支持他们学习的方法，而我没有使用。	我知道自己可以参加一些在线课程，这些课程将指导我如何使用技术来支持我的学习。	我每六个月左右就会找一个好的在线课程来帮助自己使用技术来学习。
	就业	我知道公司里有其他人使用技术支持他们工作的方式，而我不使用。	我知道可以在网上参加一些课程，这些课程将指导我如何使用技术来支持自己的工作。	我希望每年至少参加一次好的在线课程，以帮助我在工作中更好地利用技术。

4 附 件

4.1 附件一 术语

本报告中使用的一些基本术语基于目前认可的定义。DigComp 项目旨在支持框架和指南 / 准则的发展，如欧洲资格框架已被用作多方面的参考，包括一些基本术语的定义（European Parliament and the Council，2008）。

4.1.1 知识

知识是指通过学习吸收信息的产出。知识是与某一工作或研究领域相关的事实、原则、理论和实践等的集合体。在欧洲资格框架的背景下，知识被描述为理论和事实。

4.1.2　技能

技能是指运用知识和诀窍完成任务与解决问题的能力。在欧洲资格框架的背景下，技能被描述为认知的（包括逻辑、直觉和创造性思维的使用）或实践的（包括动手能力和方法，材料、工具与仪器的使用）。

4.1.3　态度

态度被认为是行为的动力，是保持行为能力的基础，包括价值观、愿望和优先事项。

4.1.4　能力

在欧洲的政策建议中，对"能力"有两种略有不同的定义。在"关键能力建议"中，"能力"被定义为知识、技能以及与环境相适应的态度的组合（European Parliament and the Council，2006）。在欧洲资格框架建议中，"能力"被视为框架描述符中最先进的要素，被定义为在工作或学习情境下、专业和个人发展中运用知识、技能以及个人、社会或方法能力的经证实的能力。此外，在欧洲资格框架的背景下，能力被描述为负责任和具有自治性（European Parliament and the Council，2008）。

在本报告的工作的背景下，能力被理解为一组知识、态度和技能。

4.1.5　维度

在本报告的工作中使用的"维度"概念是从 ICT 专业人员的电子能力框架中借用而来的。在欧洲资格框架和本报告的框架中，"维度"一词都是指框架的结构，即框架内容的展示方式。在本报告中，我们确定了 5 个维度：维度 1 指数字能力的领域，维度 2 指属于每个领域的能力，维度 3 指每种能力的预期水平，维度 4 指每种能力所需的相关知识、技能和态度示例，维度 5 指每种特定能力可以应用的目的（或语境）。

4.1.6　目的

在本报告的工作中，目的指的是每种能力的适用性背景。数字技术越来越多地以不同的目的（娱乐、社交生活、工作、学习等）应用于各个情境（工作、学校、家庭等）。因此，这里描述的目的显示了如何将特定的能力应用于特定的环境中。换句话说，是将一般的能力描述转化为更真实的例子。已确定的目的是：休闲、社交、购买与销售、学习、就业、公民身份、健康。本报告只对学习和就业进行了描述。目的可以定义如下。

（1）休闲：为娱乐或解决个人问题使用技术（如寻找假期航班、玩游戏、阅读电子书、观看网络流媒体视频、通过数字工具听音乐）。

（2）社交：通过数字工具与朋友或其他同龄人互动（如发送电子邮件或短信、访问社交网站、通过在线社区与他人联系）。

（3）购买与销售：使用在线资源购买和销售商品，电子商务，在线消费（如在线购买机票或火车票，购买应用程序和软件），购买和销售虚拟商品（如在视频游戏环境中使用的虚拟物品），参与用户对用户（C2C）服务。

（4）学习：使用技术进行终身学习（例如，在写一份大学作业时使用文献索引软件，使用网络浏览信息，使用专业订阅获取科学文献，使用在线社区作为知识交流的网络）。

（5）就业：使用技术开展不同类型的工作（例如，在餐厅使用软件登记客户订单并计算账单，使用电子表格做预算，了解机械设备的无线设置）。

（6）公民身份：利用技术来享用服务并积极参与公民生活（如网上银行、电子政务、电子商务）。

（7）健康：将技术用于与健康相关的目的（如预约医生、在网上查询与健康相关的信息、使用跟踪系统记录有关体育活动的数据）。

4.2　附件二　能力之间的交叉引用

表 3-9 展示了能力之间的交叉引用。

表3-9　能力之间的交叉引用

能力领域 维度1	能力 维度2	交叉引用
1. 信息	1.1　浏览、搜索和过滤信息 1.2　评价信息 1.3　存储和检索信息	2.1, 2.2 3.3, 2.2, 2.1, 4.1
2. 沟通	2.1　通过技术进行交互 2.2　共享信息和内容 2.3　参与在线公民权 2.4　通过数字渠道进行协作 2.5　网络礼仪 2.6　管理数字身份	 1.3, 3.3 2.5 4.2
3. 内容创建	3.1　开发内容 3.2　整合和重新阐述 3.3　版权和许可 3.4　制作多媒体和创意输出 3.5　编程	1.1, 1.2, 2.1, 2.2 1.1, 1.3, 1.4, 3.3, 2.2 1.4 2.1, 2.2, 2.4, 2.5 5.1
4. 安全	4.1　保护设备 4.2　保护个人数据 4.3　保护健康 4.4　保护环境	1.1, 5.1 1.1, 2.6 2.1, 2.5 5.3
5. 问题解决	5.1　解决技术问题 5.2　确定需求和技术对策 5.3　创新和创造性地使用技术 5.4　识别数字能力鸿沟	5.4 1.1,1.2, 1.3 4.4, 5.4 与数字能力的所有方面相关

4.3　附件三　数字能力的发展指标

表 3-10 展示了数字能力的发展指标。

表3-10　数字能力的发展指标

	达到A级	从A级到B级	从B级到C级
信息	了解什么是搜索引擎； 学会如何用简单的词汇进行搜索； 了解如何保存内容和信息； 了解哪些信息受版权保护； 了解如何信任网上信息。	找出有效的搜索方法； 找出如何判断信息和使用这些策略； 找出如何定期维护文件和内容以及进行实践； 了解版权、公共版权和知识共享等术语。	发现并尝试更广泛的搜索技术和策略； 发现如何交叉检查和过滤信息，并使用这些策略； 发现并尝试更广泛的方法和工具来组织信息； 了解不同类型的许可以及如何申请。

	达到A级	从A级到B级	从B级到C级
沟通	了解不同的数字沟通渠道； 了解如何使用沟通工具； 了解数字沟通的基本原则； 意识到如何利用技术与他人合作。	发现并尝试与他人交流的更多方式； 发现并定期使用与他人共享文件和内容的方法； 确保尽可能经常地使用合作工具，并在需要时发现机会； 了解在线服务； 了解网络礼仪。	发现并尝试广泛的通信工具和设备； 在需求和目的相匹配的情况下发现并尝试这些方法； 发现广泛的信息共享设备和工具，并确定最适合不同需求和目的的工具与设备； 参加公民在线参与； 理解文化差异。
内容创建	发现制作内容的不同工具、软件和软件包； 了解如何使用一些简单的工具； 了解如何修改内容。	发现并使用ICT生产内容的不同方式； 熟悉多媒体工具； 了解如何将许可应用于一个已生产的内容； 发现支持创建新的程序或应用程序的工具。	选择制作不太熟悉的内容的方法，并将这些方法用于适合需求和目的的环境中； 发现并使用编辑和改进内容的方法； 了解并使用专业的方法组合现有内容（如混搭）； 熟悉不同类型的许可； 学习如何编码和编程。
安全	发现简单的保护方法（密码、杀毒软件、避免不当分享信息）； 了解如何保护自己避免上网成瘾或网络欺凌。	发现不应该在网上共享的信息细节，并有机会将其付诸实践； 发现并使用一系列保护数码设备的工具； 发现技术对环境的影响。	了解并使用广泛的保护策略，以及这些策略如何适用于在线身份； 了解如何更改在线安全和隐私设置，并根据需要定期监控和调整这些设置，根据专家实践进行检查； 能够获取专家资源，详细说明不同的隐私问题，以及如何在实践中解决这些问题； 了解科技对社会的影响。
问题解决	如果某件事情出了问题或无法完成，弄清楚应该问谁； 了解不同的技术如何辅助解决日常问题。	能够访问展示数字技术的资源或中心，并有机会根据个人需求探索其使用； 能够接触到提供技术咨询的资源或中心，使个人能够获得解决技术问题的个人经验； 建立自己的专家网络来寻求帮助。	能够获得与新工具、设备、应用程序、软件和服务相关的一系列专家建议，并提供机会根据当前或未来的个人需求和目的来审查这些建议； 能够获得专家的技术建议，演示如何解决出现的技术问题，并能够在实践中使用这些建议； 拥有检查个人能力的手段，并能找到资源以更新自身较弱的能力领域； 在解决复杂或认知问题中发现技术的潜力。

4.4 附件四 数字能力与终身学习的其他关键能力的相关性

数字能力是实现终身学习的八大关键能力之一。另外七项分别是：母语交流、外语交流、数学能力与科学技术基础能力、学习能力、社会和公民能力、创业能力以及文化意识和表达。

正如欧洲议会和理事会 2006 年的建议所强调的那样，许多关键能力是重叠和相互联系的。因此，在此提出我们自己的数字能力与其他关键能力的相关性映射，并参考框架中提供的更相关的具体能力（C 代表能力，例如，C1.1 是指能力 1.1-浏览、搜索和过滤信息）。要点内的示例均取自 2006 年"关键能力建议"中的例子。

4.4.1 母语交流

（1）能够以口头和书面形式表达与解释概念、思想、感受、事实及意见。

C 2.1、2.3、2.4、2.5

（2）根据语境，用一种令人信服的方式组织和表达自己的口头与书面论点。

C 3.1、3.2、3.3、3.4

（3）能够区分和使用不同类型的文本进行信息的搜索、收集与处理。

C 1.1、1.2、1.3

（4）需要以积极和富有社会责任感的方式理解与使用语言。

C 2.5

4.4.2 外语交流

就这一能力而言，数字手段在应用于外语时是具有相关性的（如访问外语网站时）。

（1）表达和理解口语信息的能力，发起、维持和结束对话的能力。

C 2.1、2.3、2.4、2.5

（2）了解社会习俗、文化和语言的多样性。

C 2.5

（3）语言学习也是终身学习的一部分。

C 2.3、2.4

（4）阅读、理解并制作适合个人需要的文本。

C 1.1、1.3、3.1、3.2、3.4

4.4.3 数学能力与科学技术基础能力

（1）培养和应用数学思维的能力，以解决日常生活中的一系列问题。

C 5.2、3.5

（2）运用数学思维（逻辑思维和空间思维）和表达方式（公式、模型、结构、图形、图表）。

C 3.1

（3）了解科学技术对自然世界的影响。

C 4.4

（4）科学理论、应用和技术在整个社会中的局限性与风险（涉及决策、价值观、道德问题、文化等）。

C 4.4、2.5、2.6、3.3、4.2

（5）能够使用和操作技术工具与机器。

C 1.1、1.4、2.1、2.2、3.1、3.2、3.4、3.5、4.1、4.2、5.1、5.3

（6）认识到科学探究的基本特征，并有能力交流导致这些特征的结论和推理。

C 2.1、2.2

（7）关注伦理问题，尊重安全和可持续性，特别是与个人、家庭、社区及全球问题有关的科学和技术进展。

C 2.5、4.2、4.3、4.4

4.4.4 学习能力

（1）有效地管理时间和信息。

C 1.1、1.2、1.3、1.4

（2）了解自己的学习过程和需求，识别可用的机会。

C 5.4、5.3

（3）克服障碍以成功学习的能力。

C 5.2、5.4

4.4.5　社会和公民能力

（1）个人和社会福祉，需要了解个人如何确保最佳身心健康。

C 2.5、4.3

（2）了解不同社会和环境中普遍接受的行为准则与礼仪。

C 2.5、2.4、2.6、4.2

（3）全面参与公民生活。

C 2.3

4.4.6　创业能力

（1）计划和管理项目以实现目标的能力。

C 2.3

（2）具备独立工作和团队合作的能力。

C 2.4

（3）判断和识别自己的长处与短处的能力。

C 5.4

4.4.7　文化意识和表达

（1）认识到在一系列媒体中创造性地表达思想、经历和情感的重要性。

C 3.4

（2）理解自己的文化和认同感。

C 2.3、2.6

参 考 文 献

Ala-Mutka, K. (2011). Mapping Digital Competence: Towards a Conceptual Understanding. Seville: JRC-IPTS. Retrieved from: http://ipts.jrc.ec.europa.eu/publications/pub.cfm?id=4699.

Erstad, O. (2010). Educating the digital generation. Nordic Journal of Digital Literacy, 1: 56-70.

European Commission. (2010a). A Digital Agenda for Europe. COM(2010)245 final.

European Commission. (2010b). Europe 2020: A Strategy for Smart, Sustainable and Inclusive Growth. COM (2010) 2020.

European Parliament and the Council. (2006). Recommendation of the European Parliament and of the Council of 18 December 2006 on key competences for lifelong learning. Official Journal of the European Union, L394/310.

European Parliament and the Council. (2008). Recommendation of the European Parliament and of the Council on the establishment of the European Qualifications Framework for lifelong learning. Official Journal of the European Union, C111/111.

Ferrari, A. (2012). Digital Competence in Practice: An Analysis of Frameworks. Seville: JRC-IPTS.

Janssen, J., & Stoyanov, S. (2012). Online Consultation on Experts' Views on Digital Competence. Seville: JRC-IPTS. Retrieved from: http://ipts.jrc.ec.europa.eu/publications/pub.cfm?id=5339.

OECD. (2001). Learning to Change. Paris.

第四部分

DigComp 2.0：
公民数字能力框架

第一阶段更新：概念参考模型

作者：莉娜·沃里卡莉（Riina Vuorikari）

伊夫·帕尼

斯蒂芬妮·卡雷特罗（Stephanie Carretero）

利夫·范·登·布兰德

引言 / 216

摘要 / 218

1 简介 / 221

2 两个阶段的更新过程 / 222

3 DigComp 2.0概念参考模型 / 224

4 从DigComp 1.0 到 DigComp 2.0 / 226

5 DigComp的使用与更新 / 234

6 结论及下一步的工作 / 247

参考文献 / 248

引　言

P r e f a c e

　　欧盟委员会的《欧洲新技能议程：携手加强人力资本、就业能力和竞争力》（A new skills agenda for Europe：Working together to strengthen human capital, employability and competitiveness）提出了解决欧洲目前面临的技能挑战的方法，其目标是让每个人都具备个人发展、社会包容、积极的公民权和就业所需的一系列关键能力。这些能力包括识字、计算、科学和外语，以及更多横向技能，如数字能力、创业能力、批判性思维能力、问题解决能力和学习能力。

　　欧洲公民数字能力框架，也被称为 DigComp，提供了一个提高公民数字能力的工具。在教育、培训和就业领域，需要有一个共同的参考框架，来说明在日益全球化和数字化的世界中什么是数字理解力。

　　DigComp 是由 JRC-IPTS 开发的一个科学项目，其基础是与企业、教育和培训、就业、社会伙伴等广泛的利益相关者和政策制定者的咨询磋商及他们的积极投入。该项目源自教育与文化总司，并在就业、社会事务与包容局的支持下进一步发展。它于 2013 年首次发布，现已成为欧洲和成员国数字能力行动发展与战略规划的一项参考。然而，随着我们社会的数字化以及工作和教育的快速发展，更新 DigComp 框架的概念和词汇显得十分必要。DigComp 2.0 展示了第一阶段的更新情况，重点为概念参考模型。本报告还展示了 DigComp 在欧洲、国家和地区层面的执行情况案例。

　　这项工作的起源可以追溯到 2006 年，当时欧盟提出了公民终身学习的八大关键能力，其中之一就是数字能力。就业、社会事务与包容局在与 JRC-IPTS 合作，以加强 DigComp 在欧洲的普及和使用。DigComp 2.0 和第一份关于"欧洲公民创业能力框架"的报告（EntreComp）[①]将同时发布。这两项工作都有助于政府部门和私营部门改进对公民、年轻人和求职者的指导、培训与辅导等服务。我们相信它们可以帮助解决欧洲目前面临的一些关键技能挑战。

特勒夫·埃克特（Detlef Eckert）

就业、社会事务与包容局主任

---

① 参见：https://ec.europa.eu/jrc/entrecomp。

摘　　要

Executive Summary

一、政策背景

"欧洲 2020 战略"旨在为智能、可持续和包容性增长创造条件，其目标领域包括就业、教育、社会包容和减贫。随着社会的数字化发展，这些领域都在快速变化。人们需要数字能力，以能够参与和受益于数字机会，以及降低可能的风险。这显然是今天必须解决的一项挑战。2015 年欧盟统计局欧盟数字经济与社会指数（Digital Economy and Society Index，DESI）的"数字技能"指标数据显示，欧盟 16 ～ 74 岁的人口中，近一半（44.5%）人的数字技能不足[①]。

提高数字技能是欧盟的优先事项之一。在《欧洲新技能议程：携手加强人力资本、就业能力和竞争力》中，欧盟提出了最新建议。

二、关键结论

2013 年，DigComp 由欧盟委员会首次发布。它是提高公民数字能力的工具，有助于决策者制定支持数字能力建设的政策，并规划提高特定目标群体数字能力的教育和培训举措。DigComp 还提供了一种通用语言来识别和描述数字能力的关键领域，从而提供了欧洲层面的通用参考。

---

① 参见：https://ec.europa.eu/digital-single-market/desi。

本报告提出了 DigComp 2.0 版本（第一阶段），包括对概念参考模型的更新、词汇的修订和更精简的描述符。本文还提供了 DigComp 在欧洲、国家和地区层面的应用实例。

三、主要发现

2013 年至今，DigComp 已经被用于多种用途，特别是在就业、教育和培训以及终身学习方面。

本报告从三个主要方面概述了这些应用实施情况：①政策制定和支持；②教育、培训、就业指导性规划；③评估和认证。为了对 DigComp 的当前使用情况进行概述，本报告还列出了成员国的 10 多个实施案例。

此外，DigComp 已在欧盟层面付诸实践，例如构建了一个欧洲范围的指标，称为"数字技能"，用于监测数字经济和社会。另一个例子是被纳入"欧洲通行证"简历（Europass CV），使求职者能够评估自己的数字能力，并将评估体现在他们的简历中。

在需要数字能力的新环境中，从 DigComp 衍生出了新的框架。通过和司法与消费者局（Directorate-General for Justice and Consumers）的合作，JRC 正在制定消费者数字能力框架（DigComp Consumers）[①]，以帮助消费者积极、安全、自信地参与数字市场。JRC 还代表教育与文化总司致力于构建欧洲教师数字能力框架（DigCompTeach）[②]。

四、JRC 的相关及未来工作

在 DigComp 2.0 概念参考模型（第一阶段）发布之后，JRC 将继续进行第二阶段的更新，其中包括进一步完善 DigComp 8 个层次的学习成果水平，并在 2016 年进行验证。

---

① 参见：https://ec.europa.eu/jrc/digcompconsumers。

② 参见：https://ec.europa.eu/jrc/digcompteach。

JRC 还将继续监测 DigComp 框架在地区和国家层面的实施情况［见"实施画廊"（Implementation Gallery）[①]］，并确保该框架是最新的且和未来政策相关。

此外，JRC 制定了教育和培训、就业和终身学习领域的相关能力框架。这项工作的例子包括欧洲公民创业能力框架和欧洲教育机构数字能力框架（European Framework for Digitally-Competent Educational Organisations，DigCompOrg[②]）。

---

① 参见：https://ec.europa.eu/jrc/en/digcomp/implementation。

② 参见：https://ec.europa.eu/jrc/en/digcomporg。

1　简　介

2015 年，欧盟 16 ～ 74 岁的人口中，有近一半（44.5%）的人缺乏参与社会和经济的数字技能[①]。在现役劳动力（就业的和失业的）中，这一数字超过了 1/3（达 37%）。11 ～ 16 岁的欧洲年轻人中，有 12% 的人可能受到网络欺凌，这一数字自 2010 年以来有所增加[②]。工作、就业能力、教育、休闲、融入社会和参与社会——所有这些领域以及我们社会的许多其他领域都在因数字化而发生改变。因此，数字能力——或者在这些领域自信和批判性地使用 ICT 工具——对于参与当今社会和经济至关重要（European Parliament and the Council，2006）。

2013 年，DigComp 由欧盟首次发布，旨在成为提高公民数字能力的工具，帮助决策者制定支持数字能力建设的政策，并规划提高特定目标群体数字能力的教育和培训举措。DigComp 还提供了一种关于如何识别和描述数字能力的关键领域的通用语言，从而提供了欧洲层面的通用参考。

2013 ～ 2016 年，DigComp 被用于多种目的，特别是用于指导就业、教育和培训以及终身学习。然而，社会各个方面的快速数字化提出了新的要求，因此就有了 DigComp 2.0 版本。

在本报告中，首先概述了 DigComp 2.0 的两阶段更新过程；其次，介绍了第一阶段的更新情况，展示了 DigComp 的概念参考模型及其 21 个更新的能力描述符；再次，让读者了解并学习新的词汇，并详细介绍了能力标题和描述符的所有变化；

[①]　数字经济与社会指数的"数字技能"指标，2015 年欧盟的调查数据，参见：http://digital-agenda-data.eu/datasets/desi/indicatorsdata.eu/datasets/desi/indicators。

[②]　EU Kids Online (2014): findings, methods, recommendations. EU Kids Online, LSE. http://eprints.lse.ac.uk/60512/.

最后，提供了一些在国家和欧洲层面实施的示例，以展现其各种用途。

公民数字能力框架采用多利益相关方治理模式，由就业、社会事务与包容局和 JRC-IPTS 领导管理并保证质量。跨局的管理机制允许其他相关局的参与，包括与 DigComp 最初合作的教育与文化总司，通信、网络、内容及技术局（CNECT），内部市场、工业、创业及中小企业事务局（GROW），以及司法与消费者局。这种跨部门治理在确保现有和新兴行动［如促进增长和就业的电子技能，数字单一市场，欧洲技能、能力、资格和职业的多语种分类（ESCO）等］的互补性方面发挥着重要作用。此外，还将与更广泛的外部利益相关者展开进一步合作，如国家政府部门，利益集团［如数字欧洲[①]、电子技能联盟[②]、欧洲远程计算中心（Telecentre Europe，TE）[③]、欧洲计算机使用执照[④]］和其他关键参与者。例如，其他数字能力框架（如欧洲信息通信技术专业人员电子能力框架[⑤]），以及已经参与到当前框架升级至 2.0 版本过程的培训提供商。

2 两个阶段的更新过程

DigComp 由四个维度构成。维度 1 和 2 表示 DigComp 概念参考模型（见表 4-1 中灰底的部分）。DigComp 的更新过程分两个阶段进行。本报告描述了第一阶段"概念参考模型"的更新。换言之，即更新能力领域、能力描述符及标题。

---

① 参见：http://www.digitaleurope.org/。

② 参见：http://eskillsassociation.eu/。

③ 参见：http://www.telecentre-europe.org/ 。

④ 参见：http://www.ecdl.com/ 。

⑤ 参见：http://www.ecompetences.eu/ 。

表4-1　DigComp 2.0的主要维度

维度1	被确定为数字能力一部分的领域
维度2	与每个领域相关的能力描述符及标题
维度3	每种能力的熟练程度
维度4	适用于每种能力的知识、技能和态度的示例

第一阶段的更新有三个主要目标：更新词汇，通过减少冗余来精简能力描述符，纳入欧盟立法的相关更新内容（如欧盟数据保护改革[①]）。框架的其余部分将在2016年进行更新和验证（图4-1），包括熟练程度的更新——8个层次的学习结果（维度3）和知识、技能和态度示例（维度4）。

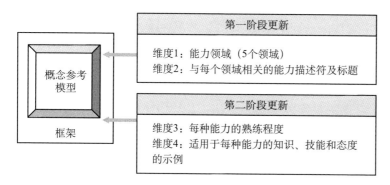

图4-1　将DigComp框架更新到2.0版本的两阶段过程

根据"教育和培训2020横向技能工作组（Education and Training 2020 Working Group for Transversal Skills，简称ET 2020工作组）"[②]的反馈，DigComp的更新过程于2015年初开始。在三次单独的会议（分别于2015年2月、6月和10月召开）中，收集了对更新过程不同部分的反馈（如国家级别的使用案例、熟练程度级别、概念参考模型）。"ET 2020工作组"是协调开放方法（Open Method of Coordination）的一部分，该方法是欧盟委员会和成员国合作应对国家与欧洲层面教育领域关键挑战的一种方式。他们参与DigComp的实施是非常重要的，后文

[①]　参见：http://europa.eu/rapid/press-release_IP-15-6321_en.htm。

[②]　更多关于"ET 2020工作组"的信息参见：http://ec.europa.eu/education/policy/strategic- framework/expert-groups_en.htm。

将对此进行展示，其中给出了地区、国家和欧盟层面的一些示例。值得一提的是，专注于 ICT 和教育的专题工作组已经批准了 DigComp 1.0 版。

2015 年 11 月，一个相当稳定的 DigComp 2.0 概念参考模型版本在 JRC[①] 公开，反馈截止日期为 2016 年 3 月 15 日。在此期间，各类反馈以不同的方式（如面谈、电子邮件、部级工作组和外部审查人员的综合反馈等）被收集。此外，在 2016 年 2 月的年度欧盟数字能力和创业能力框架治理期间，利益相关方了解了这一更新并提供了相应反馈。

3 DigComp 2.0概念参考模型

在本部分，我们提出了更新的公民数字能力框架概念参考模型（表 4-2）。后面将解释和讨论这些改变。

表4-2　更新的公民数字能力框架

能力领域 维度1	能力 维度2
1. 信息与数据素养	**1.1　浏览、搜索和过滤数据、信息与数字内容** 阐明信息需求，在数字环境中搜索数据、信息和内容，访问它们并在它们之间导航。创建和更新个人搜索策略。 **1.2　评价数据、信息和数字内容** 分析、比较与批判性评价数据、信息和数字内容来源的可信度及可靠性。分析、解释与批判性评价数据、信息和数字内容。 **1.3　管理数据、信息和数字内容** 在数字环境中组织、存储与检索数据、信息和内容。在结构化的环境中组织和处理它们。
2. 沟通与协作	**2.1　通过数字技术进行交互** 通过各种数字技术进行交互，并了解针对特定环境的适当的数字沟通手段。 **2.2　通过数字技术共享** 通过适当的数字技术与他人共享数据、信息和数字内容。扮演中介角色，了解引用和归因实践。

---

① 参见：https://ec.europa.eu/jrc/digcomp/。

续表

能力领域 维度1	能力 维度2
2. 沟通与协作	**2.3　通过数字技术参与公民权** 通过使用公共和私人数字服务参与社会，通过适当的数字技术寻求自我赋权和公民参与的机会。 **2.4　通过数字技术进行协作** 使用数字工具和技术进行协作，共同构建和创造数据、资源与知识。 **2.5　网络礼仪** 在使用数字技术和在数字环境中互动时，了解行为规范与诀窍。根据特定的受众调整传播策略，并意识到数字环境中的文化和代际多样性。 **2.6　管理数字身份** 创建和管理一个或多个数字身份，能够保护自己的声誉，能够处理通过多种数字工具、环境和服务产生的数据。
3. 数字内容创建	**3.1　开发数字内容** 创作与编辑不同格式的数字内容，通过数字手段表达自己。 **3.2　整合并重新阐释数字内容** 修改、优化、改进和整合信息与内容至现有的知识体系中，以创造新的、原创的和相关的内容与知识。 **3.3　版权和许可** 了解版权和许可如何适用于数据、信息与数字内容。 **3.4　编程** 为计算系统规划和开发一系列可理解的指令，以解决给定的问题或执行特定的任务。
4. 安全	**4.1　保护设备** 保护设备和数字内容，了解数字环境中的风险和威胁。了解安全及防范措施，并充分考虑可靠性和隐私。 **4.2　保护个人数据和隐私** 在数字环境中保护个人数据及隐私。了解如何使用和共享个人身份信息，同时能够保护自己和他人免受损害。了解数字服务使用"隐私政策"来告知如何使用个人数据。 **4.3　保护健康和福祉** 能够在使用数字技术时避免健康风险和对身心健康的威胁。能够保护自己和他人在数字环境中免受可能的危险（如网络欺凌）。了解促进社会福祉和社会包容的数字技术。 **4.4　保护环境** 了解数字技术及其使用对环境的影响。
5. 问题解决	**5.1　解决技术问题** 在操作设备和使用数字环境时识别技术问题，并解决它们（从故障排除到解决更复杂的问题）。

能力领域 维度1	能力 维度2
5. 问题解决	**5.2 确定需求和技术响应** 评估需求，并识别、评估、选择和使用数字工具及可能的技术响应来解决这些需求。调整和定制数字环境以满足个人需求（如可访问性）。 **5.3 创造性地使用数字技术** 利用数字工具和技术创造知识，创新流程和产品。个人或集体参与认知处理，以理解和解决数字环境中的概念问题与问题情境。 **5.4 识别数字能力鸿沟** 了解自己的数字能力需要改进或更新的地方。能够支持他人的数字能力发展。寻求自我发展的机会，并紧跟数字时代的发展。

4 从DigComp 1.0到DigComp 2.0

DigComp 于 2013 年由 JRC-IPTS 首次发布。在本部分，我们将解释第一阶段对概念参考模型进行更新中发生的变化，该模型由能力领域、能力标题及其描述符组成。

4.1 DigComp 2.0：新的词汇和简化的描述符——面向范围更明确的能力

自 DigComp 1.0 于 2013 年首次出版以来，数字进化已经演变出新的需求和要求，这从快速变化的词汇中可以窥见。尽管 DigComp 框架是一个相当高级的概念性参考框架，但很显然仍有一些词汇需要更新。这与工具、软件和应用程序的功能变化无关，目的是反映概念层面更抽象的变化。下面是对新术语的介绍。

（1）不同格式的内容。例如，文本、图形、图像、视频、音乐、多媒体、以标准文件格式储存的网页、3D 打印（私有的、免费的和 / 或开放的）。更多信息请参见：https://en.wikipedia.org/wiki/List_of_file_formats。

（2）数据。由特定的解释行为赋予意义的一个或多个符号的序列。数据可以被分析或用于获取知识或做出决策。数字数据是用二进制数字系统 1 和 0 表示的，而不是它的模拟表示（来源：https://en.wikipedia.org/wiki/Data_%28computing%29；http://www.thefreedictionary.com/data）。

（3）数字通信。使用数字技术的通信。通信方式多种多样，如同步通信（实时通信，如使用 Skype 或视频聊天或蓝牙）和异步通信（非并发通信，如电子邮件、论坛发送消息、短信），使用一对一、一对多或多对多等模式。

（4）数字内容。以机器可读格式编码、以数字数据形式存在的任何类型的内容，可以使用计算机和数字技术（如互联网）创建、查看、分发、修改与存储。内容可以是免费的，也可以是付费的。数字内容包括网页和网站、社交媒体、数据和数据库、数字音频（如 MP3 和电子书、数字图像、数字视频、视频游戏、计算机程序和软件等）。

（5）数字环境。由技术和数字设备所产生的语境或"地点"，通常通过互联网或其他数字手段（如移动电话网络）传输。个人与数字环境互动的记录和证据构成了他们的数字足迹。在 DigComp 中，术语"数字环境"被用作数字行动的背景，而没有指定具体的技术或工具。

（6）数字服务（公共或私人）。可以通过数字通信提供的服务，如互联网、可能包括数字信息（如数据、内容）交付的移动电话网络或交易服务。它们可以是公共的，也可以是私人的，如电子政府、数字银行服务、电子商务、音乐服务［如声田（Spotify）］、电影 / 电视服务［如网飞（Netflix）］。

（7）数字技术。可用于以数字形式创建、查看、分发、修改、存储、检索、传输和接收电子信息的任何产品。例如，个人电脑和设备［如台式电脑、笔记本电脑、上网本、平板电脑、智能手机、带有移动电话设备的掌上电脑（personal digital assistant，PDA）、游戏机、媒体播放器、电子书阅读器］，数字电视和机器人（根据下面网站上的内容整理：http://www.tutor2u.net/business/ict/intro_what_is_ict.htm）。

（8）数字工具。用于特定目的或执行信息处理、通信、内容创造、安全或问题解决等特定功能的数字技术（见"数字技术"）。

（9）隐私政策。与保护个人数据有关的术语。例如，服务提供商如何收集、存储、保护、披露、转移和使用用户信息（数据），收集哪些数据等。

（10）问题解决。当问题的解决方法并非显而易见时，个人参与认知处理以理解并解决问题的能力。它包括参与类似情况的意愿，以激发个人作为一个建设性和反思性公民的潜能（OECD，2014）。

（11）福祉。该术语与世界卫生组织对"良好健康"的定义有关，即身体、社会和精神完全健康的状态，而不仅仅是没有疾病或身体虚弱[①]。社会福祉是指与他人和社区的融合感（如获取和使用社会资本、社会信任、社会联系和社会网络）。

（12）社会包容。改善个人和团体参与社会的条件的过程（世界银行[②]）。社会包容的目标是增强贫困和边缘化人群的能力，使他们能够利用迅速增长的全球机会。它确保人们在影响其生活的决定中有发言权，并确保他们可以平等地进入市场、服务以及政治、社会和实体空间。

（13）结构化环境。即数据驻留在一个记录或文件的固定字段中，如关系数据库和电子表格。

（14）技术响应/解决。指尝试使用技术或工程来解决问题。

在更新的术语表中，不以"在线"或"ICT的使用"，而

[①] 参见：http://www.who.int/features/factfiles/mental_health/en/。

[②] 参见：http://www.worldbank.org/en/topic/socialdevelopment/brief/social-inclusion。

是以一个包罗万象的术语"数字环境"来描述数字行动的背景。在这种情况下，无须指定具体的技术或工具，因此，该术语不仅包括个人电脑（如台式电脑、笔记本电脑、上网本或平板电脑）的使用，还包括其他手持设备（如智能手机、带有移动网络设施的可穿戴设备）、游戏机、媒体播放器或电子书阅读器的使用，这些设备通常也联网。

数字化转型也对数字能力提出了新的要求。例如，与2013年相比，现在使用云存储来储存数据和数字内容比以前更为普遍。此外，由于新的信息可视化工具和更海量数量的可用数据，数字素养变得越来越重要。其他重要的更新与无障碍和社会包容有关。自DigComp 1.0发布以来，关于个人数据的隐私和立法也在不断发展，这里只提到一些与新兴趋势相关的更新。

对能在工作场所解决问题的人的需求不断发展和增加。这些问题越来越多地出现在技术密集的环境中。因此，一方面，需要有人能够评估需求或现有问题，并使用数字工具和技术提出解决方案；另一方面，需要能够使用数字技术创造新知识、创新以前不存在的流程和产品的人。因此，"问题解决"领域的能力描述符已经更新，以强调问题解决作为数字能力一部分的重要性。此外，DigComp 2.0概念参考模型现在也符合OECD对问题解决的定义。

PISA 2012将问题解决的能力定义为：当问题的解决方法并非显而易见时，个人参与认知处理以理解并解决问题的能力。它包括参与这种情况的意愿，以实现个人作为一个建设性和反思性公民的潜能（OECD，2014）。

关于概念的更新，以前称为"1. 信息"，如今被更新为"1. 信息与数据素养"。这是一个重要的调整，使得信息素养和DigComp之间的联系更加明确。在媒体和信息素养方面，联合国教科文组织（UNESCO，2011）将信息和媒体素养领域整合到一起，作为"当今生活和工作所必需的一套综合能力"。类似地，DigComp 2.0 包含了信息素养的主要组成部分和媒体素养的部分。

此外，DigComp 概念参考模型还需要更好地关注当前公众更好理解编程及编码的需求，大量的国际、欧盟和国家行动都关注到这一问题（例如，Balanskat and Engelhardt，2015；电子技能运动 [①]）。因此，"编程"的能力被重新审视和定义，以便与"计算和数字素养：呼吁整体方法"（ECDL Foundation，2015）中使用的能力紧密结合。

最后，更新的重点是通过减少每个描述符中表达的概念冗余来精简能力描述符。除了使框架更精简，此次更新还有助于构建评估个人数字能力的工具。

4.2 变化的比较

DigComp 2.0 保持了同样的 5 个能力领域的整体结构。表 4-3 用斜体显示了能力名称的变化。

表4-3　基于DigComp 1.0的数字能力领域

	能力领域1.0 版本	能力领域2.0 版本
有重叠点和交叉引用的相互关联的领域	1. 信息	1. 信息与*数据素养*
	2. 沟通	2. 沟通与*协作*
	3. 内容创建	3. *数字*内容创建
贯穿所有领域	4. 安全	4. 安全
	5. 问题解决	5. 问题解决

值得一提的是，领域和能力的划分是人为的，现实中，领域和能力之间存在大量的重叠与交叉引用。此外，领域的性质并不总是相似的（参见表 4-3 左列）。可以说，"问题解决"领域是所有领域中最交叉的，因此它可以在所有其他能力领域中找到，正如在上一份报告（JRC-IPTS，2013）中用以下例子所示的：

---

① 参见：http://eskills-week.ec.europa.eu/。

……能力领域"信息"（领域1）包括"评价信息"能力，这是"问题解决"认知维度的一部分。沟通和内容创建包括几个问题解决的元素（即互动、合作、开发内容、整合和重新设计、编程等）。尽管相关能力领域包含了解决问题的要素，但人们认为，鉴于问题解决与技术使用和数字实践的相关性，有必要设立一个专门的独立领域——问题解决。可以注意到，领域1至4中列出的一些能力也可以映射到领域5中。

DigComp 2.0 以与1.0版本相同的方式对能力领域进行了编号，即从1到5，但编号的递增并不意味着成就的不断增长或任何其他类型的等级。领域内的所有能力使用两个数字的顺序编号方案（如1.3）：第一个序列表示能力领域，第二个表示能力。

最后需要强调的是，DigComp框架是描述性的而不是规定性的。数字能力的几个方面可能包括法律和道德问题，如专有数字内容的非法共享的相关问题，从事这种非法活动的人可能是有能力的，并知道自己违反了许可和规则。因此，在这个框架中，道德的方面是包括在能力之内的（即对正确行为的认识而非正确的行为）。换句话说，我们提出了这个问题，但我们认为，如果他们愿意的话，执行行动（方）应以更规范的术语来定义这一能力。此外，描述性的性质也适用于制定面向目标人群特定需要的干预措施（如教学计划和课程开发）。与其将DigComp框架直接转化为实际的学习活动或用它来衡量学生的表现，不如将其作为一个参考框架。

在表4-4中，为了便于比较，将DigComp 1.0和2.0版本的能力并排展示，以便于我们发现第一阶段的更新中发生了哪些变化。这些变化是为了反映每种能力的范围而进行的详细的思维导图练习的结果。通过与每种能力相关的知识、技能和能力的示例（维度4），这些变化将进一步在第二阶段的更新中得到反映。

表4-4　DigComp 1.0和DigComp 2.0中对能力描述符的描述

DigComp 1.0	DigComp 2.0
1.1 浏览、搜索和过滤信息 获取和搜索网络信息，阐明信息需求，找到相关信息，有效地选择资源，在网络资源之间导航，制定个人信息策略。	**1.1 浏览、搜索和过滤数据、信息与数字内容** 阐明信息需求，在数字环境中搜索数据、信息和内容，访问它们并在它们之间导航。创建和更新个人搜索策略。
1.2 评价信息 收集、加工、理解和批判性地评价信息。	**1.2 评价数据、信息和数字内容** 分析、比较与批判性评价数据、信息和数字内容来源的可信度及可靠性。分析、解释与批判性评价数据、信息和数字内容。
1.3 存储和检索信息 操作和存储信息与内容，使检索更容易；组织信息和数据。	**1.3 管理数据、信息和数字内容** 在数字环境中组织、储存与检索数据、信息和内容。在结构化的环境中组织和处理它们。
2.1 通过技术进行交互 通过各种数字设备和应用程序进行交互，了解数字沟通是如何分布、显示和管理的，了解通过数字手段进行沟通的适当方式，参考不同的沟通模式，使沟通模式和策略适应特定的受众。	**2.1 通过数字技术进行交互** 通过各种数字技术进行交互，并了解针对特定环境的适当数字沟通手段。
2.2 共享信息和内容 与他人分享所发现信息的位置和内容，愿意并能够分享知识、内容和资源，扮演中介角色，积极主动地传播新闻、内容和资源，了解引用实践并将新信息整合至现有知识体系中。	**2.2 通过数字技术共享** 通过适当的数字技术与他人共享数据、信息和数字内容。扮演中介角色，了解引用和归因实践。
2.3 参与在线公民权 通过在线参与来参与社会活动，在使用技术和数字环境时寻求自我发展与赋权的机会，了解技术在公民参与方面的潜力。	**2.3 通过数字技术参与公民权** 通过使用公共和私人数字服务参与社会，通过适当的数字技术寻求自我赋权和公民参与的机会。
2.4 通过数字渠道进行协作 使用技术和媒体进行团队合作、协作流程以及资源、知识和内容的共同建设与共同创造。	**2.4 通过数字技术进行协作** 使用数字工具和技术进行协作，共同构建和创造数据、资源与知识。
2.5 网络礼仪 拥有在线/虚拟互动中行为规范的知识和诀窍，了解文化的多样性，能够保护自己和他人免受可能的在线危险（如网络欺凌），制定积极的策略来发现不当行为。	**2.5 网络礼仪** 在使用数字技术和在数字环境中互动时，了解行为规范与诀窍。根据特定的受众调整传播策略，并意识到数字环境中的文化和代际多样性。
2.6 管理数字身份 创建、调整和管理一个或多个数字身份，能够保护自己的信誉，处理个人以多个账户和应用程序生成的数据。	**2.6 管理数字身份** 创建和管理一个或多个数字身份，能够保护自己的声誉，能够处理通过多种数字工具、环境和服务产生的数据。

续表

DigComp 1.0	DigComp 2.0
3.1 开发内容 以包括多媒体在内的不同格式创建内容，编辑和改进自己创建或他人创建的内容，通过数字媒体和技术创造性地表达。	**3.1 开发数字内容** 创作与编辑不同格式的数字内容，通过数字手段表达自己。
3.2 整合和重新阐述 修改、优化和混合现有资源，以创建新的、原创的及相关的内容和知识。	**3.2 整合并重新阐释数字内容** 修改、优化、改进和整合信息与内容至现有的知识体系中，以创造新的、原创的和相关的内容与知识。
3.3 版权和许可 了解版权和许可如何适用于信息与内容。	**3.3 版权和许可** 了解版权和许可如何适用于数据、信息与数字内容。
3.4 编程 应用设置、程序修改、编程应用程序、软件、设备；了解编程原理，了解程序背后的内容。	**3.4 编程** 为计算系统规划和开发一系列可理解的指令，以解决给定的问题或执行特定的任务。
4.1 保护设备 保护自己的设备并了解在线风险和威胁，了解安全和安全措施。	**4.1 保护设备** 保护设备和数字内容，了解数字环境中的风险和威胁。了解安全及防范措施，并充分考虑可靠性和隐私。
4.2 保护个人数据 了解常见的服务条款，积极保护个人数据，尊重他人隐私，保护自己免受在线欺诈和威胁及网络欺凌。	**4.2 保护个人数据和隐私** 在数字环境中保护个人数据及隐私。了解如何使用和共享个人身份信息，同时能够保护自己和他人免受损害。了解数字服务使用"隐私政策"来告知如何使用个人数据。
4.3 保护健康 避免与使用技术相关的健康风险，即对身心健康的威胁。	**4.3 保护健康和福祉** 能够在使用数字技术时避免健康风险和对身心健康的威胁。能够保护自己和他人在数字环境中免受可能的危险（如网络欺凌）。了解促进社会福祉和社会包容的数字技术。
4.4 保护环境 了解ICT对环境的影响。	**4.4 保护环境** 了解数字技术及其使用对环境的影响。
5.1 解决技术问题 在数字手段的帮助下，识别可能的技术问题并解决它们（从故障排除到解决更复杂的问题）。	**5.1 解决技术问题** 在操作设备和使用数字环境时识别技术问题，并解决它们（从故障排除到解决更复杂的问题）。
5.2 确定需求和技术对策 评估自身在资源、工具和能力发展方面的需求，将需求与可能的解决方案相匹配，使工具适合个人需求，批判性地评估可能的解决方案和数字工具。	**5.2 确定需求和技术响应** 评估需求，并识别、评估、选择和使用数字工具及可能的技术响应来解决这些需求。调整和定制数字环境以满足个人需求（如可访问性）。
5.3 创新和创造性地使用技术 用技术创新，积极参与数字和多媒体协同制作，通过数字媒体和技术创造性地表达自己，在数字工具的支持下创造知识和解决概念问题。	**5.3 创造性地使用数字技术** 利用数字工具和技术创造知识，创新流程和产品。个人或集体参与认知处理，以理解和解决数字环境中的概念问题与问题情境。

续表

DigComp 1.0	DigComp 2.0
5.4 识别数字能力鸿沟	5.4 识别数字能力鸿沟
了解自己的能力需要改进或更新的地方，支持他人发展其数字能力，跟上新发展。	了解自己的数字能力需要改进或更新的地方。能够支持他人的数字能力发展。寻求自我发展的机会，并紧跟数字时代的发展。

5 DigComp的使用与更新

从一开始，DigComp 框架就受到了各种利益相关者的欢迎和采纳，被用于各种用途。如图 4-2 所示，我们将框架在教育、培训和就业环境中的三种不同用途划分如下：①政策制定与支持；②指导性规划；③评估和认证。

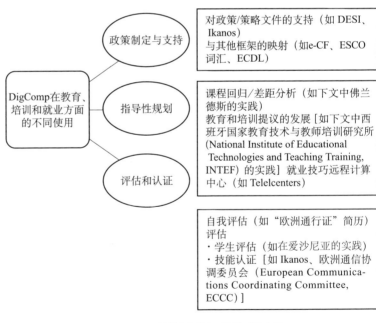

图4-2　不同的使用需要不同类型的实施

利益相关方包括决策者、国家和区域各级的教育与就业当局，以及提供教育和培训机会的公共与私营培训机构及第三方机构。

2015 年，为了分享实践并为 DigComp 的实施提供同行学习的机会，JRC 网站开启了一个"实施画廊"板块。"实施画廊"聚焦自我报告原则，并在给定时间点及时地呈现实施情况的快照，目标是展示欧洲各地的使用实例。根据定义，这些不应被视为最佳实践。接下来，我们将描述各种利益相关方在上述三种类别中的一些使用情况，而不是提供 DigComp 实施的详尽概述。我们还将列举一些在欧洲层面通过机构或项目来实施的示例。

5.1　使用目的：政策制定与支持

在本部分，我们将描述 DigComp 如何被用于支持战略规划和政策制定。我们还列举了一些示例，通过领域映射来与现有框架进行比较，以更好地理解协同效应、重叠及可能的差距。

为政策制定提供战略支持是 DigComp 在国家和地区层面使用的目的之一。Ikanos[①] 项目由巴斯克政府（Basque Government，西班牙）开发，旨在促进巴斯克地区的信息和知识社会发展。2016 年，新的"数字议程2020"启动，旨在将数字能力融入教育和工作场所。然而，自 2013 年以来，巴斯克政府已经部署了各种工具和能力配置文件，在现有的教育和培训系统中培训、提升和评估公民、求职者、公司与公共管理人员的数字能力（图 4-3），其中一些内容稍后将进行解释。

为了帮助决策者从宏观层面了解公民的数字能力，欧盟委员会制定了数字技能指数（Digital Skills Index，DSI）。这个综合指标以 DigComp 的四个能力领域（信息、沟通、内容创建和问题解决）为基础，使用的数据来自欧盟统计局的欧盟家庭

---

① 参见：http://ikanos.blog.euskadi.net/?page_id=2423&lang=en。

和个人互联网使用调查（涵盖 16 ～ 74 岁欧盟人口的代表性样本）。它聚焦过去三个月中个人使用互联网的情况[①]，将其作为数字技能的表征。

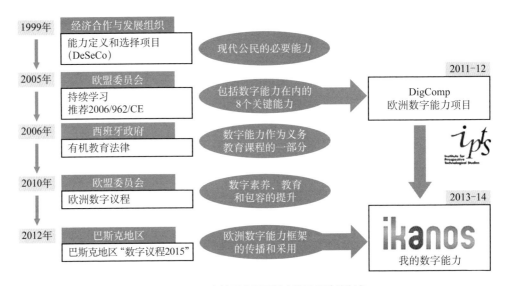

图4-3　DigComp支持西班牙巴斯克地区的政策制定

在数字记分牌网站上有一个交互式工具可以查看和进一步分析数据。例如，该指标可以根据不同的背景变量进行分解，因此可以评估个人的数字技能，也可以评估欧盟劳动力的数字技能。公民的数字能力被分为四个等级（无、低、基本、基本以上）。图 4-4 提供了每个欧盟国家以及挪威和冰岛拥有"基本"和"基本以上"数字技能的个人的柱状图。在欧盟 28 国中，拥有"基本"和"基本以上"数字技能的人平均占比 55%，而在职劳动力（就业的和失业的）平均占比 63%。将 DigComp 用于与工作相关的培训和技能提升 / 再培训会带来更多的好处。

各种政策文件也使用或引用 DigComp。例如，意大利数字技能联盟（Italian Coalition for Digital Skills）的一份出版物包

---

① 参见：http://ec.europa.eu/newsroom/dae/document.cfm?doc_id=13706，见第 32 页。

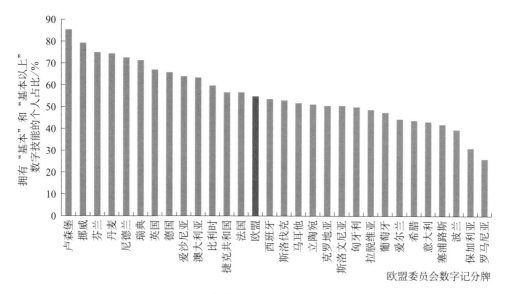

图4-4　2015年欧盟国家数字技能指数柱状图

括2016年的一个数字能力战略和路线图[①]，其中对DigComp进行了翻译概述。此外，意大利2015年底发布的国家数字学校计划（Il Piano Nazionale Scuola Digitalle）[②]将DigComp列为其指导文件。同样，马耳他教育和就业部（Maltese Ministry for Education and Employment）于2015年发布了《数字素养绿皮书》[③]，其中引用了DigComp框架。西班牙纳瓦拉教育部（The Navarra Department of Education）也将DigComp作为其战略规划的重要参考。

另一个使用DigComp支持政策实施的例子来自波兰。"2014～2020年数字波兰行动计划"（The Operational Programme

① 数字技能：2016年战略和路线图：http://www.agid.gov.it/sites/default/files/documenti_indirizzo/agid-competenze_digitali_2016_r11.pdf 。

② 参见：http://www.istruzione.it/scuola_digitale/allegati/Materiali/pnsd-layout-30.10-WEB.pdf。

③ 参见：https://education.gov.mt/elearning/Documents/Green%20Paper%20Digital%20Literacy%20v6 .pdf。

Digital Poland 2014—2020）[①]参考了一系列关键框架，DigComp 位列其中，以支撑其电子集成项目（社会数字能力）的实施。

ESCO[②]横向 ICT 技能列表是以差距分析来比较现有框架的一个例子。在这里，DigComp 被用作 ESCO 的参考工具之一。ESCO 由就业、社会事务与包容局统筹协调，并得到欧洲职业培训发展中心（Cedefop）的支持，是"欧洲 2020 战略"的一部分。

ESCO 为欧盟劳动力市场以及教育和培训的技能、能力、资格与职业进行了确定及分类。其中一个分类是 ESCO 横向 ICT 技能列表。在 2015 年的开发过程中，DigComp 框架被用作评估能力领域及其所需技能的参考工具之一。表 4-5 展示了 ESCO 横向 ICT 技能列表中最终包含的 5 个领域，以及 DigComp 中相应的领域。

表4-5　DigComp的能力范围和一个ESCO实例的映射

DigComp	ESCO 横向ICT技能
信息与数据素养	数字数据处理
沟通与协作	数字通信
数字内容创建	以ICT软件进行的内容创造
安全	ICT安全
问题解决	以ICT工具及硬件进行的问题解决

DigComp 也利用了这种合作，在其更新的框架中添加了许多新概念。这很好地展示了一种趋向——增强各工具之间兼容性和互操作性的一种相同愿景，同时又保持了每个工具的特性。

类似地，DigComp 绘制了 ICT 专业人员的电子能力框架，以更好地理解现有框架之间的协同作用。在这种情况下，两种工具的主要区别在于：一种是针对普通受众的（即 DigComp

---

① 参见：https://mc.gov.pl/projekty/polska-cyfrowa-po-pc-2014-2020/ramowy-katalog-kom petencji-cyfrowych 。

② 参见：https://ec.europa.eu/esco/ 。

面向公民），而电子能力框架面向 ICT 行业的专业人士。将两者联系起来的好处是：在从公民所期望的能力过渡到 ICT 专业人员所期望的能力时，显示了某些技能的连续性。

该映射显示，在 21 个 DigComp 能力描述符中，有 10 个与电子能力框架中描述的 14 个能力有关系，要么完全相关，要么部分相关（图 4-5）。换言之，在 40 个电子能力框架能力列表中，有 14 个可以与 DigComp 交叉引用。这表明，ICT 部门对专业人员的 ICT 能力要求范围更广（即 40 个对 21 个能力描述符），并且更具体地专注于与行业相关的 ICT 任务。

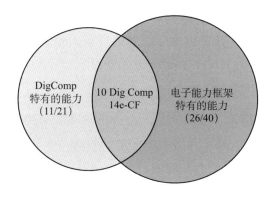

图4-5　DigComp和电子能力框架之间的交叉引用

另一个以差距分析来比较现有框架的例子是"基本数字技能"框架（the Basic Digital Skills Framework）①。它是由"英国向前冲"（GO ON UK）与内阁办公室（the Cabinet Office）和英国政府数字服务部门（the UK Government's Digital Service）密切合作开发的。在他们更新的框架中，"问题解决"领域被添加到基本数字技能框架中。这个新领域现在的目标是"通过使用数字工具解决问题并寻找解决方案，以提高独立性和自信心"。该新增项的灵感即来自 DigComp 框架。

---

① 参见：https://www.go-on.co.uk/get-involved/basic-digital-skills/。（注：在本报告发布时，有关更新的新闻条目已被删除）。

5.2 使用目的：工具性计划

DigComp 主要用于教育、技能和就业目的的教育与培训活动。在下文中，我们将概述 DigComp 应用于各种语境的情况。

新的成人教育数字能力培训大纲是一个鼓舞人心的例子，它说明了 DigComp 如何被用于支持一项课程的审查和更新。2014 年，比利时佛兰德斯教育部（the Department of Education in Flanders, Belgium）成立了一个跨部门课程委员会，以审查成人教育部门现有 ICT 课程的内容。在佛兰德斯，这个部门每年招收大约 40 万名成年人。他们以不同的模块开发了 8 项教育计划，每个模块都包含一组来自 DigComp 的能力。自 2016 年 9 月起，成人中心可以使用新的课程。

欧盟各国的教师专业发展项目都采用了 DigComp 框架来构建教师的数字能力。例如，2014 年，西班牙教育、文化和体育部（the Ministry of Education, Culture and Sports in Spain）创建了教师数字能力共同框架（Marco comun de Competencia Digital Docente 2.0）[①]。此后，INTEF 基于 DigComp 为教师开发了新的数字培训材料。例如，关于如何教授和评估数字能力的大规模开放在线课程（Massive Open Online Course, MOOC）[②]已经是第三版了。2016 年，一些基于 DigComp 的以 3 小时为单元的在线短课程被推出[③]。此外，州和地方政府已经同意将 DigComp 用于教师专业发展（professional development，PD）。这些都鼓励了 DigComp 的实施，例如，西班牙埃斯特雷马杜拉（Extremadura）已经推出了基于西班牙语教师数字能力[④]模

① 参见：http://blog.educalab.es/intef/2015/10/22/common-framework-for-digital-competence-of-teachers/。

② 参见：http://mooc.educalab.es/courses/INTEF/INTEF162/2016_ED3/about?preview-lang=en。

③ 参见：http://mooc.educalab.es/courses/INTEF/NOOC02/2016_ED1/about。

④ 参见：http://www.educarex.es/edutecnologias/porfoliotic.html。

式的数字能力资料包。

立陶宛教育发展中心（The Education Development Centre in Lithuania）受 教 育 和 科 学 部（Ministry of Education and Science）直接管辖，自 2015 年以来开展了类似的工作，实施教师专业发展的 DigComp 框架 ①。

在葡萄牙，自 2016 年以来，教育部教育总局（the Direc torate）General for Education of the Ministry of Education）将 DigComp 作为教师专业发展课程的一部分。DigComp ② 的翻译工作由 "培训师教育中的教学与技术" 研究中心（the Research Centre "Didactics and Technology in Education of Trainers"，CIDTFF）在葡萄牙教育部教育总局的支持下完成。

自 2013 年以来，挪威信息通信技术中心（The Norwegian Centre for ICT）一直使用 DigComp 作为其国家教学职业数字能力框架发展的一般性参考。在这里，它被用于指导初级和继续教师培训。

在克罗地亚，"电子学校"（e-Schools）项目（2015 ～ 2022 年）③ 将 DigComp 作为对数字成熟学校（Digitally-Mature Schools）中具备数字能力的教师的一项关键支持。"电子学校" 项目由克罗地亚学术和研究网络（the Croatian Academic and Research Network）领导，并由欧洲区域发展基金（the European Regional Development Fund）和欧洲社会基金（the European Social Fund）共同资助。

第三部门的教育和培训项目也采用了 DigComp 框架。例如，欧洲远程计算中心的成员已经以不同的方式实现了 DigComp。欧洲远程计算中心是欧洲的一个非营利性组织，代

---

① 参见：http://www.upc.smm.lt/projektai/mentep/DIGCOMP_saltiniai.php。

② 参见：http://erte.dge.mec.pt/sites/default/files/Recursos/Estudos/digcomp_proposta_quadro_ref_eur opeu_compet_digital.pdf。

③ 参见：http://www.carnet.hr/e-schools/project_description。

表欧洲各地的公共资助远程中心 / 远程中心网络、ICT 学习中心、成人教育中心和图书馆。在这些地方，儿童和成人可以访问互联网，学习最新的数字技能，并跟上技术和社区发展的步伐。

2015 年 12 月，欧洲远程计算中心发布了《DigComp 使用指南》（ *Guidelines on the Adoption of DigComp* ）[①]（图 4-6），其中包括一些作为良好实践示例的案例研究。使用指南中的例子包括对上述西班牙巴斯克地区的 Ikanos 项目的扩展概述，该项目通过欧洲远程计算中心网络提供培训和自我评估。另一个来自西班牙的例子是 Guadalinfo（安达卢西亚地区的地方和地区当局运营的网站）通过名为"数字安达卢西亚"（ Andalucia Digital ）[②]的门户网站提供的。它包括一项基于 DigComp 的求

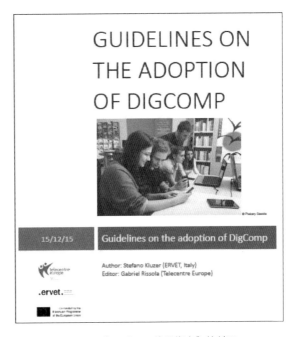

图4-6　《DigComp使用指南》的封面

---

① 参见：http://www.telecentre-europe.org/wp-content/uploads/2016/02/TE-Guidelines-on-the-adoption-of DIGCOMP_Dec2015.pdf。

② 参见：http://www.paneeinternet.it/index.php。

职者自我评估和系列培训行动。此外，使用指南提供了一个来自意大利艾米利亚罗马涅（Emilia Romagna）地区的例子，称为"Pane e Internet"（窗格互联网）①项目，并解释了在为一项电子包容行动重新设计课程及相关材料中 DigComp 的应用。

ECDL 基金会提供了 DigComp 被用于培训计划教学的另一种类型的例子。ECDL 基金会是一个国际组织，致力于提高劳动力、教育和社会的数字能力标准。在全球范围内以 40 多种语言提供服务的 ECDL 培训模块，专注于各类工具和应用程序，这些工具和应用程序覆盖了 DigComp 中概述的所有能力。

5.3　使用目的：评估工具

用作评估个人数字能力的工具是所有 DigComp 实施中最引人注目的领域之一。各种利益相关者已经将 DigComp 作为一个公开和免费的使用工具。2012 年以来首批实践之一是一项名为"技能时代"（Skillage）的在线测试。它由欧洲远程计算中心开发，用来评估年轻人在就业环境中对 ICT 的理解。该测试结果形成了一份技能时代报告，可帮助提高当地远程中心网络的技能。2014 年，新的评估问题被添加到该工具中，现在它涵盖了 DigComp 概念参考模型的 5 个领域。

西班牙巴斯克政府领导的 Ikanos 项目是 DigComp 自我评估表格的另一项早期实施（2014 年），它提供了一个免费的诊断工具来评估一个人自身的数字能力②。经过 15 分钟的在线测试，一份简单的评估报告即可生成。这个在线工具以 DigComp 的 5 个领域为基础，结果可以打印并保存下来，方便人们可以对某年度与下一年度的结果进行比较。培训机会也可以被确认（如通过远程计算中心）。这个诊断工具也可以供巴斯克

---

① 参见：http://www.digcomp.andaluciaesdigital.es/。

② 参见：http://ikanos.encuesta.euskadi.net/index.php/566697/lang-en。

地区的教育机构使用，如给予他们一份组织层面的数字能力概述。

2015 年夏天，"欧洲通行证"[①] 提供了一个在线工具，供求职者评估自己的数字能力，并将结果纳入他们的简历。该工具使用了 DigComp 框架的 5 个方面，并提供了易于使用的自我评估表单。此工具适用于所有欧盟官方语言。

最后一个例子是 2015 年底 Guadalinfo[②] 发布的数字能力在线评估工具。Guadalinfo 是西班牙安达卢西亚地区的一个地方和地区当局网络，拥有 760 多个中心，为安达卢西亚人提供免费的 ICT 接入。基于 DigComp 的自我评估工具还将评估结果与差距被确定了的数字能力领域的培训选择联系了起来。

DigComp 作为评估工具的例子及相关比较见表 4-6。

表4-6 DigComp作为评估工具的例子以及熟练程度运用的情况比较

	DigComp 领域	DigComp 能力	水平	熟练程度比较
Ikanos	×	×	3个层次：基础、平均、高级	水平与DigComp联系松散
Guadalinfo	×	×	4个层次：无能力、初级、中等、高级	水平与DigComp联系松散
"欧洲通行证"		×	3个层次：基础使用者、独立使用者、熟练使用者	水平与DigComp框架一样
数字技能指数		×	4个层次：无技能、低技能、基本技能、基本技能以上	水平与DigComp无联系

基于 DigComp 框架来提供测试和认证是 DigComp 模型的最新用途之一。位于波兰的 ECCC 基金会致力于促进和推广数字及 IT 能力的发展，其中的一个例子是翻译和推广 2013 年的 DigComp 报告[③]。ECCC 还为公民（如学生、就业者、失业者、

---

① 参见：https://europass.cedefop.europa.eu/editors/en/cv/compose。

② 参见：http://www.digcomp.andaluciaesdigital.es/。

③ 参见：http://www.digcomp.pl/。

求职者）提供 IT 及数字能力的验证。用于认证过程的 ECCC 数字能力验证标准是以 DigComp 模型为基础的。另一个例子是 ACTIC[①]——自 2005 年起在西班牙加泰罗尼亚地区建立的 ICT 能力认证体系——该体系受托开展工作，以确保其数字能力认证体系更好地符合 DigComp 模型。

自 2017 年起，DigComp 也将被用于评估爱沙尼亚学生的数字能力。九年级学生的数字能力将首次在 DigComp 框架的帮助下被评估。这是 2014 年"数字能力"一词被加入国家课程的后续。一个负责创建评估工具的专家小组在 DigComp 框架和国家课程的基础上开展工作。这项工作由教育信息技术基金会（the Information Technology Foundation for Education，HITSA）负责管理。

5.4　相关工作和项目

将 DigComp 概念参考模型作为在特定环境下新的数字能力框架的基础被认为是派生性的工作。相关案例可以分为两类——欧盟委员会建立的新框架和其他机构建立的新框架。例如，JRC-IPTS 研究的两个新的数字能力框架：一个是与司法与消费者局合作研究制定的消费者数字能力框架，该框架于 2016 年完成；另一个是和教育与文化总司合作的为教育职业制定的数字能力框架（欧洲教师数字能力框架）。

DigComp 模型还启发了一款名为"Happy Onlife"[②]的游戏的开发，该游戏有纸质和数字版本（图 4-7）。DigComp 的安全领域被用于游戏的概念化和附加小册子中。

---

① 参见：http://acticweb.gencat.cat/es/index.html 。

② 参见：https://ec.europa.eu/jrc/en/scientific-tool/happy-onlife-game-raise-awarenes-intemet-risks-and-opportunities.

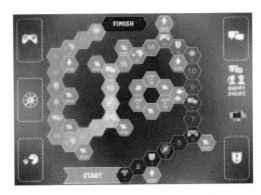

图4-7　"Happy Onlife"是一款帮助孩子们认识网络风险和机遇的游戏

关于欧盟委员会以外的工作，"Carer+"项目[①]是一个有趣的例子。该项目支持数字时代面临新挑战的护理工作者的专业发展。以 DigComp 作为基本组件之一，一项面向护理工作者的能力框架被开发了出来。

此外，欧盟资助的项目开展了相关工作。例如，"教师数字能力"[②]使用 DigComp 模型开发了一套开放教育资源（OER），用于数字能力领域的教师培训，还会在培训结束时评估他们的知识获取情况。

5.5　翻译

Cedefop 已经将 DigComp 自我评估问卷的简明版本翻译为24 种欧盟官方语言，以及冰岛、挪威、马其顿和土耳其语，这样人们就可以在线撰写个性化的"欧洲通行证"。各种语言的翻译链接可在 Cedefop 的"欧洲通行证"网站上找到。

除上述行动外，若干成员国已将 DigComp 框架翻译成它们自己的语言（如克罗地亚、佛兰德斯、比利时、爱沙尼亚、意大利、立陶宛、波兰、葡萄牙、西班牙和斯洛文尼亚等国家），匈牙利和法国也在考虑翻译该框架。

---

① 参见：http://www.carerplus.eu/developing-training/wiki/digital-competence-framework。

② 参见：http://www.digital-competences-for-teachers.eu/ 。

6 结论及下一步的工作

DigComp 框架的 1.0 版本于 2013 年首次发布，之后在欧洲、国家和地区层面被大量实施，其中的部分已在本报告中提及。然而，随着我们工作、教育和社会各个方面数字化的不断发展，有必要更新 DigComp 框架的概念和词汇。为此，我们采取了两阶段方法。

第一步更新概念参考模型，这在本报告中已经进行了描述。它提出了 DigComp 概念参考模型及其 21 个更新的能力描述符，详细说明了所做的所有更新，让读者进一步熟悉了新词汇。最后，给出了一些在国家和欧洲层面的实现示例，以详细说明其各种用途。

第二步引入更细颗粒度的熟练程度，以及 21 种能力中每一种能力的知识、技能和态度的示例——于 2016 年底进行验证。

2016 ～ 2018 年，JRC 将继续监测 DigComp 框架在地区和国家层面的实施情况（参见"实施画廊"），并确保其是最新的且和未来政策相关的。

此外，JRC 将继续在教育和培训、就业和终身学习领域开展能力框架工作。这些例子包括欧洲公民创业能力框架（另见 Bacigalupo et al.，2016）、欧洲教育机构数字能力框架、欧洲教师数字能力框架和消费者数字能力框架[①]。

这些能力框架，特别是 DigComp 2.0，旨在支持数字技能行动，以期最终提高公民的数字技能，从而使更多人更深入地参与我们的数字社会和经济。

---

① 参见：https://ec.europa.eu/jrc/en/digcompconsumersconsumers。

参 考 文 献

Bacigalupo, M., Kampylis, P., Punie, Y., Van den Brande, G.（2016）. EntreComp: The Entrepreneurship Competence Framework. Luxembourg: Publication Office of the European Union; EUR 27939 EN; doi:10.2791/593884.

Balanskat, A., & Engelhardt, K.（2015）. Computing our future - computer programming and coding: priorities, school curricula and initiatives across Europe. European Schoolnet. Retrieved from: http://www.eun.org/c/document_library/get_file?uuid=3596b121-941c-4296-a760http://www.eun.org/c/document_library/get_file?uuid=3596b121-941c-4296-a760-0f4e4795d6fa&groupId=438870f4e4795d6fa&groupId=43887.

ECDL Foundation.（2015）. Computing and Digital Literacy: Call for a Holistic Approach.

ECDL Foundation. Retrieved from: http://www.ecdl.org/media/Position-Paperhttp://www.ecdl.org/media/PositionPaperComputingandDigital Literacy1. pdf.

European Parliament and the Council.（2006）. Recommendation of the European Parliament and of the Council of 18 December 2006 on key competences for lifelong learning. Official Journal of the European Union, L394/310. Retrieved from: http://eurhttp://eur-lex.europa.eu/legal-content/HR/ALL/?uri=URISERV:c11090lex.europa.eu/legal-content/HR/ALL/?uri=URISERV:c11090.

European Parliament and the Council.（2008）. Recommendation of the European.

OECD.（2014）. Assessing problem-solving skills in PISA 2012. In PISA 2012 Results: Creative Problem Solving (Volume V): Students' Skills in Tackling Real-Life Problems.Paris: OECD Publishing.

Parliament and of the Council on the establishment of the European Qualifications Framework for lifelong learning. Official Journal of the European Union, C111/111.

UNESCO（2011）. Media and Information Literacy Curriculum for Teachers. UNESCO. France. http://unesdoc.unesco.org/images/0019/001929/192971e.pdf.

UNESCO（2013）. Global Media and Information Literacy Assessment Framework: Country Readiness and Competencies. UNESCO. France. http://www.unesco.org/new/en/communication-and-information/resources/publicationshttp://www.unesco.org/new/en/communication-and-information/resources/publications-and-communication-materials/publications/full-list/global-media-and-information-literacy-assessment-framework/and-communication-materials/publications/full-list/global-media-and-informationhttp://www.unesco.org/new/en/communication-and-information/resources/publications-and-communication-materials/publications/full-list/global-media-and-information-literacy-assessment-framework/literacy-assessment-framework/.

第五部分

DigComp 2.1: 公民数字能力框架的八种熟练程度及使用示例

作者：斯蒂芬妮·卡雷特罗

莉娜·沃里卡莉

伊夫·帕尼

引言 / 252

1　简介 / 254

2　八种熟练程度及其使用示例 / 255

3　能力 / 259

引　言

P r e f a c e

　　欧洲联合研究中心于 2005 年启动了"数字时代的学习和技能"研究，旨在为欧盟委员会及成员国在利用数字技术的潜力创新教育和培训实践、改善终身学习的机会及应对就业、个人发展和社会包容所需而崛起的新（数字）技能和能力等方面提供循证的政策支持。针对这些问题，欧洲联合研究中心开展了 20 多项主要研究，发表了 100 多份不同的出版物。

　　欧洲公民数字能力框架 [①]，也被称为 DigComp，提供了一个提升公民数字能力的工具。DigComp 是由欧洲联合研究中心作为一个科学项目开发的，并与利益相关者进行了密集磋商，最初代表教育与文化总司，后来代表就业与社会事务局。DigComp 于 2013 年首次发布，现已成为欧洲和成员国数字能力计划发展与战略规划的参考。2016 年 6 月，欧洲联合研究中心发布了 DigComp 2.0，更新了术语和概念模型，并展示了其在欧洲、国家和地区层面的实施实例。

　　当前的版本是 DigComp 2.1，其重点是将最初的三个熟练

---

① 更多信息参见：https://ec.europa.eu/jrc/en/digcomp；DigCompEdu: https://ec.europa.eu/ jrc/en/digcompedu；DigCompOrg:https://ec.europa.eu/jrc/en/digcomporg；DigCompConsumers: https://ec.europa.eu/jrc/en/digcompconsumers；OpenEdu: https://ec.europa.eu/jrc/en/open-education；EntreComp: https://ec.europa.eu/jrc/en/entrecomp；CompuThink: https://ec.europa.eu/jrc/en/computational-thinking；Learning Analytics: http://europa.eu/!cB93Gb；MOOCKnowledge: http://moocknowledge.eu；MOOCs4inclusion: http://moocs4inclusion.org。

程度级别扩展到更细粒度的八个级别描述，并提供了这八个级别的使用示例，目的是支持利益相关者进一步实施 DigComp。

在教育和学习的数字化转型以及不断变化的技能与能力要求方面的能力建设方面，欧洲联合研究中心还开展了其他相关工作，主要侧重于以下方面的发展：①教育工作者数字能力框架（DigCompEdu）；②教育机构数字能力框架；③消费者数字能力框架。

2016 年，发布了高等教育机构开放框架（Open Edu）和欧洲公民创业能力框架。其中一些框架附有（自我）评估工具。此外，还开展了计算思维（CompuThink）、学习分析（Learning Analytics）、MOOC 学习者（MOOC Knowledge）和 MOOC 以及面向移民和难民的免费数字学习机会（MOOCs4-inclusion）等研究。

我们所有研究的更多信息可以在欧洲联合研究中心网站找到（网址：https://ec.europa.eu/jrc/en/research-topic/learning-and-skills）。

伊夫·帕尼
欧盟委员会欧洲联合研究中心人力资源
与就业部门项目主管

1 简 介

本报告展示了由欧洲联合研究中心人力资源和就业部门代表欧盟委员会就业、社会事务与包容局制定的 DigComp[①] 的最新版本。

DigComp 框架包括 5 个维度：维度 1：被确定为数字能力一部分的能力领域；维度 2：与每个领域相关的能力描述符及标题；维度 3：每种能力的熟练程度；维度 4：适用于每种能力的知识、技能和态度；维度 5：适用于不同目的的能力的使用示例。

该框架最早版本（DigComp 1.0 于 2013 年发布）中的两个维度在 2016 年进行了更新，即维度 1（能力领域）和维度 2（描述符和标题）。更新后的版本为 DigComp 2.0[②]。本报告展示了该框架的最新版本——DigComp 2.1——包括进一步的更新。维度 3 现在有 8 种熟练程度，维度 5 有新的使用示例[③]。

本报告解释了 8 种熟练程度，并描述了使用的例子，并详细介绍了新的框架。我们在 DigComp 2.1 的布局和图形表示方面做了大量努力，以提高所有对实现该框架感兴趣的利益相关者的可读性。下面将介绍 DigComp 2.0 的概述以及 DigComp 2.1 的变化（表 5-1）。

---

① 关于 DigComp 的信息参见：https://ec.europa.eu/jrc/en/digcomp。

② DigComp 2.0 可参见：http://europa.eu/!HV34YF。

③ DigComp 2.1 并没有包含维度 4 的更新，鉴于就业和学习与政策的相关性，我们聚焦于这两个领域的应用实例。

表 5-1　DigComp 2.0 与 DigComp 2.1 的对比

DigComp 2.0（2016年）		DigComp 2.1（2017年）	
能力领域 （维度1）	能力 （维度2）	熟练程度 （维度3）	使用示例 （维度5）
1. 信息与 数据素养	1.1 浏览、搜索和过滤数据、信息与数字内容 1.2 评价数据、信息和数字内容 1.3 管理数据、信息和数字内容	21 项能力的 8 种熟练程度	21 项能力中应用于学习和就业场景的 8 种熟练程度的示例
2. 沟通与 协作	2.1 通过数字技术进行交互 2.2 通过数字技术共享 2.3 通过数字技术参与公民权 2.4 通过数字技术进行协作 2.5 网络礼仪 2.6 管理数字身份		
3. 数字内容创建	3.1 开发数字内容 3.2 整合并重新阐释数字内容 3.3 版权和许可 3.4 编程		
4. 安全	4.1 保护设备 4.2 保护个人数据和隐私 4.3 保护健康和福祉 4.4 保护环境		
5. 问题解决	5.1 解决技术问题 5.2 确定需求和技术响应 5.3 创造性地使用数字技术 5.4 识别数字能力鸿沟		

2　八种熟练程度及其使用示例

DigComp 1.0 在维度 3 上有三种熟练程度（基础、中级和高级）。在 DigComp2.1 中，熟练程度增加到 8 个级别。更广泛、更详细的熟练程度为学习和培训材料的开发提供了支撑，还有助于设计评估公民能力发展、职业指导和工作晋升的工具。

根据欧洲资格框架的结构和词汇，通过"学习结果"（使用行为动词，遵循布鲁姆的分类法）定义了每种能力的 8 种熟练程度。此外，每一级描述都包含知识、技能和态度，每种能力的每个级别都以一个描述符进行描述；这就相当于有 168 个描述符（8×21学习结果）。一项在线验证调查帮助修订了第一版的等级水平，并产生了最终版本。

如表5-2所示，每一层级都代表了公民根据认知挑战、所能处理的任务的复杂性和完成任务的自主性而获得能力的一个步骤。为了说明这一点，我们可以说，处于层级2的公民只有在其需要的时候，才能够在具备数字能力的人的帮助下记住并执行一项简单的任务。处于层级5的公民则可以运用知识完成不同的任务、解决问题，并帮助他人完成类似事宜。我们还可以看到，新框架的前6种熟练程度与DigComp 1.0中最初确定的三个级别相关联。最新版本的框架中增加了一个新的高度专业化级别，包括第7级和第8级。

表5-2　说明熟练程度的主要关键词

DigComp 1.0 中的层级	DigComp 2.1 中的层级	任务的复杂程度	自主性	认知领域
基础	1	简单任务	需要指导	记住
	2	简单任务	自主以及在必要时需要指导	记住
中级	3	明确且常规的任务和简单的问题	依靠自己	理解
	4	各种任务以及明确但非常规的问题	独立并根据自己的需求	理解
高级	5	不同的任务和问题	指导他人	应用
	6	最合适的任务	能在复杂的情境下适应他人	评估
高度专业化	7	解决那些解决方案有限的复杂问题	整合资源为专业实践贡献力量，并指导他人	创造
	8	解决有诸多因素相互作用的复杂问题	提出该领域新的想法和流程	创造

图 5-1 详细解释了本报告呈现能力的方式。

（1）能力领域（维度 1）及其能力标题和能力描述符（维度 2）在拉页的顶端进行阐述。

（2）拉页的上端显示了 2.1 版本（1 级、2 级等）的 8 种熟练程度（维度 3）的名称。同时，根据 DigComp 1.0 列出了级别（基础、中级等）。

（3）再往下，我们可以看到对与任务和问题的复杂程度、自主性水平相关的每种熟练程度的描述，以及学习成果方面的能力描述。每个黑点对应一个能力描述符，每个动作动词和关键字用粗体表示。

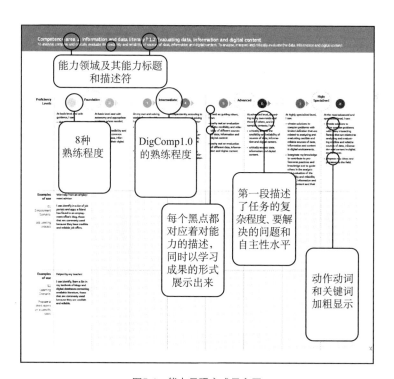

图5-1　能力呈现方式示意图

使用示例（维度 5）也已经更新，并在就业和学习两个使用领域进行了场景化阐释，这些阐释对 8 种熟练程度进行了说明，以帮助 DigComp 2.1 在未来的实现。

正如我们在本报告中所看到的，使用示例所示如下。

（1）包含了两个使用领域的熟练程度的例子：就业和学习。

（2）包含了每个能力领域和使用领域的场景，以便将示例置于语境之中。

（3）详细阐述了在每种熟练程度中两个领域的使用示例。在 DigComp 2.1 中，8 种级别的例子只在第一个能力（1.1）中提供，对于其他的能力，我们提供了每个级别和使用领域的例子[①]。

为了在相同的熟练程度等级中给出相同数量的例子，并且在不同级别中有相同数量的例子，我们遵循了级联策略：对于一个能力，我们为一个级别写例子，然后在下一个能力中，写下一个级别的例子，以此类推。例如，能力 1.1 和 1.2 有一个第 1 级别的例子，能力 1.3 则为第 2 级别的例子，能力 1.4 则为第 3 级别的例子，等等。

在拉页（能力 1.1）中，"使用示例"中显示的能力水平的进步、学习结果和实际应用已经变得更容易理解。

---

① 我们没有为所有的熟练程度提供例子，因为框架的本质是描述性的，目的是说明熟练程度。

3　能　力

本部分以四个维度的表格展示了 DigComp 2.1 的每种能力：维度 1（能力领域）、维度 2（能力标题和描述符）、维度 3（熟练程度）和维度 5（使用示例）。在此，我们提醒一下：DigComp 2.1 不包括维度 4（知识、技能和态度）。

1. 能力领域1：信息与数据素养

1.1 浏览、搜索和过滤数据、信息与数字内容

1.2 评价数据、信息和数字内容

1.3 管理数据、信息和数字内容

2. 能力领域2：沟通与协作

2.1 通过数字技术进行交互

2.2 通过数字技术共享

2.3 通过数字技术参与公民权

2.4 通过数字技术进行协作

2.5 网络礼仪

2.6 管理数字身份

3. 能力领域3：数字内容创建

3.1 开发数字内容

3.2 整合并重新阐释数字内容

3.3 版权和许可

3.4 编程

4. 能力领域4：安全

4.1 保护设备

4.2 保护个人数据和隐私

4.3 保护健康和福祉

4.4 保护环境

5. 能力领域5：问题解决

5.1 解决技术问题

5.2 确定需求和技术响应

5.3 创造性地使用数字技术

5.4 识别数字能力鸿沟

6	7　高度专业化	8
在高级水平上，根据自己和他人的需要，以及在复杂的环境下，我可以： • **评估信息需求**； • 在数字环境中**调整**我的搜索策略以找到最合适的数据、信息和内容； • **解释**如何访问这些最合适的数据、信息和内容，并在其中导航； • **多样化**个人搜索策略。	在高度专业化的水平上，我可以： • **创建解决方案**，以解决与浏览、搜索和过滤数据、信息和数字内容相关的、**不够明确的复杂问题**； • **整合**我的知识为专业实践和知识贡献力量，并指导他人浏览、搜索与过滤数据、信息和数字内容。	在最先进和专业的水平上，我可以： • **创建解决方案**，以解决与浏览、搜索和过滤数据、信息和数字内容相关的、**有诸多因素相互作用的复杂问题**； • **提出**该领域新的想法和流程。
我可以： 根据自己和朋友的求职需求来评估针对职位空缺最合适的工作门户。 找到适合我和朋友求职需求的求职应用，区分合适和不合适的应用程序，当我访问和浏览应用程序时，还可以区分弹出信息或垃圾信息。 向其他求职者解释我是如何进行这些搜索的，可以克服数字环境中出现的意外情况（垃圾邮件、不合适的求职入口、下载问题等），以便在我的智能手机上找到合适的工作机会。 分享我的求职技巧，包括最合适的关键词、招聘广告、博客应用程序和适应不同工作要求的门户网站等，并举例说明如何克服求职时的复杂情况（如找不到合适的招聘广告、虚假或旧的招聘广告）。	我可以创建一个数字协作平台（博客、维基百科等），根据自己的求职需求，其他求职者可以使用它来浏览和过滤工作门户与工作机会。	我可以创建新的应用程序或平台，根据求职者的需求来浏览、搜索和过滤工作门户及工作机会。

在高级水平上，根据自己和他人的需要，以及在复杂的环境下，我可以： • **评估**信息需求； • 在数字环境中**调整**我的搜索策略以找到最合适的数据、信息和内容； • **解释**如何访问这些最合适的数据、信息和内容，并在其中导航； • **多样化**个人搜索策略。	在高度专业化的水平上，我可以： • **创建解决方案**，以解决与浏览、搜索和过滤数据、信息和数字内容相关的、**不够明确的复杂**问题； • **整合**我的知识**为专业实践和知识贡献力量**，并指导他人浏览、搜索与过滤数据、信息和数字内容。	在最先进和专业的水平上，我可以： • **创建解决方案**，以解决与浏览、搜索和过滤数据、信息和数字内容相关的、**有诸多因素相互作用的复杂**问题； • **提出**该领域**新**的想法和流程。
我可以： 找到适合我和朋友需要的网站、博客和数字数据库，并在访问和浏览它们时区分合适与不合适的数字资源、弹出信息或垃圾邮件。 向我的老师解释我是如何进行这些搜索的，以及如何克服数字环境中出现的意外情况（如需要一个用户名来访问数字图书馆档案），以找到撰写报告所需的文献。 给出一些提示，强调我在网站、博客和数字数据库中寻找最合适文献的个人策略，包括我如何克服在这些数字资源中导航时出现的复杂性（如找不到足够的文献、垃圾数据）。	我可以在学校的数字化学习环境中创建一个数字化协作平台（博客、维基百科等），分享和过滤我发现的对报告主题有用的文献，指导我的同学写报告。	我可以开发一个新的应用程序或平台，用于浏览、搜索和过滤供课堂使用的学术主题的文献。

级

| 6 | 7 | 高度专业化 | 8 |

在高级水平上，根据自己和他人的需要，以及在复杂的环境下，我可以：

- 使信息、数据和数字内容的管理最便于检索与存储；
- 使信息、数据和数字内容在最合适的结构化环境中被组织与处理。

在高度专业化的水平上，我可以：

- 在结构化的数字环境中，**创建解决方案**，以解决与管理数据、信息和数字内容相关的、**不够明确的复杂问题**；
- **整合我的知识为专业实践和知识做出贡献**，并在结构化的数字环境中**指导**他人管理数据、信息和数字内容。

在最先进和专业的水平上，我可以：

- **创建解决方案**，以解决在结构化的数字环境中与管理数据、信息和数字内容相关的、**有诸多因素相互作用的复杂问题**；
- 提出该领域**新**的想法和流程。

6 · · · · · · · · 7 · · · · · 高度
专业化 · · · · · 8 · · · ·

在高级水平上，根据自己和他人的需要，以及在复杂的环境下，我可以：

- 采用各种数字技术进行最适当的互动；
- 在特定的语境下采用最合适的沟通方式。

在高度专业化的水平上，我可以：

- 通过数字技术和数字交流手段，创建解决方案，以解决与交互相关的、不够明确的复杂问题；
- 整合我的知识为专业实践和知识贡献力量，并通过数字技术在互动中指导他人。

在最先进和专业的水平上，我可以：

- 通过数字技术和数字交流手段，创建解决方案，以解决与互动相关的、有诸多因素相互作用的复杂问题；
- 提出该领域新的想法和流程。

第六部分

DigComp 2.2：
公民数字能力框架的
知识、技能与态度新示例

作者：莉娜·沃里卡莉

斯特凡诺·克鲁泽（Stefano Kluzer）

伊夫·帕尼

引言 / 262

致谢 / 264

1　概要 / 265

2　简介 / 267

3　公民数字能力框架 / 272

4　相关资源 / 316

5　其他框架 / 329

6　术语表 / 334

7　附件 / 340

参考文献 / 364

引 言

P r e f a c e

十多年来，DigComp 为欧盟及其他国家提供了关于什么是数字能力的共同理解，为制定数字技能政策提供了基础。人们已经深刻认识到，DigComp 是欧盟范围内发展和衡量数字能力的框架。

展望未来，DigComp 还将在实现欧盟的相关目标中发挥核心作用，这些目标涉及全体人口数字技能的提升和欧洲数字技能证书（European Digital Skills Certificate）的开发。在"欧洲数字十年的数字指南针"（the Digital Compass for Europe's Digital Decade）中，欧盟制定了雄心勃勃的政策目标，如：到2030 年，至少 80% 的人口具备基本的数字技能，ICT 专家数量达到 2000 万人。"欧洲社会权利支柱行动计划"（the European Pillar of Social Rights Action Plan）也采纳了第一个目标。

自采用以来，DigComp 为共同理解数字技能和制定政策提供了科学的、技术中立的基础。然而，数字领域的发展很快，自 2017 年最后一次更新框架以来发生了很多事情。更具体地说，人工智能、虚拟现实和增强现实、机器人化、物联网、数据化等新兴技术，错误信息和虚假信息等新现象，对公民数字素养提出许多新的、不断提升的要求。此外，人们也越来越需要解决与数字技术互动相关的绿色和可持续发展等问题。因此，目前的框架更新充分考虑到了公民面对这些发展时所需要的知识、技能和态度。

同样重要的是，在 DigComp 2.2 的更新过程中，我们咨询了非常广泛的利益相关者，包括专门为此目的建立的实践社区。此外，通过线上以及国际劳工组织（ILO）、联合国教科文组织、联合国儿童基金会（UNICEF）和世界银行（the World Bank）等主要国际机构的互动讲习班等方式进行了公开验证。对于取得持续的认可和成功的数字能力框架而言，这种广泛的利益相关者的参与和认同是至关重要的。

通过这次更新，我们的目标是保持 DigComp 与学习、工作、参与社会以及欧盟的决策和欧洲数字战略的相关性，包括"技能议程"（Skills Agenda）、"数字教育行动计划"（the Digital Education Action Plan）、"数字十年和数字指南针"（the Digital Decade and Compass）、欧洲社会权利支柱行动计划等。

曼纽拉·盖伦（Manuela Geleng）

欧盟委员会就业、社会事务与包容局职业与技能部门主任

米克尔·兰德巴索·阿尔瓦雷斯（Mikel Landabaso Alvarez）

欧盟委员会联合研究中心增长与创新理事会主任

致　　谢

Acknowledgements

　　一些人以不同的角色（如专家、贡献者、利益相关者）参与其中，他们的所有帮助都非常宝贵。虽然并不是所有的贡献都可以得到公开承认（如参与公共验证就是匿名进行的），但作者仍要非常感谢每一条意见、建议、编辑、每一项支持和有趣的讨论，这些都促成了我们最终产品的诞生。非常感谢您对DigComp框架的奉献和承诺！

1 概　要

1.1　政策背景

工作和生活中的数字技能是欧洲政策议程的重中之重。欧盟数字技能战略和相关政策举措的目的是提高数字技能与数字转化能力。2020 年 7 月 1 日的"欧洲技能议程"（European Skills Agenda）支持所有人发展数字技能，包括支持数字教育行动计划的目标，该计划的目标是：①提高数字技能和数字转化能力；②促进高性能数字教育系统的发展。"数字指南针"（The Digital ComPass）和"欧洲社会权利支柱行动计划"都制定了雄心勃勃的政策目标，如：到 2030 年，至少 80% 的人口具备基本的数字技能，ICT 专家数量达到 2000 万人。

1.2　DigComp 2.2更新

公民数字能力框架提供了一种通用语言来识别和描述数字能力的关键领域。它是欧盟范围内提高公民数字能力的工具，以帮助决策者制定支持数字能力建设的政策，提高特定目标群体数字能力的教育计划及培训举措。

本报告提出了公民数字能力框架的 2.2 版，包括知识、技能和态度的示例更新。此外，本报告还汇集了 DigComp 的关键参考文件，以支持其实现。

1.3　DigComp实施

2013 年至今，DigComp 已经被应用于多种用途，特别是应用于就业、教育和培训以及终身学习方面。

此外，DigComp 已在欧盟层面付诸实践，例如构建了一个欧洲范围的指标，称为"数字技能"，该指标被用于制定政策目标、监测数字经济和社会（the Digital Economy and Society，DESI）。另一个例子是被纳入"欧洲通行证"简历，使求职者能够评估自己的数字能力，并将评估体现在他们的简历中。

1.4 JRC的相关及未来工作

JRC与个人能力发展参考框架相关的工作包括欧洲公民创业能力框架，个人、社会和学会学习能力框架（Personal, Social and Learning to Learn competence framework，LifeComp）以及可持续发展的绿色框架（GreenComp for Sustainable Development）。此外，欧洲教育工作者数字能力框架支持专业背景下的数字能力建设，欧洲教育机构数字能力框架支持教育机构内部的能力建设。

1.5 快速指南

本报告包括两个主要部分，介绍了 DigComp 2.2 的整合框架，突出了知识、技能和态度的新示例。这些示例展示了新的重点领域，旨在帮助公民自信、批判性且安全地参与日常数字技术以及人工智能驱动的系统等新兴技术。

每个能力都有 10 ～ 15 个示例，用于激励教育和培训提供者更新他们的课程与课程材料，以面对今天的挑战。给出这些例子的目的并不是给出一个能力所需内容的详细列表。

收集了 DigComp 的关键参考文件，包括自我反思和监测数字能力发展的工具，以及帮助在工作或国际层面等不同环境中实现 DigComp 的参考性指南和报告。重要的是，本报告还简要介绍了 DigComp 在各国的翻译和适应性改编情况，包括对 ESCO 分类的参考。

2 简 介

本报告介绍了公民数字能力框架 2.2 的更新。它还作为 DigComp 框架的完整参考资料，整合了以前发布的出版物和用户指南。

数字能力是终身学习的关键能力之一。它于 2006 年被首次定义，2018 年理事会建议进行更新后，其内容如下：

数字能力包括自信、批判性和负责任地沟通和协作、使用和参与数字技术，用于学习、工作和参与社会。它包括信息和数据素养、媒介素养、数字内容创建（包括编程）、安全（包括数字福祉和与网络安全相关的能力）、知识产权相关问题、问题解决和批判性思维。（Council Recommendation on Key Competences for Lifelong Learning, 22 May 2018, ST 9009 2018 INIT）。

能力是知识、技能和态度的组合，换言之，其由概念和事实（即知识）、技能描述（如执行过程的能力）和态度（如性格、行动的心态）组成（见专栏 6-1）。关键能力在人的一生中不断发展。

根据 2006 年委员会的建议，2010 年开始数字能力的工作。2013 年，第一个 DigComp 参考框架将数字能力定义为 5 个主要领域的 21 个能力的组合。自 2016 年以来，这 5 个领域为：信息与数据素养、沟通与协作、数字内容创建、安全和问题解决。

专栏 6-1　DigComp 框架维度 4 以一种简单的方式概述了知识、技能和态度的示例

知识

指的是通过学习吸收信息的产出。

知识是与某一工作或研究领域相关的事实、原则、理论和实践等的集合体。

 → 在 DigComp 2.2 中，知识示例遵循以下措辞：了解……；知道……；理解……

技能

指运用知识和诀窍完成任务与解决问题的能力。在欧洲资格框架的背景下，技能被描述为认知（包括逻辑、直觉和创造性思维的使用）或实践（包括动手能力和方法，材料、工具与仪器的使用）。

 → 在 DigComp 2.2 中，技能示例遵循以下措辞：知道如何做……；能够做……；搜索……

态度

被认为是行为的动力，是保持行为能力的基础，包括价值观、愿望和优先事项。

 → 在 DigComp 2.2 中，态度示例遵循以下措辞：对……持开放态度，对……感到好奇，权衡……的利益和风险，等等。

DigComp 框架等参考框架创造了一个一致的愿景，即要克服现代生活几乎所有方面的数字化带来的挑战需要哪些能力。其目的是使用一个共识性的词汇来建立一种共同的理解，然后可以一致地应用于从政策制定、目标设定到教学规划、评估和监测的所有任务。最终，在面向目标群体的特定需要定制干预措施（如课程开发）时，用户、机构、中介或行动开发者可以调整参考框架以适应其需求。

2.1　本次更新有什么新内容？

DigComp 2.2 更新的重点是"适用于每个能力的知识、技能和态度示例"（维度 4）。对于 21 个能力中的每一个能力都给出了 10 ～ 15 项陈述，以详细说明能突出当代主题的及时且最新的例子。因此，更新并不会改变概念参考模型的描述符（图 6-1），也不会改变对熟练程度的描述方式（维度 3）。同样，维度 5 中呈现的例子保持不变。

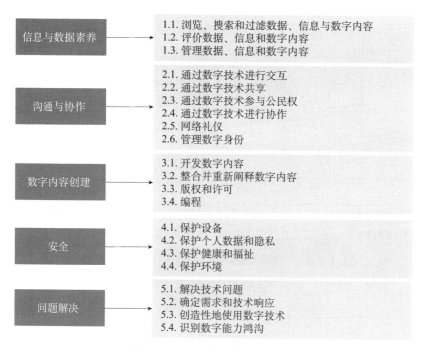

图6-1　DigComp概念参考模型

250 多个示例突出了自上次更新以来出现的新主题。新的例子将会很有用，尤其是对于那些负责课程规划和更新的人，以及那些开发 DigComp 培训大纲或课程内容的人来说。他们可以用这些例子来阐述与当今社会相关的主题，其中一些诸如：

- 与信息和媒体素养有关的社交媒体、新闻网站中的错误信息与虚假信息（例如，对信息及其来源、假新闻、深度造假进行事实核查）。

- 互联网服务和应用程序的数据化趋势（例如，关注个人数据如何被利用）。

- 与人工智能系统互动的公民（包括与数据相关的技能、数据保护和隐私，以及伦理的考虑）。
- 物联网（IoT）等新兴技术。
- 环境可持续性问题（如 ICT 消耗的资源）。
- 新涌现出的环境（如远程工作和混合工作）。

正如"示例"一词本身所解释的那样，这些新的陈述并不代表能力本身所包含的全部内容。因此，有必要强调的是，首先，新 DigComp 关于知识、技能和态度的示例不应该被视为一套期望所有公民都能获得的学习结果。但可以利用它们作为基础，对学习目标、内容、学习经验及其评估进行明确的描述，尽管这需要更多的教学计划和实施。

其次，这些示例不是按照熟练程度开发的。即使人们可以观察到它们在复杂性上的一些异质性和差异（一些示例可能专注于非常初级的新知识，而另一些示例可以说明更复杂的任务），但这并不意味着它们是衡量进步的工具。对于每个能力，维度 3 概述了 8 个熟练程度。

最后，知识、技能和态度的新示例并不是一种评估工具或个人对自己能力发展的自我反思工具。

2.2 关键能力之间的相互联系

关于终身学习关键能力的建议确定了公民实现个人成就、健康和可持续的生活方式、就业能力、积极的公民身份和社会包容必不可少的关键能力（图 6-2）。

所有关键能力都是相辅相成、相互联系的。换言之，某个领域至关重要的能力将支持另一个领域的能力发展。数字能力与其他关键能力之间也是如此。下面重点介绍了一些重要的相互联系，虽然不是详尽无遗的，但能让人们更多地关注数字环境中可能遇到的这种互补性。

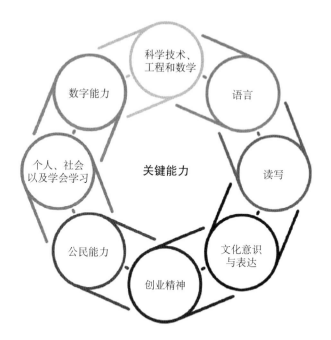

图6-2　数字能力是终身学习关键能力框架的一部分且与其他能力相互关联

例如，在纸上或屏幕上阅读时，读写能力的某些方面是需要的。根据终身学习的关键能力建议，读写能力包括"区分和使用不同类型来源的能力，搜索、收集和处理信息的能力"。在评估在线内容及其来源时需要这些技能，在当今媒体丰富的环境中，这种能力也是信息素养不可或缺的一部分（DigComp能力 1.2）。

另外，DigComp 能力定义了通过数字技术参与公民权（DigComp 能力 2.3）。公民权能力本身在关键能力中被定义为"作为负责任的公民并充分参与公民和社会生活的能力"。新的示例试图通过强调知识、技能和态度来说明这两个主题的互补关系。

此外，公民权能力还与媒介素养相联系，媒介素养被概述为"对传统及新媒体形式的获取、批判性理解及互动的能力，以及对媒体在民主社会中的作用和功能的理解"。因此，可以说，媒介素养是 2018 年数字能力定义中新增的一个主题，它是公民权和数字能力之间的互联。

在 DigComp 的更新中，对个人、社会和学习能力的引用也很多，如管理自己的学习和职业（DigComp 能力 5.4）和支持个人的身心健康（DigComp 能力 4.3）。

创业能力的目标是在当今世界创造价值。一方面，创业能力与数字能力配对，尤其是与创造性地使用数字技术（Digcomp 能力 5.3）配对，可以帮助将想法或创意转化为自己和他人的价值。另一方面，网络礼仪（DigComp 能力 2.5）借鉴了关键能力——文化意识和表达，也借鉴了多语言能力（multilingualism，不同语言在社会或个人层面的共存）和多语制能力（plurilingualism，个体用户／学习者动态发展的语言技能），在欧洲语言共同参考框架中对这两者有所区分。

本次更新中提出的新示例旨在更多地关注这些互联可能在数字环境中遇到的情况（上面突出显示的互联并不是详尽无遗的）。

3 公民数字能力框架

在 DigComp 中，5 个能力领域概述了数字能力的能力需要，即信息与数字素养、沟通与协作、数字内容创建、安全以及问题解决。

前三个领域涉及的能力可以追溯到特定的活动和用途。领域 4（"安全"）和领域 5（"问题解决"）则是横向的，因为它们适用于以数字形式开展的所有类型的活动。尤其是"问题解决"的要素存在于所有能力之中，但它又是一个需要被定义的特定领域，以强调其对于技术应用及数字实践的重要性。

信息与数据素养
- 阐明信息需求，定位及检索数字数据、信息和内容
- 判断来源及其内容的相关性
- 存储、管理和组织数字数据、信息和内容

沟通与协作
- 利用数字技术互动交流与协作，同时考虑文化和代际多样性
- 通过公共和私人数字服务参与社会及公民权
- 管理个人的数字呈现、身份与声誉

数字内容创建
- 创建及编辑数字内容
- 优化及整合信息和内容至现有知识体系中，同时了解知识产权及许可是如何应用的
- 知道如何向一个计算系统给出可理解的指令

安全
- 在数字环境中保护设备、内容、个人数据及隐私
- 保护身心健康，并了解增加社会福祉和社会包容的数字技术
- 了解数字技术及其使用对环境的影响

问题解决
- 明确需求和问题，并解决数字环境中的概念问题和问题情境
- 使用数字工具创新流程和产品
- 紧跟数字时代的发展

图6-3 DigComp领域（维度1）

3.1 整合的DigComp 2.2 框架

本节详细介绍 DigComp 2.2 更新。在这个图形布局中，一个能力及其所有 5 个维度横跨两个页面呈现。

3.2 阅读指南

许多图形表示被用来增加可读性，具体解释见图 6-4。

小圆点用来介绍新的维度4，有助于读者快速发现新的更新部分。

对于维度5，一个虚线箭头描述了示例与其熟练程度之间的联系。因为每个级别和能力只给出一个例子，一般来说，维度5使用的是"级联"策略：能力1.2中有第1级的例子，能力1.3中有第2级的例子，能力2.1则为第3级示例，以此类推。

这里展示的是每种能力领域（维度1）以及这一领域的所有能力（维度2）

人工智能、远程工作以及数字可访问性示例以（AI）、（RW）、（DA）的形式加以强调。

这里展示的是熟练程度（维度3）。

图形符号被用来作为知识、技能和态度的示例：书代表知识，自行车代表技能，心代表态度。

图6-4 DigComp 2.2 的相关描述页面展示

维度 1 能力领域

1. 信息与数据素养

维度 2 能力

1.1 浏览、搜索和过滤数据、信息与数字内容

阐明信息需求，在数字环境中搜索数据、信息和内容，访问它们并在它们之间导航。创建和更新个人搜索策略。

维度 3 熟练程度

基础	1	在基础层面，在指导下，我可以：	• 确定我的信息需求； • 在数字环境中通过简单的搜索找到数据、信息和内容； • 找到如何访问这些数据、信息和内容，并在它们之间导航； • 确定简单的个人搜索策略。
	2	在基础层面，在需要的时候，以自主性和适当的指导，我可以：	• 确定我的信息需求； • 在数字环境中通过简单的搜索找到数据、信息和内容； • 找到如何访问这些数据、信息和内容，并在它们之间导航； • 确定简单的个人搜索策略。
中级	3	依靠自己解决简单的问题，我可以：	• 解释我的信息需求； • 在数字环境中执行明确和常规的搜索以查找数据、信息与内容； • 解释如何访问它们并在它们之间导航； • 解释明确的和常规的个人搜索策略。
	4	根据自己的需要，独立地解决明确的非常规问题，我可以：	• 说明信息需求； • 在数字环境中组织数据、信息和内容的搜索； • 描述如何访问这些数据、信息和内容，并在它们之间进行导航； • 组织个人搜索策略。
高级	5	在指导他人的同时，我可以：	• 响应信息需求； • 在数字环境中应用搜索获取数据、信息和内容； • 展示如何访问这些数据、信息和内容，并在它们之间导航； • 提出个人搜索策略。
	6	在高级水平上，根据自己和他人的需要，以及在复杂的环境下，我可以：	• 评估信息需求； • 在数字环境中调整我的搜索策略以找到最合适的数据、信息和内容； • 解释如何访问这些最合适的数据、信息和内容，并在其中导航； • 多样化个人搜索策略。
高度专业化	7	在高度专业化的水平上，我可以：	• 创建解决方案，以解决与浏览、搜索和过滤数据、信息和数字内容相关的、不够明确的复杂问题； • 整合我的知识为专业实践和知识贡献力量，并指导他人浏览、搜索和过滤数据、信息与数字内容。
	8	在最先进和专业的水平上，我可以：	• 创建解决方案，以解决与浏览、搜索和过滤数据、信息及数字内容相关的、有诸多因素相互作用的复杂问题； • 提出该领域新的想法和流程。

维度 4　知识、技能与态度示例

1.2

知识

1. 知道搜索结果中的一些在线内容可能不是开放访问或免费提供的，可能需要付费或注册服务才能访问它。
2. 意识到：用户可以免费获得的在线内容通常是通过广告或出售用户数据来支付的。
3. 意识到搜索结果、社交媒体活动流和互联网上的内容推荐受到一系列因素的影响，包括使用的搜索词、语境（如地理位置）、设备（如笔记本电脑或移动电话）、当地法规（有时规定哪些内容可以显示或不能显示）、其他用户的行为（如趋势搜索或推荐）以及用户过去在互联网上的在线行为，等等。
4. 意识到搜索引擎、社交媒体和内容平台经常使用 AI 算法来生成适合个人用户的响应（如用户持续看到类似的结果或内容）。这通常被称为"个性化"。（AI）
5. 意识到人工智能算法的工作方式通常不可见或不易于被用户理解。这通常被称为"黑箱"决策，因为它可能无法追溯算法是如何以及为何会提出具体建议或预测的。（AI）

技能

6. 可以选择最能满足自己信息需求的搜索引擎，因为即使是相同的查询，不同的搜索引擎也可以提供不同的结果。
7. 知道如何使用搜索引擎的高级功能来改善搜索结果（如指定确切的短语、语言、地区、最近更新的日期）。
8. 当与会话代理或智能音箱（如 Siri、Alexa、Cortana、谷歌助手）交互时，知道如何制定搜索查询来实现所需的输出。例如，认识到为了系统能够根据需要做出响应，查询必须是明确的和清晰的。（AI）
9. 可以利用以超链接、非文本形式（如流程图、知识图）和动态表现形式（如数据）等表示的信息。
10. 为个人目的（如浏览最受欢迎的电影名单）及专业目的（如寻找合适的招聘广告）发展有效的搜寻方法。
11. 通过调整个人搜索方法和策略，知道如何处理信息过载和"信息疫情（infodemic）"（即在疾病暴发期间虚假或误导信息的增加）。

态度

12. 在访问和浏览信息、数据与内容时，有意地避免分散注意力并尽量避免信息过载。
13. 重视旨在保护用户搜索隐私和其他权利的工具（如 DuckDuckGo 等浏览器）。
14. 权衡使用人工智能驱动的搜索引擎的利弊（例如，虽然它们可以帮助用户找到所需的信息，但它们可能会泄露隐私和个人数据，或使用户受到商业利益的影响）。（AI）
15. 关注到，许多在线信息和内容可能不为残障人士所知，例如依赖屏幕阅读器技术朗读网页内容的用户。（DA）

维度 5・使用示例

基础　　1

就业场景：求职

在就业顾问的帮助下，我可以：

- 从列表中找出那些可以帮助我找工作的工作入口；
- 在智能手机的应用程序商店中找到这些工作入口，并在它们之间进行访问和导航；
- 从求职博客上的求职通用关键词列表中找出对我有用的关键词。

学习场景：准备一个特定主题的短报告

在老师的帮助下，我可以：

- 从我的数字教科书列表中识别网站、博客和数字数据库，以寻找报告主题的文献；
- 在这些网站、博客和数字数据库中找到与报告主题相关的文献，并访问和浏览它们；
- 使用我的数字教科书中提供的通用关键字和标签列表，确定那些对查找报告主题的文献有用的关键字和标签。

维度 3　熟练程度

维度 1　能力领域

1. 信息与数据素养

维度 2　能力

1.2 评价数据、信息和数字内容

分析、比较与批判性评价数据、信息和数字内容来源的可信度及可靠性。分析、解释与批判性评价数据、信息和数字内容。

基础	1	在基础层面，在指导下，我可以：	• 检测数据、信息及其数字内容的共同来源的可信度和可靠性。
	2	在基础层面，在需要的时候，以自主性和适当的指导，我可以：	• 检测数据、信息及其数字内容的共同来源的可信度和可靠性。
中级	3	依靠自己解决简单的问题，我可以：	• 分析、比较和评估明确的数据、信息和数字内容来源的可信度及可靠性； • 分析、解释与评估明确的数据、信息和数字内容。
	4	根据自己的需要，独立地解决明确的非常规问题，我可以：	• 分析、比较和评估数据、信息和数字内容来源； • 分析、解释与评估数据、信息和数字内容。
高级	5	在指导他人的同时，我可以：	• 评估不同来源的数据、信息和数字内容的可信度与可靠性； • 评估不同的数据、信息和数字内容。
	6	在高级水平上，根据自己和他人的需要，以及在复杂的环境下，我可以：	• 批判性地评估数据、信息和数字内容来源的可信度与可靠性； • 批判性地评估数据、信息和数字内容。
高度专业化	7	在高度专业化的水平上，我可以：	• 为复杂问题提供解决方案，以解决数字环境中与分析和评估数据、信息和内容来源的可靠性相关的、不够明确的复杂问题； • 整合我的知识为专业实践和知识贡献力量，并指导他人分析和评估数据、信息和数字内容及其来源的可信度与可靠性。
	8	在最先进和专业的水平上，我可以：	• 创建解决方案，以解决与数字环境中分析与评估数据、信息和内容来源的可信度及可靠性相关的、有诸多因素相互作用的复杂问题； • 提出该领域新的想法和流程。

维度 4　知识、技能与态度示例

2.2

知
识

16. 知道网络环境包含各种类型的信息和内容，包括错误信息和虚假信息，即使一个话题被广泛报道，也不一定意味着它就是准确的。

17. 理解虚假信息（disinformation，意图欺骗他人的虚假信息）和错误信息（misinformation，并非有意欺骗或误导他人的虚假信息）之间的区别。

18. 了解确定互联网（如社交媒体）上找到的信息背后的人非常重要，并通过检查多个来源来验证它，以帮助识别和理解特定信息和数据来源背后的观点或偏见。

19. 意识到各种因素（如数据、算法、编辑选择、审查、个人限制）导致的潜在信息偏见。

20. 知道"深度造假"指的是那些并没有真正发生，而是由人工智能生成的图像、视频或音频来记录的事件或人物，它们可能无法与真实情况区分开来。（AI）

21. 意识到 AI 算法可能不会被配置为只提供用户想要的信息，它们也可能包含商业或政治信息（例如，鼓励用户留在网站上观看或购买特定的东西、分享特定的意见）。这也会产生负面后果（如重复刻板印象、分享错误信息）。（AI）

22. 意识到人工智能所依赖的数据可能包含偏见。如果是这样，这些偏见可能会被自动化，并因人工智能的使用而恶化。例如，关于职业的搜索结果可能包含对男性或女性工作的刻板印象（如男性公交司机、女性销售人员）。（AI）

技
能

23. 在基于文本的搜索和音频搜索中，要仔细考虑排名靠前的 / 第一个搜索结果，因为它们可能反映的是商业和其他利益，而不是最适合查询的结果。

24. 知道如何将赞助内容与其他在线内容区分开来（如识别社交媒体或搜索引擎上的广告和营销信息），即使它没有被标记为赞助内容。

25. 知道如何分析和批判性地评估搜索结果与社交媒体活动流，识别其来源，区分事实报道和意见，并确定输出的结果是否真实或有其他局限性（如经济、政治等）。

26. 知道如何找到作者或信息的来源，以验证其是否可信（如相关学科的专家或权威）。

27. 能够认识到，一些人工智能算法可能通过创建回音室或过滤气泡来强化数字环境中现有的观点（例如，如果一个社交媒体流支持特定的政治意识形态，附加的建议可以强化该意识形态，而不是将其暴露给反对的论点）。（AI）

态
度

28. 倾向于提出批判性问题，以评估网络信息的质量，关注传播及放大虚假信息背后的目的。

29. 愿意对某一信息进行事实核查，并评估其准确性、可靠性和权威性，在可能的情况下，更喜欢一手来源而不是二手来源。

30. 在点击链接之前仔细考虑可能的结果。一些链接（如引人瞩目的标题）可能是"标题诱饵"，将用户带到赞助或不想要的内容。

维度 5 · 使用示例

基础　　　　　　1

就业场景：求职

在就业顾问的帮助下，我可以：

- 从一个朋友在求职网站办公室的博客上找到的求职网站和应用程序列表中找出那些常用的，因为它们有可信和可靠的工作机会。

学习场景：准备一个特定主题的短报告

在老师的帮助下，我可以：

- 从我的博客教科书和包含可用文献的数字数据库列表中找出那些常用的，因为它们是可信和可靠的。

277

维度 3　熟练程度

维度 1　能力领域

1. 信息与数据素养

维度 2　能力

1.3 管理数据、信息和数字内容

在数字环境中组织、存储与检索数据、信息和内容。在结构化的环境中组织和处理它们。

	熟练程度		
基础	1	在基础层面，在指导下，我可以：	• 确定如何在数字环境中以简单的方式组织、存储与检索数据、信息和数字内容； • 认识到如何在结构化的环境中用简单的方式组织数据、信息和数字内容。
	2	在基础层面，在需要的时候，以自主性和适当的指导，我可以：	• 确定如何在数字环境中以简单的方式组织、存储与检索数据、信息和数字内容； • 认识到如何在结构化的环境中用简单的方式组织数据、信息和数字内容。
中级	3	依靠自己解决简单的问题，我可以：	• 选择数据、信息和数字内容，以在数字环境中以常规的方式组织、存储与检索； • 在结构化的环境中以常规的方式组织数据、信息和数字内容。
	4	根据自己的需要，独立地解决明确的非常规问题，我可以：	• 组织信息、数据和数字内容，以便于存储与检索； • 在结构化的环境中组织信息、数据和数字内容。
高级	5	在指导他人的同时，我可以：	• 操作信息、数据和数字内容，使其更容易组织、存储和检索； • 在结构化的环境中进行组织和处理。
	6	在高级水平上，根据自己和他人的需要，以及在复杂的环境下，我可以：	• 使信息、数据和数字内容的管理最便于检索与存储； • 使信息、数据和数字内容在最合适的结构化环境中被组织与处理。
高度专业化	7	在高度专业化的水平上，我可以：	• 在结构化的数字环境中，创建解决方案，以解决与管理数据、信息和数字内容相关的、不够明确的复杂问题； • 整合我的知识为专业实践和知识贡献力量，并在结构化的数字环境中指导他人管理数据、信息和数字内容。
	8	在最先进和专业的水平上，我可以：	• 创建解决方案，以解决在结构化的数字环境中与管理数据、信息和数字内容相关的、有诸多因素相互作用的复杂问题； • 提出该领域新的想法和流程。

维度 4 知识、技能与态度示例

1.2

维度 5·使用示例

基础 2

知识

31. 意识到互联网和移动电话上的许多应用程序可以用来收集与处理用户可以访问或检索的数据（个人数据、行为数据和背景数据）。例如，用来监控他们的在线活动（在社交媒体上的点击、在谷歌上的搜索等）和离线活动（每天的步数、乘坐的公共交通工具等）。

32. 意识到由程序处理的数据（如数字、文本、图像、声音）必须首先被正确地数字化（即数字编码）。

33. 了解在线系统收集和处理的数据可用于识别新数据（如其他图像、声音、鼠标点击、在线行为）中的模式（如重复），从而进一步优化和个性化在线服务（如广告）。

34. 意识到在许多数字技术和应用程序（如面部跟踪摄像头、虚拟助手、可穿戴技术、移动电话、智能设备）中使用的传感器会自动生成包括个人数据在内的大量数据，可用于训练 AI 系统。（AI）

35. 了解开放数据存储库的存在，在那里任何人都可以获得数据以支持某些解决问题的活动（例如，公民可以使用开放数据生成专题地图或其他数字内容）。

技能

36. 知道如何使用基本工具收集数字数据（如在线表格），并以一种可访问的方式呈现它们（如使用表格标题）。

37. 能够将基本的统计程序应用于结构化环境中的数据（如电子表格），以生成图形和其他可视化（如直方图、柱状图、饼图）。

38. 知道如何与动态数据可视化交互，并能操作感兴趣的动态图表（如由欧盟统计局、相关政府网站提供的图表）。

39. 能够区分最适合使用的各类存储位置（本地设备、本地网络、云）（例如，云上的数据随时随地都是可用的，但对访问时间有影响）。

40. 能够使用数据工具（如数据库、数据挖掘、分析软件）来管理和组织复杂的信息，以支持决策和解决问题。

态度

41. 当操纵和呈现数据以确保可靠性时，考虑透明度，并发现带有潜在动机（如不道德、利润、操纵）或以误导的方式表达的数据。

42. 在评估复杂的数据表示（如表格或可视化数据）时要注意准确性，因为它们可能会通过给人错误的客观感觉来误导人的判断。

就业场景：求职

在家里，有我随时可以根据需要寻求咨询的姐姐在，我可以：

• 确定如何以及从哪里在智能手机的求职应用程序中组织和跟踪招聘广告，以便在我找工作时能检索到它们。

学习场景：准备一个特定主题的短报告

在教室里，有我随时可以根据需要寻求咨询的老师在，我可以：

• 在平板电脑上找到一个应用程序来整理和存储与某一特定文献主题相关的网站、博客和数字数据库的链接，并在我的报告需要时使用它来检索这些链接。

维度 3　熟练程度

维度 1　能力领域

2. 沟通与协作

维度 2　能力

2.1 通过数字技术
　　进行交互

通过各种数字技术进行交互，并了解针对特定环境的适当数字沟通手段。

基础	1	在基础层面，在指导下，我可以：	• 选择简单的数字技术进行交互； • 在特定的语境下，确定适当的简单沟通方式。
	2	在基础层面，在需要的时候，以自主性和适当的指导，我可以：	• 选择简单的数字技术进行交互； • 在特定的语境下，确定适当的简单沟通方式。
中级	3	依靠自己解决简单的问题，我可以：	• 与数字技术进行明确的常规交互； • 在特定的语境下，选择明确的、常规的、适当的数字沟通手段。
	4	根据自己的需要，独立地解决明确的非常规问题，我可以：	• 选择多种数字技术进行交互； • 在特定的语境下选择各种适当的数字沟通手段。
高级	5	在指导他人的同时，我可以：	• 使用各种数字技术进行互动； • 在特定的语境下，向他人展示最合适的数字沟通方式。
	6	在高级水平上，根据自己和他人的需要，以及在复杂的环境下，我可以：	• 采用各种数字技术进行最适当的互动； • 在特定的语境下采用最合适的沟通方式。
高度专业化	7	在高度专业化的水平上，我可以：	• 通过数字技术和数字交流手段，创建解决方案，以解决与交互相关的、不够明确的复杂问题； • 整合我的知识为专业实践和知识贡献力量，并通过数字技术在互动中指导他人。
	8	在最先进和专业的水平上，我可以：	• 通过数字技术和数字交流手段，创建解决方案，以解决与互动相关的、有诸多因素相互作用的复杂问题； • 提出该领域新的想法和流程。

维度 4　知识、技能与态度示例	维度 5·使用示例

2.2

知识

43. 知道许多通信服务（如即时通信）和社交媒体是免费的，因为它们的部分费用是由广告和用户数据盈利支付的。

44. 意识到许多通信服务和数字环境（如社交媒体）使用刺激、游戏化和操纵等机制来影响用户行为。

45. 根据受众、语境和沟通目的，了解特定情况下（如同步、异步）哪些沟通工具和服务（如电话、电子邮件、视频会议、社交网络、播客）是合适的。注意到一些工具和服务也提供可访问性声明。（DA）

46. 意识到需要在数字环境中制定信息，以便目标受众或接收者容易理解。

就业场景：组织一场活动

依靠自己，我可以：

· 使用智能手机上的企业电子邮件账户应用程序与参与者和其他同事互动，以便为我的公司组织一场活动。

· 选择电子邮件套件中的可用选项来组织活动，比如发送日历邀请。

· 解决问题，如面对一个错误的电子邮件地址时如何应对。

技能

47. 知道如何使用各种视频会议功能（如主持会议、录制音频和视频）。

48. 能够使用数字工具在异步（非同步）模式下实现有效的沟通（如撰写报告和简报、分享想法、提供反馈和建议、安排会议、掌握沟通的关键节点）。（RW）

49. 知道如何使用数字工具与同事进行非正式沟通，以发展和维护社会关系（如重现像面对面喝咖啡休息时的对话）。（RW）

50. 知道如何识别标志，表明一个人是在与人类交流还是基于人工智能的对话代理（例如，当使用基于文本或基于语音的聊天机器人时）。（AI）

51. 能够与 AI 系统互动并给予反馈（例如，通过给用户评分、喜欢、标签在线内容），以影响它下一步的推荐（例如，获得更多用户之前喜欢的类似电影的推荐）。（AI）

52. 考虑平衡异步和同步通信活动的需要（例如，尽量减少视频会议带来的疲劳感，尊重同事的时间和首选的工作时间）。

学习场景：和同学一起准备小组作业

依靠自己，我可以：

· 用智能手机上常用的聊天工具（如 Facebook Messenger 或 WhatsApp）和同学们聊天，组织小组活动。

· 在课堂平板电脑上选择其他数字交流方式（如我的课堂论坛），这可能对谈论组织小组工作的细节很有用。

· 解决添加或删除聊天群成员等问题。

态度

53. 无论是在个人还是社交场合，都愿意倾听他人，并自信、清晰、互惠地参与在线对话。

54. 对人工智能系统持开放态度，支持人类根据其目标做出明智的决定（例如，用户主动决定是否根据建议采取行动）。（AI）

55. 愿意根据情况和数字工具调整适当的沟通策略——口头策略（书面语言、口头语言），非口头策略（肢体语言、面部表情、语音语调），视觉策略（标志、图标、插图）或混合策略。

维度 1　能力领域

2. 沟通与协作

维度 2　能力

2.2 通过数字技术
　　共享

通过适当的数字技术
与他人共享数据、信
息和数字内容。扮演
中介角色，了解引用
和归因实践。

维度 3　熟练程度

基础	1	在基础层面，在指导下，我可以：	• 识别简单合适的数字技术，以共享数据、信息和数字内容； • 识别简单的引用和归因实践。
	2	在基础层面，在需要的时候，以自主性和适当的指导，我可以：	• 识别简单合适的数字技术，以共享数据、信息和数字内容； • 识别简单的引用和归因实践。
中级	3	依靠自己解决简单的问题，我可以：	• 选择明确、常规的适当数字技术来共享数据、信息和数字内容； • 解释如何通过明确、常规的数字技术作为共享信息和数字内容的中介； • 说明明确的与常规的引用和归因实践。
	4	根据自己的需要，独立地解决明确的非常规问题，我可以：	• 运用适当的数字技术共享数据、信息和数字内容； • 解释如何做一个通过数字技术共享信息和数字内容的中介； • 说明引用和归因实践。
高级	5	在指导他人的同时，我可以：	• 通过各种适当的数字工具共享数据、信息和数字内容； • 向他人展示如何充当通过数字技术共享信息和数字内容的中介； • 应用各种引用和归因实践。
	6	在高级水平上，根据我自己和他人的需要，以及在复杂的环境下，我可以：	• 评估最适合共享信息和内容的数字技术； • 适应我的中介角色； • 使用更适当的引用和归因实践。
高度专业化	7	在高度专业化的水平上，我可以：	• 创建解决方案，以解决与数字技术共享相关的、不够明确的复杂问题； • 整合我的知识为专业实践和知识贡献力量，并通过数字技术指导他人分享。
	8	在最先进和专业的水平上，我可以：	• 创建解决方案，以解决与数字技术共享相关的、有诸多因素相互作用的复杂问题； • 提出该领域新的想法和流程。

维度 4　知识、技能与态度示例	维度 5·使用示例

2.2

知识	56. 意识到人们在网上公开分享的所有东西（如图像、视频、音频）都可以用来训练人工智能系统。例如，开发 AI 面部识别系统的商业软件公司可以使用网上分享的个人图像（如家庭照片）来训练和提高软件自动识别其他图像中的那些人的能力，而这可能是不可取的（如可能违反隐私）。（AI）
	57. 了解在线主持人的角色和职责，以组织和指导讨论组（例如，如何在数字环境中共享信息和数字内容时充当中介）。

技能	58. 知道如何跨多个设备（如从智能手机到云服务）分享数字内容（如图片）。
	59. 知道如何分享和显示来自自己设备的信息（如显示来自笔记本电脑的图表），以支持实时在线会话（如视频会议）中传递的信息。（RW）
	60. 能够选择和限制分享内容的对象（例如，只允许社交媒体上的朋友访问，只允许同事阅读和评论文本）。
	61. 懂得如何在内容分享平台上策划内容，从而为自己和他人增值（如分享音乐播放列表、分享在线服务评论等）。
	62. 知道如何向分享内容的原始来源和作者致谢。
	63. 知道如何向事实核查组织和社交媒体平台标记或报告虚假信息和不实信息，以阻止其传播。

态度	64. 愿意在互联网上分享专业知识，如通过介入在线论坛、为维基百科做贡献或通过创建开放教育资源等。
	65. 对分享可能对他人有趣和有用的数字内容持开放态度。
	66. 如果不能以适当的方式引用作者或来源，则倾向于不共享数字资源。

维度 5·使用示例

中级　4

就业场景：组织一场活动

- 我可以使用公司的数字存储系统共享活动日程以及我在个人电脑上创建的参与者名单。
- 我可以在同事的智能手机上展示如何使用公司的数字存储系统访问和分享议程。
- 我可以在领导的平板电脑上展示我用来设计活动日程的数字资源。
- 当我在做这些事情时，我可以回应任何问题，比如与参与者分享议程时出现的意外问题。

学习场景：和同学一起准备小组作业

- 我可以使用基于云的存储系统(如 Dropbox、Google Drive)与我所在小组的其他成员分享资料。
- 我可以用课堂上的笔记本电脑向小组其他成员解释我是如何在数字存储系统中共享资料的。
- 我可以在老师的平板电脑上展示我用来准备小组作业资料的数字资源。
- 当我在做这些事情时，我可以解决任何可能出现的问题，如解决与我的小组其他成员存储或共享资料等问题。

维度 3　熟练程度

维度 1　能力领域

2. 沟通与协作

维度 2　能力

2.3　通过数字技术参与公民权

通过使用公共和私人数字服务参与社会，通过适当的数字技术寻求自我赋权和公民参与的机会。

基础	1　在基础层面，在指导下，我可以：	• 识别简单的数字服务，以参与社会； • 认识到简单的适当的数字技术，以增强自己的能力，并作为公民参与社会。
	2　在基础层面，在需要的时候，以自主性和适当的指导，我可以：	• 识别简单的数字服务，以参与社会； • 认识到简单的适当的数字技术，以增强自己的能力，并作为公民参与社会。
中级	3　依靠自己解决简单的问题，我可以：	• 选择明确的常规数字服务，以参与社会； • 指出明确的、常规的、适当的数字技术，以增强自己的能力，并作为公民参与社会。
	4　根据自己的需要，独立地解决明确的非常规问题，我可以：	• 选择数字服务以参与社会； • 讨论适当的数字技术，以增强自己的能力，并作为公民参与社会。
高级	5　在指导他人的同时，我可以：	• 提出不同的数字服务以参与社会； • 使用适当的数字技术，以增强自己的能力，并作为公民参与社会。
	6　在高级水平上，根据自己和他人的需要，以及在复杂的环境下，我可以：	• 多样化地使用最适当的数字服务，以参与社会； • 多样化地使用最合适的数字技术，以增强自己的能力，并作为公民参与社会。
高度专业化	7　在高度专业化的水平上，我可以：	• 创建解决方案，以解决与数字技术参与公民权相关的、不够明确的复杂问题； • 整合我的知识为专业实践和知识贡献力量，并指导他人通过数字技术参与公民权。
	8　在最先进和专业的水平上，我可以：	• 创建解决方案，以解决与数字技术参与公民权相关的、有诸多因素相互作用的复杂问题； • 提出该领域新的想法和流程。

维度 4　知识、技能与态度示例

2.2

维度 5・使用示例

知识

67. 了解互联网上不同类型的数字服务：公共服务（如查询税务资料或在医疗中心预约服务）、社区服务（如维基百科等知识库、公开街道地图等地图服务、传感器社区等环境监测服务）和私人服务（如电子商务、网上银行）。

68. 知悉在使用政府或私营机构提供的网上服务时，一个安保电子身份（如载有数码证书的身份证）可使市民更安全。

69. 了解所有欧盟公民都有权不受完全自动化决策的制约（例如，如果自动系统拒绝信用申请，客户有权要求由专人审查该决定）。（AI）

70. 认识到虽然人工智能系统在许多领域的应用通常是无争议的（如帮助避免气候变化的人工智能），但直接与人类互动并对他们的生活做出决定的人工智能往往是有争议的（例如，招聘程序的简历分类软件，可能决定教育机会的考试评分）。（AI）

71. 知道人工智能本身既不好也不坏。决定人工智能系统的结果对社会是积极还是消极的因素是：人工智能系统是如何设计和使用、由谁以及出于什么目的来设计和使用的。（AI）

72. 意识到互联网上的民间社会平台为公民提供机会，参与针对全球发展的行动，以实现地方、区域、国家、欧洲和国际层面的可持续发展目标。

73. 意识到传统媒体（如报纸、电视）和新媒体（如社交媒体、互联网）在民主社会中的作用。

就业场景：组织一场活动

- 我可以提出并使用不同的媒体策略（如Facebook上的调查、Instagram上的Hastags和Twitter），使我所在城市的公民能够参与确定在食品生产中使用糖这一事件的主要议题。

- 我可以告诉我的同事这些策略，并向他们展示如何使用特定的策略让公民参与其中。

技能

74. 知道如何从核证机关取得证书，以进行安全的电子识别。

75. 知道如何监控地方和国家政府的公共支出（如通过政府的网站和开放数据门户的开放数据）。

76. 知道如何识别人工智能可以为日常生活的各个方面带来好处的领域。例如，在医疗保健领域，人工智能可能有助于早期诊断；在农业领域，人工智能可能被用于检测虫害。（AI）

77. 知道如何通过数字技术与他人合作，促进社会的可持续发展（例如，为在可持续发展挑战中具有不同利益的社区、部门和地区的联合行动创造机会），并意识到技术在包容／参与和排斥方面的潜力。

学习场景：和同学一起准备小组作业

- 我可以提出并使用不同的微博（如Twitter）、博客和维基百科，就社区移民的社会包容问题进行公众咨询，收集关于小组工作主题的建议。

- 我可以让我的同学了解这些数字平台，并指导他们如何使用特定的平台让他们社区的居民参与其中。

态度

78. 在处理政府和公共服务事务时，愿意改变自己的行政化惯性，采用数字化程序。

79. 准备好思考与人工智能系统相关的伦理问题（例如，在何种情况下，在没有人工干预的情况下，人工智能的建议不能被使用？）（AI）

80. 认为互联网上负责任的和建设性的态度以及尊重人的尊严、自由、民主和平等的价值观是人权的基础。

81. 积极利用互联网和数字技术寻求建设性地参与民主决策和公民活动的机会（例如，参与由市政当局、决策者和非政府组织组织的磋商，使用数字平台签署请愿书）。

维度 1 能力领域

2. 沟通与协作

维度 2 能力

2.4 通过数字技术
进行协作

使用数字工具和技术
进行协作，共同构建
和创造数据、资源与
知识。

维度 3 熟练程度

基础	1	在基础层面，在指导下，我可以：	• 为协作过程选择简单的数字工具和技术。
	2	在基础层面，在需要的时候，以自主性和适当的指导，我可以：	• 为协作过程选择简单的数字工具和技术。
中级	3	依靠自己解决简单的问题，我可以：	• 为协作过程选择明确的、常规的数字工具和技术。
	4	根据自己的需要，独立地解决明确的非常规问题，我可以：	• 为协作过程选择数字化工具和技术。
高级	5	在指导他人的同时，我可以：	• 为协作过程提出不同的数字工具和技术。
	6	在高级水平上，根据自己和他人的需要，以及在复杂的环境下，我可以：	• 使用最合适的数字工具和技术进行协作； • 选择最合适的数字工具和技术，共同构建和创造数据、资源与知识。
高度专业化	7	在高度专业化的水平上，我可以：	• 创建解决方案，以解决与使用协作过程，以及通过数字工具和技术共同构建与创造数据、资源和知识相关的、不够明确的复杂问题； • 整合我的知识为专业实践和知识贡献力量，并通过数字技术指导他人协作。
	8	在最先进和专业的水平上，我可以：	• 创建解决方案，以解决与使用协作过程，以及通过数字工具和技术共同构建与创造数据、资源和知识相关的、有诸多因素相互作用的复杂问题； • 提出该领域新的想法和流程。

维度 4　知识、技能与态度示例	维度 5·使用示例

维度 4　知识、技能与态度示例

知识

82. 意识到远程协作过程中使用数字工具和技术的优势（例如，可减少通勤时间，无论在哪里都可将专业技能结合在一起）。

83. 理解为了与他人共同创造数字内容，良好的社交技能（如清晰的沟通能力、澄清误解的能力）对于弥补在线交流的局限性很重要。

技能

84. 知道如何在协作环境下使用数字工具，在一群朋友、家人或一项运动或工作团队中计划和分享任务与责任（如数字日历、旅行和休闲活动的计划）。

85. 知道如何使用数字工具来促进和改进协作过程，例如通过共享的视觉板和数字画布（如壁画、Miro、Padlet）。

86. 知道如何在维基百科中协作（例如，协商为维基百科中缺失的某个主题开设一个新条目，以增加公众知识）。

87. 知道如何在远程工作环境中使用数字工具和技术来产生想法及共同创造数字内容（如共享思维导图和白板、调查工具）。（RW）

88. 知道如何评估数字应用的优势和劣势，以使协作更有效（如使用在线空间进行共同创造、共享项目管理工具）。

态度

89. 鼓励每个人在数字环境中合作时建设性地表达自己的意见。

90. 当参与资源或知识的共建时，以可信赖的方式行动以实现群体目标。

91. 倾向于使用适当的数字工具促进团队成员之间的协作，同时确保数字内容的可访问性。（DA）

维度 5·使用示例

高级　　6

就业场景：组织一场活动

- 我可以在工作中使用最合适的数字工具（如 Dropbox、Google Drive、Wiki），和同事们一起创建关于活动的传单和博客。

- 我还可以区分协作过程中合适和不合适的数字工具。后者是那些无法实现任务目的、不符合任务范围的工具——例如，两个人同时使用 Wiki 编辑文本是不切实际的。

- 当共同创建传单和博客时，我可以应对数字环境中可能出现的意外情况（例如，控制编辑文档的访问权限或同事不能保存对材料的更改）。

学习场景：和同学一起准备小组作业

- 我可以使用最合适的数字资源，在平板电脑上与同学创建一个与工作相关的视频。

- 在创建这个视频以及与同学们一起在数字环境中工作时，我也可以区分合适和不合适的数字资源。

- 在共同创建数据和内容以及制作小组工作的视频时，我可以应对数字环境中出现的意外情况（例如，文件没有更新成员所做的更改，或者成员不知道如何在数字工具中上传文件）。

维度 3　熟练程度

维度 1　能力领域

2. 沟通与协作

维度 2　能力

2.5 网络礼仪

在使用数字技术和在数字环境中互动时，了解行为规范与诀窍。根据特定的受众调整传播策略，并意识到数字环境中的文化和代际多样性。

基础	**1** 在基础层面，在指导下，我可以：	• 在使用数字技术和在数字环境中互动时，区分简单的行为规范和专有知识； • 选择适合受众的简单的沟通模式和策略； • 区分在数字环境中需要考虑的简单的文化和代际多样性。
	2 在基础层面，在需要的时候，以自主性和适当的指导，我可以：	• 在使用数字技术和在数字环境中互动时，区分简单的行为规范和专有知识； • 选择适合受众的简单的沟通模式和策略； • 区分在数字环境中需要考虑的简单的文化和代际多样性。
中级	**3** 依靠自己解决简单的问题，我可以：	• 在使用数字技术和在数字环境中互动时，阐明明确的和常规的行为规范与专有知识； • 表达适合受众的明确的和常规的沟通策略； • 描述在数字环境中需要考虑的明确的、常规的文化和代际多样性。
	4 根据自己的需要，独立地解决明确的非常规问题，我可以：	• 讨论使用数字技术和在数字环境中互动时的行为规范和专有知识； • 讨论适合受众的传播策略； • 讨论在数字环境中需要考虑的文化和代际多样性。
高级	**5** 在指导他人的同时，我可以：	• 在使用数字技术和在数字环境中互动时，应用不同的行为规范和专有知识； • 在数字环境中应用适合不同受众的传播策略； • 应用在数字环境中需要考虑的不同的文化和代际多样性。
	6 在高级水平上，根据自己和他人的需要，以及在复杂的环境下，我可以：	• 在使用数字技术和在数字环境中互动时，采用最合适的行为规范和专有知识； • 在数字环境中采用面向不同受众的最合适的传播策略； • 在数字环境中应用不同的文化和代际多样性。
高度专业化	**7** 在高度专业化的水平上，我可以：	• 创建解决方案，以解决与尊重不同受众及文化和代际多样性的数字礼仪相关的、不够明确的复杂问题； • 整合我的知识为专业实践和知识贡献力量，并在数字礼仪方面指导他人。
	8 在最先进和专业的水平上，我可以：	• 创建解决方案，以解决与尊重不同受众及文化和代际多样性的数字礼仪相关的、有诸多因素相互作用的复杂问题； • 提出该领域新的想法和流程。

维度4　知识、技能与态度示例

2.2

维度5·使用示例

知识	92. 了解数字环境（如社交媒体、即时消息）中使用的非语言信息（如笑脸、表情符号）的含义，并知道它们的使用在不同国家和社区之间可能存在文化差异。
	93. 意识到在使用数字技术时存在一些预期的行为规则（例如，在公共场所打电话或听音乐时应使用耳机而不是扬声器）。
	94. 了解在数字环境中不恰当的行为（如醉酒、过度亲密和其他暴露的行为）会长期损害社会和个人生活的方方面面。
	95. 意识到使自己的行为适应数字环境取决于与其他参与者（如朋友、同事、经理）的关系和交流发生的目的（如指示、通知、说服、命令、招待、询问、社交）。
	96. 意识到在数字环境中进行交流时的无障碍要求，使交流对所有用户（如残障人士、老年人、低识字率者、讲另一种语言的人）具有包容性和无障碍。（DA）

就业场景：组织一场活动

- 在为我所在的机构组织活动时，我可以解决在数字环境中写作和交流时出现的问题（例如，社交网络上出现对我的机构的不当评论）。
- 我可以从这个实践中创建规则，供我现在和将来的同事实施与使用。

技能	97. 知道如何停止接收不必要的干扰信息或电子邮件。
	98. 在网上与他人交谈时能够控制自己的情绪。
	99. 知道如何识别网上攻击某些个人或群体的敌对或贬损信息或活动（如仇恨言论）。
	100. 能够在不同的社会文化背景和领域特定的情况下管理互动与对话。

学习场景：和同学一起准备小组作业

- 在使用数字合作平台（博客、维基等）开展小组活动（如同学们之间互相批评）时，我可以解决与沟通过程中出现的礼仪问题。
- 作为一个团队在网络环境中工作时，我可以制定适当的行为规则，这些规则可以在学校的数字学习环境中使用和共享。

态度	101. 认为有必要在数字社区内定义和分享规则（例如，解释创建、分享或发布内容的行为准则）。
	102. 在沟通中倾向于采用共情的观点（例如，对另一个人的情绪和经历做出反应，协商分歧以建立和维持公平与尊重的关系）。
	103. 对互联网上不同文化背景、出身、信仰、价值观、观点或个人情况的人的观点持开放态度并予以尊重，即使他们与自己的观点不同。

- 当在数字平台上与他人合作时，我还可以指导我的同学什么是合适的数字行为。

维度 1 能力领域

2.沟通与协作

维度 2 能力

2.6 管理数字身份

创建和管理一个或多个数字身份，能够保护自己的声誉，能够处理通过多种数字工具、环境和服务产生的数据。

维度 3 熟练程度

基础	1	在基础层面，在指导下，我可以：	• 识别数字身份； • 描述保护我的在线声誉的简单方法； • 识别我通过数字工具、环境或服务产生的简单数据。
	2	在基础层面，在需要的时候，以自主性和适当的指导，我可以：	• 识别数字身份； • 描述保护我的在线声誉的简单方法； • 识别我通过数字工具、环境或服务产生的简单数据。
中级	3	依靠自己解决简单的问题，我可以：	• 区分一系列明确且常规的数字身份； • 解释明确的和常规的方法来保护我的在线声誉； • 描述我通过数字工具、环境或服务产生的明确的数据。
	4	根据自己的需要，独立地解决明确的非常规问题，我可以：	• 显示各种特定的数字身份； • 讨论保护我的在线声誉的具体方法； • 通过数字工具、环境或服务来处理我产生的数据。
高级	5	在指导他人的同时，我可以：	• 使用各种数字身份； • 使用不同的方法来保护我的在线声誉； • 使用我通过几种数字工具、环境或服务产生的数据。
	6	在高级水平上，根据自己和他人的需要，以及在复杂的环境下，我可以：	• 区分多种数字身份； • 解释保护个人声誉的更合适的方式； • 通过多种工具、环境和服务改变数据。
高度专业化	7	在高度专业化的水平上，我可以：	• 创建解决方案，以解决与管理数字身份和保护人们的在线声誉相关的、不够明确的复杂问题； • 整合我的知识为专业实践和知识贡献力量，并指导其他人管理数字身份。
	8	在最先进和专业的水平上，我可以：	• 创建解决方案，以解决与管理数字身份和保护人们的在线声誉相关的、有诸多因素相互作用的复杂问题； • 提出该领域新的想法和流程。

维度 4　知识、技能与态度示例	维度 5·使用示例

2.2

高度专业化　　8

| 知识 | 104. | 意识到数字身份是指（1）在网站或在线服务对用户进行身份验证的方法，以及（2）通过追踪用户在互联网或数字设备上的数字活动、行动和贡献（如浏览的页面、购买历史）、个人数据（如姓名、用户名、年龄、性别、爱好等个人资料）和背景数据（如地理位置）来识别用户的一组数据。 |

就业场景：组织一场活动

- 我可以向我的领导建议开发或启用一个新的社交媒体程序，以在推广公司活动时避免可能损害公司数字声誉的行为（如产生垃圾邮件）。

105. 意识到人工智能系统收集和处理多种类型的用户数据（如个人数据、行为数据和背景数据），以创建用户配置文件，然后用于预测用户可能希望看到的或下一步做什么（如提供广告、建议、服务）。（AI）

106. 知道在欧盟，一个人有权要求网站或搜索引擎的管理员访问你的个人数据（访问权），更新或更正这些数据（更正权），或删除它们（删除权，也被称为被遗忘权）。

107. 意识到有办法限制和管理对个人在互联网上活动的跟踪，例如软件功能（如隐私浏览、删除 cookie）和隐私增强工具及产品 / 服务功能（如对 cookie 的自定义同意、选择退出个性化广告）。

| 技能 | 108. | 知道如何在数字环境中出于个人目的（如公民参与、电子商务、社交媒体使用）和专业目的（如在在线就业平台上创建个人资料）创建与管理个人资料。 |

109. 知道如何采取信息和交流策略，以建立积极的网络形象（例如，采取健康、安全和有道德的行为，避免刻板印象和消费主义倾向等）。

学习场景：和同学一起准备小组作业

- 我可以向学校建议开发或启用一个新的程序，以避免发布可能会损害学生声誉的数字内容（如文本、图片、视频）。

110. 能够进行个人或姓氏搜索，以检查自己在网络环境中的数字足迹（例如，检测任何可能令人不安的帖子或图像，行使自己的合法权利）。

111. 能够验证和修改被共享的图片中包含的元数据类型（如位置、时间），以保护隐私。

112. 了解使用什么策略来控制、管理或删除由网上系统收集 / 整理的数据（如追踪使用过的服务、列出网上账户、删除不使用的账户）。

113. 知道如何修改用户配置（如在应用程序、软件、数字平台），以启用、防止或缓和 AI 系统跟踪、收集或分析数据（如不允许移动电话定位与跟踪用户的位置）。（AI）

| 态度 | 114. | 考虑跨数字系统、应用程序和服务来管理一个或多个数字身份时的好处（如快速认证过程、用户偏好）和风险（如身份被盗、个人数据被第三方利用）。 |

115. 当网站向用户提供此选项时，倾向于检查和选择要安装的网站 cookies（如只接受技术 cookies）。

116. 注意保护自己和他人的个人信息隐私（如假期或生日照片、宗教或政治评论）。

117. 指出应用程序和在线服务等人工智能驱动的数字技术使用的所有数据（收集、编码和处理），特别是个人数据的积极影响和消极影响。（AI）

维度 1　能力领域

3. 数字内容创建

维度 2　能力

3.1 开发数字内容

创作与编辑不同格式的数字内容，通过数字手段表达自己。

维度 3　熟练程度

基础	1 在基础层面，在指导下，我可以：	• 识别以简单格式创建和编辑简单内容的方法； • 选择如何创建简单的数字手段来表达自己。
	2 在基础层面，在需要的时候，以自主性和适当的指导，我可以：	• 识别以简单格式创建和编辑简单内容的方法； • 选择如何创建简单的数字手段来表达自己。
中级	3 依靠自己解决简单的问题，我可以：	• 指出以明确和常规的格式创建与编辑明确的、常规的内容的方法； • 通过明确和常规的数字手段来表达自己。
	4 根据自己的需要，独立地解决明确的非常规问题，我可以：	• 展示以不同格式创建和编辑内容的方法； • 通过数字手段的创建来表达自己。
高级	5 在指导他人的同时，我可以：	• 应用以不同格式创建和编辑内容的方法； • 展示通过创建数字手段来表达自己的方式。
	6 在高级水平上，根据自己和他人的需要，以及在复杂的环境下，我可以：	• 使用最合适的格式更改内容； • 通过创建最合适的数字手段来适应自己的表达。
高度专业化	7 在高度专业化的水平上，我可以：	• 创建解决方案，以解决与以不同格式创造和编辑内容、通过数字手段表达与自己相关的、不够明确的复杂问题； • 整合我的知识为专业实践和知识贡献力量，并指导他人开发内容。
	8 在最先进和专业的水平上，我可以：	• 创建解决方案，以解决与以不同格式创造和编辑内容、通过数字手段表达自己相关的、有诸多因素相互作用的复杂问题； • 提出该领域新的想法和流程。

维度 4 知识、技能与态度示例　　　　　2.2

维度 5·使用示例

知识

118. 知道数字内容以数字形式存在，并且有许多不同类型的数字内容（如音频、图像、文本、视频、应用程序）以各种数字文件格式存储。

119. 意识到人工智能系统可以使用现有的数字内容作为来源，用来自动创建数字内容（如文本、新闻、文章、推文、音乐、图像）。这样的内容可能很难与人类的创造区分开来。（AI）

120. 意识到"数字无障碍"意味着确保包括残障人士在内的所有人都能使用和浏览互联网。数字可访问性包括可访问的网站、数字文件，以及其他基于 Web 的应用程序（如在线银行、访问公共服务、消息传递和视频通话服务）。（DA）

121. 意识到虚拟现实和增强现实为探索数字世界与物理世界中的模拟环境及交互提供了新方法。

技能

122. 能够遵循官方标准和指南（如 WCAG 2.1 和 EN 301 549），使用工具和技术创建可访问的数字内容（例如，在图像、表格和图表中添加 ALT 文本，创建一个正确的和标签良好的文档结构，使用可访问的字体、颜色、链接）。（DA）

123. 知道如何根据数字内容的用途选择适当的格式（例如，以可编辑的格式储存文件，或以不可修改但易于打印的格式储存文件）。

124. 知道如何创建数字内容来支持自己的想法和意见（例如，使用政府开放数据等基本数据集生成数据表示，如交互式可视化）。

125. 知道如何在开放平台上创建数字内容（例如在 Wiki 环境中创建和修改文本）。

126. 知道如何使用物联网和移动设备创建数字内容（如使用嵌入式摄像头和麦克风制作照片或视频）。

态度

127. 倾向于结合各种类型的数字内容和数据，以更好地表达事实或意见，供个人和专业使用。

128. 以开放的态度探索各种不同的途径，以找到生产数字内容的解决方案。

129. 倾向于遵循官方标准和指南（如 WCAG 2.1 和 EN 301 549）来测试网站、数字文件、文档、电子邮件或其他基于网络的应用程序的可访问性。（DA）

基础 1

就业场景：开发一个短期课程（教程），培训员工使用在组织中应用的新程序

在具备高级水平数字能力同事的帮助下，我可以：

- 从 YouTube 上的一个教程视频中，弄清楚如何在平板电脑上创建一个简短的支持视频，在我们的内部网向员工展示新的组织程序。

- 从我同事在维基上找到的一个列表中，确定替代的数字手段为员工创建程序。

学习场景：就某一特定主题进行准备并向同学们展示

在老师的帮助下，我可以：

- 我的老师在 YouTube 上提供了一个视频教程，可以帮助我向同学们展示我的工作，通过使用这个视频教程，我可以弄清楚如何创建一个数字动画演示。

- 我的课本上有一篇文章，可以帮助我在交互式数字白板上以动画形式向同学们展示作品，从这篇文章里，我可以找到其他的数字方法。

维度 1　能力领域

3. 数字内容创建

维度 2　能力

3.2　整合并重新阐释数字内容

修改、优化、改进和整合信息与内容至现有的知识体系中，以创造新的、原创的和相关的内容与知识。

维度 3　熟练程度

基础	1	在基础层面，在指导下，我可以：	• 选择对新内容及信息的简单部分进行修改、完善、改进和整合，以创建新的原始内容及信息的方法。
	2	在基础层面，在需要的时候，以自主性和适当的指导，我可以：	• 选择对新内容及信息的简单部分进行修改、完善、改进和整合，以创建新的原始内容及信息的方法。
中级	3	依靠自己解决简单的问题，我可以：	• 解释对新内容和信息的明确部分进行修改、完善、改进和整合，以创建新的原始内容及信息的方法。
	4	根据自己的需要，独立地解决明确的非常规问题，我可以：	• 讨论对新内容和信息进行修改、完善、改进和整合，以创建新的原始内容及信息的方法。
高级	5	在指导他人的同时，我可以：	• 对新的不同的内容和信息进行操作、修改、完善、改进和整合，以创建新的原创内容和信息。
	6	在高级水平上，根据自己和他人的需要，以及在复杂的环境下，我可以：	• 评估最合适的方式来修改、完善、改进和整合特定的新内容与信息，以创建新的原创的内容和信息。
高度专业化	7	在高度专业化的水平上，我可以：	• 创建解决方案，以解决将新内容和信息修改、完善、改进和整合至现有的知识体系中，创造新的、原创的、与知识相关的、不够明确的复杂问题； • 整合我的知识为专业实践和知识贡献力量，并指导他人整合和重新阐释内容。
	8	在最先进和专业的水平上，我可以：	• 创建解决方案，以解决将新内容和信息修改、完善、改进和整合至现有知识体系中，以创造新的、原创的、与知识相关的、有诸多因素相互作用的复杂问题； • 提出该领域新的想法和流程。

维度 4　知识、技能与态度示例	维度 5 · 使用示例
知识	**2.2**
130. 意识到集成硬件（如传感器、电缆、电机）和软件结构以开发可编程机器人和其他非数字产品（如 Lego Mindstorms, Micro:bit, Raspberry Pi, EV3, Arduino, ROS）是可能的。	**基础　2** **就业场景：开发一个短期课程（教程），培训员工使用在组织中应用的新程序** 在同事的帮助下（他拥有高级数字能力，并可以在我需要的时候提供及时的咨询），并有一个能告知实施步骤的教程视频提供支持，我可以找到如何添加新的对话和图像到一个简短的支持视频上，该视频已在内部网络上创建，用以说明新的组织程序。
技能	
131. 可以使用可用的应用程序或软件来创建结合了信息、统计内容和视觉效果的信息图与海报。	
132. 知道如何使用工具及应用程序（如附加程式、外挂程式、扩展程式）来提高数字内容的易读性（如在视频播放器内加入字幕）。（DA）	
133. 知道如何整合数字技术、硬件和传感器数据，以创建新的（数字或非数字）人工制品（如创客空间和数字制造活动）。	**学习场景：就某一特定主题进行准备并向同学们展示** 在家里，在我的母亲（我可以随时向她咨询）以及一张清单的帮助（我的平板电脑上有老师提供的做法步骤）下，我可以确定如何更新我已经创建的、向同学们展示我的作品的数字动画演示，包括添加文本、图像和视觉效果，使用交互式数字白板在课堂上展示等。
134. 知道如何在自己的作品中融入人工智能编辑 / 操纵的数字内容（如在自己的音乐作品中融入人工智能生成的旋律）。人工智能的这种使用可能会引起争议，因为它引发了关于人工智能在艺术品中的作用的问题（如功劳应归属谁）。（AI）	
态度	
135. 通过迭代设计过程（如创造、测试、分析和完善）从现有的数字内容中创造一些新内容。	
136. 倾向于帮助他人改善他们的数字内容（如通过提供有用的反馈）。	
137. 倾向于使用可用的工具来验证图像或视频是否被修改过（如通过深度伪造技术）。	

295

维度 1　能力领域

3. 数字内容创建

维度 2　能力

3.3 版权和许可

了解版权和许可如何适用于数据、信息与数字内容。

维度 3　熟练程度

基础	1	在基础层面，在指导下，我可以：	• 确定适用于数据、信息和数字内容的简单的版权与许可规则。
	2	在基础层面，在需要的时候，以自主性和适当的指导，我可以：	• 确定适用于数据、信息和数字内容的简单的版权与许可规则。
中级	3	依靠自己解决简单的问题，我可以：	• 指出适用于数据、信息和数字内容的明确、常规的版权与许可规则。
	4	根据自己的需要，独立地解决明确的非常规问题，我可以：	• 讨论适用于信息和数字内容的版权与许可规则。
高级	5	在指导他人的同时，我可以：	• 应用适用于数据、信息和数字内容的不同版权与许可规则。
	6	在高级水平上，根据自己和他人的需要，以及在复杂的环境下，我可以：	• 选择最合适的适用于数据、信息和数字内容的版权与许可规则。
高度专业化	7	在高度专业化的水平上，我可以：	• 创建解决方案，以解决与数据、信息和数字内容的应用版权与许可相关的、不够明确的复杂问题； • 整合我的知识为专业实践和知识贡献力量，并指导他人申请版权和许可。
	8	在最先进和专业的水平上，我可以：	• 创建解决方案，以解决与数据、信息和数字内容的应用版权与许可相关的、有诸多因素相互作用的复杂问题； • 提出该领域新的想法和流程。

维度 4 知识、技能与态度示例	维度 5・使用示例

2.2

知识	138. 了解数字内容、商品和服务可能受到知识产权（如版权、商标、设计、专利）的保护。

139. 意识到数字内容（如图片、文字、音乐）的原创一经存在即被视为受版权保护（自动保护）。

140. 意识到某些版权例外的存在（如用于教学图解、漫画、滑稽模仿、集成模仿、引用、私人使用）。

141. 了解软件授权的不同模式（如专有软件、免费软件和开源软件），以及某些类型的授权在授权到期后需要更新。

142. 意识到使用和共享数字内容（如音乐、电影、书籍）的法律限制，以及非法行为的可能后果（如与他人共享受版权保护的内容可能招致法律制裁）。

143. 了解存在阻止或限制对数字内容访问的机制和方法（如密码、地理屏蔽、技术保护措施、全面生产维护）。

技能

144. 能够识别和选择合法下载或上传的数字内容（如公共领域数据库和工具、开放许可）。

145. 知道如何合法地使用和共享数字内容（例如，检查现有的条款、条件和许可方案，如各种类型的知识共享），并知道如何评估限制和版权例外的情况是否适用。

146. 能够确定受版权保护的数字内容的使用何时属于版权例外的范围，从而无须事先同意（例如，欧盟的教师和学生可以使用受版权保护的内容进行演示教学）。

147. 能够检查和了解使用与重复使用由第三方创建的数字内容的权利（例如，了解集体许可计划和联系相关的集体管理机构，了解各种创作共用许可）。

148. 能够选择最合适的策略（包括授权），以分享及保护自己的原创作品〔例如，将其登记在可选择的版权保证制度内；选择开放许可（如知识共享）〕。

态度

149. 尊重影响他人的权利（如所有权、合同条款），只使用合法来源下载数字内容（如电影、音乐、书籍），并在相关情况下选择开源软件。

150. 开放性地考虑，在制作和发布数字内容与资源时，开放授权或其他授权方案哪个更合适。

维度 5・使用示例

中级　　3

就业场景：开发一个短期课程（教程），培训员工使用在组织中应用的新程序

依靠自己，我可以：

- 告诉我的同事，我通常使用哪个图片库来寻找图片，我可以免费下载这些图片，为我公司的员工制作一个关于新程序的简短教程视频。

- 处理一些问题，诸如：识别标识，以判断一幅图片是否使用了某种类型的知识共享许可，因此可以在不需要作者授权的情况下重复使用。

学习场景：就某一特定主题进行准备并向同学们展示

依靠自己，我可以：

- 向朋友解释我通常使用哪个图片库来寻找图片，我可以完全免费地下载来创建一个数字动画，向同学们展示我的作品。

- 解决一些问题，比如，识别标识，以判断一幅图片是否受版权保护，因此未经作者许可不能使用。

维度 1　能力领域

3. 数字内容创建

维度 2　能力

3.4　编程

为计算系统规划和开发一系列可理解的指令，以解决给定的问题或执行特定的任务。

维度 3　熟练程度

基础	1	在基础层面，在指导下，我可以：	• 列出编程系统的简单指令，解决简单问题或执行简单任务。
	2	在基础层面，在需要的时候，以自主性和适当的指导，我可以：	• 列出编程系统的简单指令，解决简单问题或执行简单任务。
中级	3	依靠自己解决简单的问题，我可以：	• 在编程系统中列出明确的和常规指令，解决常规问题或执行常规任务。
	4	根据自己的需要，独立地解决明确的非常规问题，我可以：	• 列出编程系统的指令，解决给定问题或执行特定任务。
高级	5	在指导他人的同时，我可以：	• 使用编程系统指令来解决不同的问题或执行不同的任务。
	6	在高级水平上，根据自己和他人的需要，以及在复杂的环境下，我可以：	• 确定编程系统的最合适指令，以解决给定的问题和执行特定的任务。
高度专业化	7	在高度专业化的水平上，我可以：	• 创建解决方案，以解决与编程系统的指令规划及开发、使用编程系统执行任务相关的、不够明确的复杂问题； • 整合我的知识为专业实践和知识贡献力量，并在编程方面指导他人。
	8	在最先进和专业的水平上，我可以：	• 创建解决方案，以解决与编程系统的指令规划及开发、使用编程系统执行任务相关的、有诸多因素相互作用的复杂问题； • 提出该领域新的想法和流程。

维度 4　知识、技能与态度示例　　2.2　　维度 5・使用示例

知识	
	157. 知道计算机程序是由指令组成的，用编程语言按照严格的规则编写。
	158. 了解编程语言提供的结构允许程序指令按顺序、重复或仅在特定条件下执行，并将它们分组以定义新的指令。
	159. 知道程序是由能够自动解释和执行指令的计算设备 / 系统执行的。
	160. 知道程序根据输入数据产生输出数据，并且不同的输入通常会产生不同的输出（例如，一个计算器在输入"3+5"时输出"8"，在输入"7+8"时输出"15"）。
	161. 知道为了产生输出，程序在执行它的计算机系统中存储和操作数据，并且知道它有时会出现意外行为（如错误行为、故障、数据泄露）。
	162. 知道程序的蓝图是基于算法的，即从输入产生输出的逐步方法。
	163. 知道算法和相应的程序是用来帮助解决现实生活中的问题的；输入数据为有关问题的已知信息建模，输出数据提供与问题解决方案相关的信息。有不同的算法以及相应的程序来解决相同的问题。
	164. 知道任何程序都需要时间和空间（硬件资源）来计算其输出，这取决于输入的大小和问题的复杂性。
	165. 知道有些问题不能在合理的时间内被任何已知的算法精确地解决，因此在实践中它们经常被近似解决（如 DNA 测序、数据聚类、天气预报）。
技能	
	160. 知道如何组合一组程序块（如在可视化编程工具 Scratch 中），以解决一个问题。
	161. 知道如何检测指令序列中的问题，并做出改变来解决它们（例如，发现程序中的错误并纠正它，检测程序的执行时间或输出不符合预期的原因）。
	162. 能够在一些简单的程序中识别输入和输出数据。
	163. 给定一个程序，能够识别指令的执行顺序，以及信息是被如何处理的。
态度	
	164. 愿意接受算法以及程序在解决它们想要解决的问题方面可能不是完美的。
	165. 在开发或部署 AI 系统时，将道德（包括但不限于人的代理和监督、透明度、非歧视、可访问性以及偏见和公平）作为核心支柱之一。（AI）

就业场景：开发一个短期课程（教程），培训员工使用在组织中应用的新程序

· 使用编程语言（如 Ruby、Python），我可以提供指令来开发一个教育游戏，用来介绍将在组织中应用的新程序。

· 我可以解决一些问题，诸如调试程序以修复代码问题等。

学习场景：就某一特定主题进行准备并向同学们展示

· 使用一个简单的图形化编程界面（如 ScratchJr），我可以开发一个智能手机应用程序，向同学们展示我的工作。

· 如果出现问题，我知道如何调试程序，我可以修复代码中的简单问题。

这个能力下的示例可以简写为《面向所有人的编程：理解程序的本质》（Programming for All: Understanding the Nature of Programs）（Brodnik et al., 2021）。该文件提供了一个更完整的知识、技能与态度的声明列表，并有日常生活中的例子。

例如，当阅读第 157 条示例时，感兴趣的读者可以进入文档，在"A.2 小节：程序是由指令组成的"中找到更多关于"程序"的信息，或者为了更多地理解数据模型，读者可以直接阅读知识陈述"K3.4"。

维度 3　熟练程度

维度 1　能力领域

4.安全

维度 2　能力

4.1 保护设备

保护设备和数字内容，了解数字环境中的风险和威胁。了解安全及防范措施，并充分考虑可靠性和隐私。

基础	**1** 在基础层面，在指导下，我可以：	• 找出简单的方法来保护我的设备和数字内容； • 区分数字环境中简单的风险和威胁； • 选择简单的安全和保障措施； • 确定简单的方法以适当考虑可靠性和隐私。
	2 在基础层面，在需要的时候，以自主性和适当的指导，我可以：	• 找出简单的方法来保护我的设备和数字内容； • 区分数字环境中简单的风险和威胁； • 选择简单的安全措施； • 确定简单的方法以适当考虑可靠性和隐私。
中级	**3** 依靠自己解决简单的问题，我可以：	• 指出明确和常规的方法来保护我的设备与数字内容； • 区分数字环境中明确的和常规的风险与威胁； • 选择明确的和常规的安全与保障措施； • 指出明确的和常规的方法以适当考虑可靠性和隐私。
	4 根据自己的需要，独立地解决明确的非常规问题，我可以：	• 想办法保护我的设备和数字内容； • 区分数字环境中的风险和威胁； • 选择安全措施； • 解释如何充分考虑可靠性和隐私。
高级	**5** 在指导他人的同时，我可以：	• 应用不同的方法来保护设备和数字内容； • 区分数字环境中的各种风险和威胁； • 采取安全措施； • 采用不同的方法来适当考虑可靠性和隐私。
	6 在高级水平上，根据自己和他人的需要，以及在复杂的环境下，我可以：	• 为设备和数字内容选择最合适的保护措施； • 区别对待数字环境中的风险和威胁； • 选择最合适的安全措施； • 评估最合适的方法，以充分考虑可靠性和隐私。
高度专业化	**7** 在高度专业化的水平上，我可以：	• 创建解决方案，以解决与保护设备和数字内容、管理风险和威胁、应用安全和防范措施以及数字环境中的可靠性和隐私相关的、不够明确的复杂问题； • 整合我的知识为专业实践和知识贡献力量，并指导他人保护设备。
	8 在最先进和专业的水平上，我可以：	• 创建解决方案，解决与保护设备和数字内容、管理风险和威胁、应用安全和防范措施以及数字环境中的可靠性和隐私相关的、有诸多因素相互作用的复杂问题； • 提出该领域新的想法和流程。

维度 4　知识、技能与态度示例　　　　　　　2.2　　　维度 5·使用示例

知识		
	166.	知道为不同的网上服务使用不同的强密码是一种降低账户被入侵风险（如被黑客入侵）的方法。
	167.	了解保护设备的措施（如密码、指纹、加密）和防止其他人（如偷窃者、未经授权的商业组织等）访问所有数据。
	168.	了解保持操作系统和应用程序（如浏览器）更新的重要性，以修复安全漏洞和防止恶意软件（如恶意软件）攻击。
	169.	知道防火墙会阻止某些类型的网络流量，目的是防止不同的安全风险（如远程登录）。
	170.	意识到数字环境中不同类型的风险——身份盗窃（如某人使用他人的个人数据实施诈骗或其他犯罪）、诈骗（如金融诈骗）、恶意软件攻击（如勒索软件）。

高级　　　　5

就业场景：使用推特账号在组织平台分享信息

- 我可以使用不同的方法保护企业推特账户（如使用强密码、控制最近的登录），并向新同事展示如何做到这一点。
- 我可以检测到风险，比如从有虚假资料或网络钓鱼企图的粉丝那里收到推文和消息。
- 我可以采取措施来规避风险（如控制隐私设置）。
- 我还可以帮助同事在使用推特时发现风险和威胁。

技能		
	171.	知道如何在密码方面采取适当的网络安全策略（如使用强密码）和安全地管理密码（如使用密码管理器）。
	172.	知道如何安装和启动保护软件与服务（如杀毒软件、反恶意软件、防火墙），以确保数字内容和个人资料更加安全。
	173.	知道如何在可用时激活双因素身份验证（例如，使用一次性密码或代码以及访问凭证）。
	174.	知道如何检查应用程序在手机上访问的个人数据类型，并据此决定是否安装它，并配置适当的设置。
	175.	能够对存储在个人设备或云存储服务中的敏感数据进行加密。
	176.	能适当回应安保漏洞，即导致未经授权访问数字资料、应用程序、网络或装置，泄露个人资料（如登录名或密码）的事件）。

学习场景：使用学校的数字学习平台就感兴趣的主题进行信息分享

- 我可以保护学校数字学习平台上的信息、数据和内容（如使用强密码、控制最近的登录）。
- 在访问学校的数字平台时，我可以发现不同的风险和威胁，并采取措施规避（如在下载前进行病毒检测）。
- 我还可以帮助同学在使用平板电脑上的数字学习平台时检测风险和威胁（如控制谁可以访问文件）。

态度		
	177.	警惕不要将电脑或移动设备遗失在公共场所（如共用的工作场所、餐厅、火车、汽车后座）。
	178.	权衡使用生物识别技术（如指纹、人脸图像）的好处和风险，因为它们可能会以意想不到的方式影响安全性。如果生物特征信息被泄露或被黑客攻击，就会被盗用，并可能导致身份欺诈。（AI）
	179.	热衷于考虑一些自我保护的行为，例如不使用开放的无线网络进行金融交易或登录网上银行。

301

维度 3　熟练程度

维度 1　能力领域

4.安全

维度 2　能力

4.2 保护个人数据和隐私

在数字环境中保护个人数据及隐私。了解如何使用和共享个人身份信息，同时能够保护自己和他人免受损害。了解数字服务使用"隐私政策"来告知如何使用个人数据。

级别		描述
基础	1　在基础层面，在指导下，我可以：	• 选择简单的方法在数字环境中保护我的个人数据和隐私； • 确定简单的方法来使用和分享个人身份信息，同时保护自己和他人免受损害； • 确定关于如何在数字服务中使用个人数据的简单的"隐私政策"声明。
	2　在基础层面，在需要的时候，以自主性和适当的指导，我可以：	• 选择简单的方法在数字环境中保护我的个人数据和隐私； • 确定简单的方法来使用和共享个人身份信息，同时保护自己和他人免受损害； • 确定关于如何在数字服务中使用个人数据的简单的"隐私政策"声明。
中级	3　依靠自己解决简单的问题，我可以：	• 解释在数字环境中保护个人数据和隐私的明确与常规的方法； • 解释明确和常规的方法来使用与共享个人身份信息，同时保护自己和他人免受损害； • 说明关于如何在数字服务中使用个人数据的明确和常规的"隐私政策"声明。
	4　根据自己的需要，独立地解决明确的非常规问题，我可以：	• 讨论如何在数字环境中保护我的个人数据和隐私； • 讨论如何使用和共享个人身份信息，同时保护自己和他人免受损害； • 说明如何在数字服务中使用个人数据的"隐私政策"声明。
高级	5　在指导他人的同时，我可以：	• 应用不同的方法在数字环境中保护我的个人数据和隐私； • 应用不同的具体方法来分享我的数据，同时保护自己和他人免受损害； • 解释如何在数字服务中使用个人数据的"隐私政策"声明。
	6　在高级水平上，根据自己和他人的需要，以及在复杂的环境下，我可以：	• 选择更合适的方式来保护数字环境中的个人数据和隐私； • 评估最合适的方式来使用和共享个人身份信息，同时保护自己和他人免受损害； • 评估关于如何使用个人数据的"隐私政策"声明的适当性。
高度专业化	7　在高度专业化的水平上，我可以：	• 创建解决方案，以解决与在数字环境中保护个人数据和隐私，使用和共享个人身份信息保护自己和他人免受损害，以及使用我的个人数据的"隐私政策"相关的、不够明确的复杂问题； • 整合我的知识为专业实践和知识贡献力量，并指导他人保护个人数据和隐私。
	8　在最先进和专业的水平上，我可以：	• 创建解决方案，以解决与在数字环境中保护个人数据和隐私，使用和共享个人身份信息保护自己和他人免受损害，以及使用我的个人数据的"隐私政策"相关的、有诸多因素相互作用的复杂问题； • 提出该领域新的想法和流程。

维度 4 知识、技能与态度示例

维度 5·使用示例

2.2

知识	180. 认识到安全的电子身份识别是一项重要功能，旨在公营机构和私人机构进行交易时更安全地与第三方分享个人资料。 181. 了解应用程序或服务的"隐私政策"应解释其收集哪些个人数据（如设备的名称、品牌、用户的地理位置），以及数据是否与第三方共享。 182. 了解个人数据的处理受当地法规（如欧盟《通用数据保护条例》）的约束（例如，与虚拟助手的语音交互在《通用数据保护条例》中属于用户数据，可能会使用户面临某些数据保护、隐私和安全风险）。（AI）

高级   **6**

就业场景：使用推特账号在组织平台分享信息

- 在公司的推特账户上分享数字内容（如图片）时，我可以选择最合适的方式来保护同事的个人数据（如地址、电话号码）。
- 我可以区分适合和不适合在企业推特账户上分享的数字内容，这样我和同事的隐私就不会受到损害。
- 根据欧洲数据保护法和被遗忘权，我可以评估个人数据在企业推特上的使用是否恰当。
- 我可以处理在推特上使用我公司中的个人数据可能出现的复杂情况，比如根据欧洲数据保护法和被遗忘权删除图片或姓名以保护个人信息。

技能	183. 知道如何识别试图获取敏感资料（如个人资料、银行资料）或可能含有恶意软件的可疑电子邮件。知道通过包含故意的错误来防止警惕的人点击它们，这些邮件经常被设计用来欺骗那些不仔细检查的人以及那些因此更容易受到欺诈的人。 184. 知道如何在网上支付时采取基本的安全防范措施（如绝不扫描信用卡或提供借记卡、支付卡、信用卡的密码）。 185. 知道在公共机关或公共服务（如填写报税表、申请社会福利、索取证明）和商业机构（如银行和运输服务）提供的服务中如何使用电子身份识别服务。 186. 知道如何使用从核证机关取得的数字证书（如储存在身份证上以作身份验证和数字签署的数字证书）。

学习场景：使用学校的数字学习平台就感兴趣的主题进行信息分享

- 我可以选择最合适的方式来保护我的个人资料（如地址、电话号码），然后将其分享到学校的数字平台上。
- 我可以区分适合和不适合在学校的数字平台上分享的数字内容，这样我和同学的隐私就不会受到损害。
- 就我的权利和隐私而言，我可以评估我的个人数据在数字平台上的使用方式是否适当和可接受。
- 在数字教育平台上，我可以处理我的个人数据和同学的数据可能出现的复杂情况，比如个人数据没有按照平台的"隐私政策"声明使用。

态度	187. 在允许第三方处理个人数据之前，权衡利弊（例如，认识到智能手机上的语音助手或向机器人吸尘器发出命令，可能会让第三方——公司、政府、网络罪犯——访问数据）。（AI） 188. 在采取适当的安全措施后，对网上交易充满信心。

维度 3　熟练程度

维度 1　能力领域

4. 安全

维度 2　能力

4.3 保护健康和福祉

能够在使用数字技术时避免健康风险和对身心健康的威胁。能够保护自己和他人在数字环境中免受可能的危险（如网络欺凌）。了解促进社会福祉和社会包容的数字技术。

基础	1	在基础层面，在指导下，我可以：	• 区分使用数字技术时避免健康风险和对身心健康的威胁的简单方法； • 选择简单的方法来保护自己免受数字环境中可能出现的危险； • 确定用于社会福祉和社会包容的简单数字技术。
	2	在基础层面，在需要的时候，以自主性和适当的指导，我可以：	• 区分使用数字技术时避免健康风险和对身心健康的威胁的简单方法； • 选择简单的方法来保护自己免受数字环境中可能出现的危险； • 确定用于社会福祉和社会包容的简单数字技术。
中级	3	依靠自己解决简单的问题，我可以：	• 解释使用数字技术时如何避免对身心健康的风险和威胁的明确的与常规的方法； • 选择明确和常规的方法来保护自己免受数字环境中的危险； • 指出用于社会福祉和社会包容的明确的与常规的数字技术。
	4	根据自己的需要，独立地解决明确的非常规问题，我可以：	• 解释避免因技术使用而对我的身心健康造成威胁的方法； • 选择在数字环境中保护自己和他人免受危险的方法； • 讨论促进社会福祉和社会包容的数字技术。
高级	5	在指导他人的同时，我可以：	• 展示不同的方式来避免使用数字技术时对身心健康的风险和威胁； • 在数字环境中运用不同的方法保护自己和他人免受危险； • 展示促进社会福祉和社会包容的不同数字技术。
	6	在高级水平上，根据自己和他人的需要，以及在复杂的环境下，我可以：	• 区分在使用数字技术时避免身心健康风险和威胁的最适当方法； • 采用最合适的方式来保护自己和他人免受数字环境中的危险； • 多样化地使用数字技术以促进社会福祉和社会包容。
高度专业化	7	在高度专业化的水平上，我可以：	• 制定解决方案，以解决与使用数字技术时避免健康风险和威胁、保护自己和他人免受数字环境中的危险，以及利用数字技术促进社会福祉和社会包容有关的、不够明确的复杂问题； • 整合我的知识为专业实践和知识贡献力量，并指导他人保护健康。
	8	在最先进和专业的水平上，我可以：	• 制定解决方案，以解决与在使用数字技术时避免健康风险和威胁，保护自己和他人免受数字环境中的危险，以及利用数字技术促进社会福祉和社会包容相关的、有诸多因素相互作用的复杂问题； • 提出该领域新的想法和流程。

维度 4　知识、技能与态度示例

2.2

维度 5·使用示例

知识

189. 意识到平衡使用数字技术与不使用数字技术的重要性，因为数字生活中的许多不同因素都可能影响个人健康、福祉和生活满意度。

190. 了解数字成瘾的迹象（如失去控制、戒断症状、情绪调节功能失调），以及数字成瘾可能造成对身心的伤害。

191. 意识到许多数字健康应用程序没有官方的许可程序，而主流医学是有的。

192. 意识到数字设备（如智能手机）上的一些应用程序可以通过监测和提醒用户健康状况（如身体、情感、心理）来支持采取健康行为。然而，这些应用程序提出的一些行为或图像也可能对身体或心理健康产生负面影响（例如，观看"理想化"的身体图像可能会导致焦虑）。

193. 知道网络欺凌是利用数字技术的欺凌（即旨在恐吓、激怒或羞辱目标受众的重复行为）。

194. 知道"在线去抑制效应"是指与面对面交流相比，在网上交流时缺乏约束。这可能会导致网络论战（如攻击性语言、在网上发布侮辱性言论）和不恰当行为的增加趋势。

195. 意识到弱势群体（如儿童、社交技能较低和缺乏个人社会支持的群体）在数字环境中受到伤害的风险较高（如网络欺凌、儿童诱骗）。

196. 意识到数字工具可以为弱势群体（如老年人、有特殊需要的人）参与社会创造新的机会。然而，数字工具也可能导致那些不使用它们的人被孤立或被排斥在外。

就业场景：使用推特账号在组织平台分享信息

· 我可以创建一个数字视频——因为工作原因使用推特可能带来的健康危险（如网络欺凌、技术上瘾、影响身体健康），其他同事和专业人士可以在他们的智能手机或平板电脑上分享和使用。

技能

197. 知道如何为自己和他人应用各种数字使用监测与限制策略（如关于无屏幕时间的规则和协议、延迟儿童使用设备、安装时间限制和过滤软件）。

198. 知道如何识别嵌入的用户体验技术（如"标题党"、游戏化、轻推），它们旨在操纵和削弱一个人对决策的控制能力（如让用户花更多时间在网上活动、鼓励消费主义行为）。

199. 能运用及遵循保护策略来打击网上侵害行为（例如，阻止再接收来自发送者的信息、不回应/回应、转发或保存信息作为法律程序的证据、删除负面信息以避免重复浏览）。

学习场景：使用学校的数字学习平台就感兴趣的主题进行信息分享

· 我可以为学校的数字学习平台创建一个关于网络欺凌和社会排斥的博客，帮助同学们认识和面对数字环境中的网络暴力。

态度

200. 倾向于关注身心健康，避免数字媒体的负面影响（如过度使用、技术上瘾、强迫行为）。

201. 在网上评估医疗和医疗类产品与服务的影响时，承担保护个人和集体健康与安全的责任，因为互联网上充斥着虚假和潜在危险的健康信息。

202. 要注意推荐的可靠性（例如，它们是否来自有信誉的来源）和它们的意图（例如，它们是真的帮助用户还是鼓励用户更多地使用设备以接触广告）。

维度 3　熟练程度

基础	1	在基础层面，在指导下，我可以：	• 认识数字技术及其使用对环境的简单影响。
	2	在基础层面，在需要的时候，以自主性和适当的指导，我可以：	• 认识数字技术及其使用对环境的简单影响。
中级	3	依靠自己解决简单的问题，我可以：	• 明确指出数字技术及其使用对环境的影响。
	4	根据自己的需要，独立地解决明确的非常规问题，我可以：	• 讨论如何保护环境免受数字技术及其使用的影响。
高级	5	在指导他人的同时，我可以：	• 展示保护环境免受数字技术及其使用影响的不同方法。
	6	在高级水平上，根据自己和他人的需要，以及在复杂的环境下，我可以：	• 选择最合适的解决方案，以保护环境免受数字技术及其使用的影响。
高度专业化	7	在高度专业化的水平上，我可以：	• 创建解决方案，以解决与保护环境免受数字技术及其使用的影响相关的、不够明确的复杂问题； • 整合我的知识为专业实践和知识贡献力量，并指导他人保护环境。
	8	在最先进和专业的水平上，我可以：	• 创建解决方案，以解决与保护环境免受数字技术及其使用的影响相关的、有诸多因素相互作用的复杂问题； • 提出该领域新的想法和流程。

维度 1　能力领域

4. 安全

维度 2　能力

4.4 保护环境

了解数字技术及其使用对环境的影响。

维度 4　知识、技能与态度示例	维度 5 · 使用示例

2.2

<table>
<tr><td rowspan="7">知识</td><td>203.</td><td>认识到日常数字实践（如依赖数据传输的视频流）对环境的影响，这种影响包括设备、网络基础设施和数据中心的能源使用与碳排放。</td></tr>
</table>

知
识

203. 认识到日常数字实践（如依赖数据传输的视频流）对环境的影响，这种影响包括设备、网络基础设施和数据中心的能源使用与碳排放。

204. 意识到数字设备和电池的制造对环境的影响（如污染和产生有毒副产品、能源消耗），在它们的寿命结束时，这些设备必须得到适当的处理，以最大限度地减少其对环境的影响，并使稀有和昂贵的组件与自然资源能够重复使用。

205. 认识到有些电子和数字设备的部件可以更换以延长其寿命或性能，有的则可能被有意设计为在一段时间后停止正常工作（计划报废）。

206. 了解购买数字设备时应遵循的"绿色"行为，例如选择在使用和待机期间能耗较低的产品、污染较低的产品（容易拆卸和回收的产品）和毒性较低的产品（有限使用对环境和健康有害的物质）。

207. 了解电子商务实践，如购买和交付实物商品会对环境产生影响（如运输的碳足迹、产生废物）。

208. 意识到数字技术（包括人工智能驱动的技术）可以有助于提高能源效率，如通过监测家庭取暖需求并优化其管理。

209. 意识到某些活动（如训练 AI 和生产比特币等加密货币）在数据和计算能力方面是资源密集型过程。因此，能源消耗会很高，也会对环境造成很大的影响。（AI）

技
能

210. 懂得采取低科技含量的环保策略，例如关闭电子设备及关闭 Wi-Fi、不打印文件、维修及更换元件、以避免不必要地更换数字设备。

211. 知道如何减少设备和服务的能源消耗（如改变视频流媒体服务的质量设置、在家时使用 Wi-Fi 而不是数据连接、关闭应用程序、优化电子邮件附件）。

212. 知道如何使用数字工具来改善个人消费行为对环境和社会的影响（如寻找当地产品、寻找集体交易和拼车的交通方式）。

态
度

213. 寻求数字技术能够以尊重人类社会和自然环境可持续性的方式帮助生活与消费的方法。

214. 寻求有关技术对环境影响的信息，以影响自己和他人（如朋友和家人）的行为，使他们在数字实践中更具有生态责任。

215. 在选择数字产品而非实体产品时，要考虑产品对地球的整体影响，例如，在线阅读一本书不需要纸张，因此运输成本较低，然而，应该考虑包括有毒成分和充电所需能源的数字设备。

216. 考虑人工智能系统在其整个生命周期中的道德后果，包括环境影响（数字设备和服务生产的环境后果）和社会影响，例如工作平台化和算法管理可能会侵犯工人的隐私或权利；使用低成本劳动力对图像进行标记，以训练人工智能系统。（AI）

维度 5 · 使用示例

高度专业化　　8

就业场景：使用推特账号在组织平台分享信息

• 我可以制作一个插图视频，回答我所在行业的组织关于可持续使用数字设备的问题，并在推特上分享，供该行业的员工和其他专业人士使用。

学习场景：使用学校的数字学习平台就感兴趣的主题进行信息分享

• 我可以创建一本新的电子书，回答关于在学校和家里可持续使用数字设备的问题，并将其分享到我所在学校的数字学习平台上，以便其他同学和他们的家人使用。

维度 3　熟练程度

维度 1　能力领域

5.问题解决

维度 2　能力

5.1 解决技术问题

在操作设备和使用数字
环境时识别技术问题，
并解决它们（从故障排
除到解决更复杂的问
题）。

基础	1	在基础层面，在指导下，我可以：	• 在操作设备和使用数字环境时，识别简单的技术问题； • 找出简单的解决方法。
	2	在基础层面，在需要的时候，以自主性和适当的指导，我可以：	• 在操作设备和使用数字环境时，识别简单的技术问题； • 找出简单的解决方法。
中级	3	依靠自己解决简单的问题，我可以：	• 在操作设备和使用数字环境时，指出明确的和常规的技术问题； • 选择明确和常规的解决方案。
	4	根据自己的需要，独立地解决明确的非常规问题，我可以：	• 区分操作设备和使用数字环境时的技术问题； • 选择解决方案。
高级	5	在指导他人的同时，我可以：	• 在使用数字环境和操作数字设备时，评估技术问题； • 对它们采用不同的解决方案。
	6	在高级水平上，根据自己和他人的需要，以及在复杂的环境下，我可以：	• 在操作设备和使用数字环境时，评估技术问题； • 用最合适的方法解决问题。
高度专业化	7	在高度专业化的水平上，我可以：	• 创建解决方案，以解决与操作设备和使用数字环境时的技术问题相关的、不够明确的复杂问题； • 整合我的知识为专业实践和知识贡献力量，并指导他人解决技术问题。
	8	在最先进和专业的水平上，我可以：	• 创建解决方案，以解决与操作设备和使用数字环境时的技术问题相关的、有诸多因素相互作用的复杂问题； • 提出该领域新的想法和流程。

维度 4　知识、技能与态度示例

2.2

维度 5·使用示例

知识

217. 了解最常见的数字设备（如电脑、平板电脑、智能手机）的主要功能。

218. 了解数字设备无法联网的一些原因（如 Wi-Fi 密码错误、开启了飞行模式）。

219. 知道可以通过提高计算能力或存储能力以克服硬件的快速折旧（比如，将压缩电量和存储作为一种服务）。

220. 意识到物联网和移动设备及其应用中最常见的问题来源与连接 / 网络可用性、电池 / 电源、有限的处理能力有关。

221. 意识到人工智能是人类智能和决策的产物（即人类选择、清理和编码数据，他们设计算法，训练模型，并将人类的价值观应用于输出中），因此并不独立于人类而存在。(AI)

基础 　　1

就业场景：使用一个数字学习平台提升就业机会

在 IT 部门同事的帮助下，我可以：

· 从使用数字学习平台时可能出现的一系列问题中找出一个简单的技术问题；

· 确定什么样的 IT 支持可以解决这个问题。

技能

222. 在在线会议中，知道如何识别与解决摄像头和麦克风问题。

223. 具备物联网设备及其服务相关问题的验证和故障排除能力。

224. 循序渐进地找出技术问题的根源（如硬件问题或软件问题），并在遇到技术故障时探索各种解决方案。

225. 遇到技术问题时，知道如何在互联网上找到解决方案。

学习场景：使用一个数字学习平台提升数学能力

在朋友的帮助下，我可以：

· 从使用数字学习平台时可能出现的一系列问题中找出一个简单的技术问题；

· 确定什么样的 IT 支持可以解决这个问题。

态度

226. 以积极和好奇心驱动的方式探索数字技术的运作方式。

维度 3　熟练程度

维度 1　能力领域

问题解决

维度 2　能力

5.2　确定需求和技术响应

评估需求，并识别、评估、选择和使用数字工具及可能的技术响应来解决这些需求。调整和定制数字环境以满足个人需求（如可访问性）。

基础	1	在基础层面，在指导下，我可以：	• 识别需求； • 识别简单的数字工具和可能的技术响应来解决这些需求； • 选择简单的方式来调整和定制数字环境，以满足个人需求。
	2	在基础层面，在需要的时候，以自主性和适当的指导，我可以：	• 识别需求； • 识别简单的数字工具和可能的技术响应来解决这些需求； • 选择简单的方式来调整和定制数字环境，以满足个人需求。
中级	3	依靠自己解决简单的问题，我可以：	• 指出明确的和常规的需求； • 选择明确和常规的数字工具和可能的技术响应来解决这些需求； • 选择明确和常规的方法来调整与定制数字环境，以满足个人需求。
	4	根据自己的需要，独立地解决明确的非常规问题，我可以：	• 解释需求； • 选择数字工具和可能的技术响应来解决这些需求； • 选择方式来调整和定制数字环境，以满足个人需求。
高级	5	在指导他人的同时，我可以：	• 评估需求； • 应用不同的数字工具和可能的技术响应来解决这些需求； • 使用不同的方式来调整和定制数字环境，以满足个人需求。
	6	在高级水平上，根据自己和他人的需要，以及在复杂的环境下，我可以：	• 评估需求； • 选择最合适的数字工具和可能的技术响应来解决这些需求； • 决定最合适的方式来调整和定制数字环境，以满足个人需求。
高度专业化	7	在高度专业化的水平上，我可以：	• 创建解决方案，以解决与利用数字工具和可能的技术响应，调整和定制数字环境以满足个人需求相关的、不够明确的复杂问题； • 整合我的知识为专业实践和知识贡献力量，并指导他人识别需求和技术响应。
	8	在最先进和专业的水平上，我可以：	• 创建解决方案，以解决与利用数字工具和可能的技术响应，调整和定制数字环境以满足个人需求相关的、有诸多因素相互作用的复杂问题； • 提出该领域新的想法和流程。

维度 4 知识、技能与态度示例

2.2

维度 5·使用示例

知识

227. 知道可以通过商业交易（如电子商务）和 C2C 交易（如共享平台）在互联网上买卖商品和服务。在网上从公司购买商品与从个人购买商品时适用不同的规则（如消费者合法保护）。

228. 能够识别一些 AI 系统的例子：产品推荐（如在线购物网站）、语音识别（如虚拟助手）、图像识别（如用 X 射线进行肿瘤筛查）和面部识别（如在监控系统中）。（AI）

229. 认识到许多非数字艺术品可以使用 3D 打印机创建（如打印家用电器或家具的备件）。

230. 了解可改善数字内容和服务的包容性与可及性的技术方法，如放大或缩放等工具和文本转语音功能。（DA）

231. 意识到由人工智能驱动的基于语音的技术能够使用语音命令，从而提高数字工具和设备的可访问性（如对于那些有行动或视力障碍、认知能力有限、语言或学习困难的人）。然而，由于商业优先级的原因，较少人口使用的语言往往无法获得或表现较差。（AI）（DA）

就业场景：使用一个数字学习平台提升就业机会

在我随时可以根据需要寻求咨询的人力资源部一位同事的帮助下，我可以：

- 从人力资源部门准备的在线课程列表中找到那些符合我职业发展需求的课程；
- 在我的平板电脑屏幕上阅读学习资料时，我可以把字号调大一些，以提高阅读的便利性。

技能

232. 知道如何利用互联网进行各种商品与服务的交易（如购买、出售）和非商业交易（如捐赠、馈赠）。

233. 知道如何以及何时使用机器翻译解决方案（如 Google Translate、DeepL）和同声传译应用程序（如 iTranslate）来粗略了解一份文件或对话。也知道当内容需要准确翻译时（如医疗保健、商业或外交），可能需要更精确的翻译。（AI）

234. 知道如何选择辅助工具以更好地获取网上信息和内容（如屏幕阅读器、语音识别工具），以及利用语音输出选项来产生语音（例如，供那些口头交流能力有限或没有口头交流手段的人使用）。（DA）

学习场景：使用一个数字学习平台提升数学能力

在教室里，有我随时可以根据需要寻求咨询的老师在，我可以：

- 从老师准备的数字数学资源列表中选择一个有助于我练习数学技能的教育类游戏；
- 调整游戏界面来匹配我的母语。

态度

235. 重视通过数字手段管理财务和金融交易的好处，同时承认相关的风险。

236. 以开放的态度探索和发现数字技术为个人需求创造的机会（例如寻找与自己最常用的设备，如电话、电视、相机、烟雾报警器相匹配的助听器）。充分认识到完全依赖数字技术也会带来风险。

维度 3　熟练程度

维度 1　能力领域

5. 问题解决

维度 2　能力

5.3 创造性地使用数字技术

利用数字工具和技术创造知识，创新流程和产品。个人或集体参与认知处理，以理解和解决数字环境中的概念问题与问题情境。

基础	1	在基础层面，在指导下，我可以：	• 确定简单的可用于创造知识、创新流程和产品的数字工具与技术； • 个人和集体表现出对简单认知过程的兴趣，以理解和解决数字环境中的简单概念问题与问题情境。
基础	2	在基础层面，在需要的时候，以自主性和适当的指导，我可以：	• 确定简单的可用于创造知识、创新流程和产品的数字工具和技术； • 遵循个人和集体对简单认知过程的兴趣，以理解和解决数字环境中的简单概念问题与问题情境。
中级	3	依靠自己解决简单的问题，我可以：	• 选择可用于创造明确的知识、创新流程和产品的数字化工具与技术； • 个人和集体参与一些认知过程，以理解和解决数字环境中明确的和常规的概念问题与问题情境。
中级	4	根据自己的需要，独立地解决明确的非常规问题，我可以：	• 区分可用于创造知识、创新流程和产品的数字工具与技术； • 个人和集体参与认知过程，以理解和解决数字环境中的概念问题与问题情境。
高级	5	在指导他人的同时，我可以：	• 应用不同的数字工具和技术来创造知识、创新流程和产品； • 在数字环境中运用个体和集体的认知过程来解决不同的概念问题与问题情境。
高级	6	在高级水平上，根据自己和他人的需要，以及在复杂的环境下，我可以：	• 采用最合适的数字工具和技术来创造知识、创新流程和产品； • 在数字环境中单独和集体地解决概念问题与问题情境。
高度专业化	7	在高度专业化的水平上，我可以：	• 创建解决方案，以解决与使用数字工具和技术相关的、不够明确的复杂问题； • 整合我的知识为专业实践和知识贡献力量，并指导他人创造性地使用数字技术。
高度专业化	8	在最先进和专业的水平上，我可以：	• 创建解决方案，以解决与利用数字工具和技术相关的、有诸多因素相互作用的复杂问题； • 提出该领域新的想法和流程。

维度 4 知识、技能与态度示例

2.2

维度 5·使用示例

知识

237. 知道参与解决问题的合作（线上或线下）意味着一个人可以利用从其他人那里获得的各种知识、观点和经验，进而产生更好的结果。

238. 了解数字技术和电子设备可作为支持新工艺与新产品创新的工具，以创造社会、文化和经济价值（如社会创新）。意识到创造经济价值的东西可能会危害或提高社会或文化价值。

239. 了解物联网技术的应用有可能用于许多不同领域（如医疗保健、农业、工业、汽车、公民科学活动）。

技能

240. 懂得运用数字技术将自己的想法转化为行动（例如，掌握视频制作技巧、打开一个频道、分享特定饮食方式的食谱和营养小贴士）。

241. 能够识别可用于设计、开发和测试物联网技术与移动应用程序的在线平台。

242. 知道如何使用多个物联网和移动设备来规划策略以执行任务（例如，通过基于一天的时间和环境光来设置灯光强度，使用一部智能手机来优化房间的能源消耗）。

243. 知道如何通过数字化、混合和非数字化的解决方案解决社会问题（例如，设想和规划在线时间银行、公共报告系统、资源共享平台）。

态度

244. 愿意参加旨在通过数字技术解决智力、社会或实际问题的挑战和比赛（如黑客马拉松、创意、资助、联合发起项目）。

245. 积极利用数字设备（即终端用户开发）共同设计和创造新产品与服务，为他人创造经济或社会价值（如在众创空间和其他集体空间）。

246. 愿意参与协作过程，共同设计和创造基于 AI 系统的新产品和服务，以支持和增强公民的社会参与。（AI）

中级 **3**

就业场景：使用一个数字学习平台提升就业机会
依靠自己，我可以：

• 使用慕课的论坛来询问关于我正在学习的课程的详细信息，我也可以使用它的工具（如博客、维基）创建一个新的条目来交换更多的信息；

• 利用慕课的思维导图工具与其他学生进行协作练习，用一种新的方式来理解一个具体的问题；

• 解决一些问题，比如发现我在错误的地方引入了一个问题或评论。

学习场景：使用一个数字学习平台提升数学能力
依靠自己，我可以：

• 使用慕课的论坛来询问关于我正在学习的课程的详细信息，我也可以使用他们的工具（如博客、维基）创建一个新的条目来交换更多的信息；

• 参加慕课的练习，用模拟来练习我在学校没有正确解决的数学问题，和其他同学在聊天中讨论练习，帮助我用不同的方法处理问题，提高我的技能；

• 解决一些问题，比如发现我在错误的地方引入了一个问题或评论。

维度3　熟练程度

5. 问题解决

维度 2　能力

5.4 识别数字能力鸿沟

了解自己的数字能力需要改进或更新的地方。能够支持他人的数字能力发展。寻求自我发展的机会，并紧跟数字时代的发展。

基础	1	在基础层面，在指导下，我可以：	• 认识到自己的数字能力需要改进或更新的地方； • 确定可以在哪里寻找自我发展的机会，并跟上数字时代的发展。
	2	在基础层面，在需要的时候，以自主性和适当的指导，我可以：	• 认识到自己的数字能力需要改进或更新的地方； • 确定可以在哪里寻找自我发展的机会，并跟上数字时代的发展。
中级	3	依靠自己解决简单的问题，我可以：	• 解释我的数字能力需要改进或更新的地方； • 指出可以在哪里寻找明确的自我发展机会，并跟上数字时代的发展。
	4	根据自己的需要，独立地解决明确的非常规问题，我可以：	• 讨论我的数字能力需要改进或更新的地方； • 指出如何支持他人发展他们的数字能力； • 指出可以在哪里寻求自我发展的机会，并跟上数字时代的发展。
高级	5	在指导他人的同时，我可以：	• 展示自己的数字能力需要改进或更新的地方； • 说明不同的方式来支持他人发展数字能力； • 为自我发展提供不同的机会，并跟上数字时代的发展。
	6	在高级水平上，根据自己和他人的需要，以及在复杂的环境下，我可以：	• 决定哪些是提高或更新自己数字能力需求的最合适方式； • 评估他人数字能力的发展； • 选择最合适的机会来发展自己，并跟上最新的数字能力发展。
高度专业化	7	在高度专业化的水平上，我可以：	• 创建解决方案，以解决与提高数字能力，找到自我发展的机会并跟上新发展相关的、不够明确的复杂问题； • 整合我的知识为专业实践和知识贡献力量，并指导他人识别数字能力鸿沟。
	8	在最先进和专业的水平上，我可以：	• 创建解决方案，以解决与提高数字能力，找到自我发展的机会并跟上新发展相关的、有诸多因素相互作用的复杂问题； • 提出该领域新的想法和流程。

维度 4　知识、技能与态度示例

2.2

维度 5 · 使用示例

中级　　　　　3

知识

247. 意识到数字能力意味着自信、批判性和负责任地使用数字技术，以实现与工作、学习、休闲、融入和参与社会有关的目标。

248. 意识到在与数字技术互动时遇到的困难可能是由于技术问题、缺乏信心、自身能力差距或解决问题时数字工具的选择不充分。

249. 意识到数字工具可以用来帮助确定一个人的学习兴趣和设定个人的生活目标（如学习路径）。

250. 了解在线学习可以提供机会（如视频教程、在线研讨会、混合学习课程、大规模开放在线课程）以跟上数字技术的发展，培养新的数字技能。一些在线学习机会也会对学习成果进行认证（如通过微证书、认证）。

251. 意识到人工智能是一个不断发展的领域，其发展趋势和影响目前仍然非常不清楚。（AI）

就业场景：使用一个数字学习平台提升就业机会
依靠自己，我可以：

• 我可以和一位就业顾问讨论我能够使用慕课来促进职业发展所需的数字能力。

• 我可以告诉她我在哪里找到并使用慕课来发展和更新我的数字能力水平，以促进职业发展。

• 当我在做这些时，我可以处理任何问题，例如，我可以评估在冲浪时发现的新数字环境是否适合提高我的数字能力水平。

技能

252. 知道如何通过自我评估工具、数字技能测试和认证获得可靠的数字能力反馈。

253. 能够反映自己的能力水平，并制定计划和采取行动提高技能（如参加市政当局的数字能力培训课程）。

254. 知道如何通过展示可靠的新闻来源的例子向他人（如老年人、年轻人）谈论识别假新闻的重要性，并知道如何区分真假新闻。

学习场景：使用一个数字学习平台提升数学能力
依靠自己，我可以：

• 我可以和一个朋友讨论我使用慕课工具来学习数学所需的数字能力。

• 我可以告诉老师我在哪里找到并使用慕课以满足我的学习需求。

• 我可以告诉她我浏览了哪些数字活动和网页，以保持我的数字能力的更新，这样我就可以从数字学习平台上最大限度地满足自己的学习需求。

态度

255. 有一种不断学习、自我教育和了解 AI 的倾向〔例如，理解 AI 算法如何工作；理解自动决策是如何可能存在偏见的；区分现实和不现实的 AI；理解狭义人工智能（即今天的 AI 能够完成像玩游戏这样的任务）和广义人工智能（即超越人类智能的 AI，这仍然是科幻小说中的情节）之间的区别〕。（AI）

256. 主动要求学习如何使用应用程序（如如何在网上预约医生），而不是将任务委托给其他人。

257. 愿意帮助他人提高数字能力，扬长补短。

258. 不会因技术变化的快节奏而气馁，但相信，关于如何在当今社会使用技术，一个人总是可以学到更多。

259. 随时准备重视自己以及他人的潜力，使用数字技术不断学习，这是一个终生的过程，需要开放、好奇和决心。

• 当我在做这些时，我可以处理任何问题，比如评估冲浪时出现的新数字环境是否适合提高我的数字能力，并从慕课中获得最大收益。

315

4 相 关 资 源

本节提供了 DigComp 现有参考资料的一个快照，它整合了以前发布的出版物和参考资料（表 6-1）。

表6-1 支持DigComp使用的资源和信息

资源	其他来源
DigComp 网站	ec.europa.eu/jrc/en/digcomp
能力描述符	
DigComp 不同版本的解释说明	
DigComp 的翻译情况（全部及部分）	
术语表	
数字技能指数（作为 DESI 指数的一部分）	
关于 DigComp 框架翻译的案例研究（斯洛文尼亚的案例）	DigComp 2.1
维度 5 在八个维度上的示例（DigComp 能力 1.1）	DigComp 2.1
从 1.0 到 2.0 描述符的变化	DigComp 2.0, 附件 1
与联合国教科文组织的媒介与信息素养框架的映射	DigComp 2.0, 附件 2 和 3
与其他关键能力的交互引用	DigComp 1.0, 附件 4
能力之间的交互引用（1.0）	DigComp 1.0, 附件 2

4.1 数字能力自我反思、监测及认证工具

4.1.1 在线"欧洲通行证"简历

"欧洲通行证"简历在线工具允许用户按照 DigComp 模式在"欧洲通行证"文件中列出并组织他们的数字技能，然后添加到他们的简历中。这个列表还可以包括他们希望突出的工具和软件，以及项目或成就。一般来说，"欧洲通行证"简历概

述了一个包含教育、培训、工作经验和技能信息的简历格式。

网址：europa.eu/europass/en/how-describe-my-digital-skills。

4.1.2 数字技能与就业平台的自评估工具（self-assessment tool on digital skills and jobs platform）

通过数字技能与就业平台，任何欧盟公民都可以访问数字能力自评估工具。该工具基于 DigComp，支持所有欧盟语言。通过测试，人们可以更多地了解自己的数字技能，更重要的是，发现下一步该如何提高这些技能。为此，该平台提供了课程和学习机会的匹配建议，并建议人们应该关注哪些数字技能。

网址：digital-skills-jobs.europa.eu/digitalskills。

4.1.3 DigCompSat

DigCompSat 是公民数字能力框架的一个自我反思型工具，用于评估 DigComp 所有 21 项对应 1 至 6 级（基础、中级和高级）的能力。该题库由 82 道自评题组成，具有良好的效度和内在一致性。DigCompSat 的主要功能有三：基于被调查者的自我评估来衡量地区层面的现有能力、发现能力差距、提高人们对当今数字能力含义的认识。该项目库有英语、西班牙语和拉脱维亚语三种语言形式。在 CC BY 4.0 创意通用授权（Creative Common Licence）下可用，该授权允许重复使用和翻译，前提是提到了原始来源。DigCompSat 报告描述了实现这一结果的过程和方法，包括多位专家参与，并在爱尔兰、西班牙和拉脱维亚进行了三次试点测试，共有 600 多名当地居民的代表参加。报告附件提供了对统计数据的分析以及试点前和试点阶段使用的题项库（英语、西班牙语和拉脱维亚语）。该研究项目是在 JRC 招标后，由 All Digital 在 2019～2020 年开展的。

报告（2020）网址：data.europa.eu/doi/10.2760/77437。

4.1.4 MyDigiSkills

MyDigiSkills 是一个在线工具，允许公民使用 DigCompSat 对自己的数字能力进行自我测试。该测试支持 11 种语言，即荷兰语、英语、法语、德语、意大利语、拉脱维亚语、立陶宛语、罗马尼亚语、俄语、西班牙语和乌克兰语。所有数字目前托管服务（更多内容参见专栏 6-2：MyDigiSkills 的起源）。MyDigiSkills 的合作伙伴和第三方可以请求一个"测试代码"，用于对特定用户群（如学校及其学生、城市及其市民）进行测试。测试组织者可以从 MyDigiSkills 数据库中筛选并提取一个群组的结果作为一个匿名数据集。All Digital 和 MyDigiSkills 合作伙伴同意将所有测试结果作为匿名开放数据提供给研究之用。

专栏 6-2　MyDigiSkills 的起源

AUPEX（Asociación de Universidades Populares de Extremadura）是一个西班牙非营利组织，其联合当地的成人教育中心，开发专注于数字能力的终身学习项目。2021 年，AUPEX 开发了一个创建在线数字能力自我评估测试的项目。他们使用了为 DigCompSat 开发的 82 道自评题、答案选项和结果评分。后来，该在线工具被提供给 All Digital 及其成员，将其转变为一种多语言服务，现在被称为 MyDigiSkills。感兴趣的合作伙伴将需要负责本国版本，并自费提供所有翻译的内容和界面。

4.1.5　数字技能指数

自 2015 年以来，欧盟委员会使用数字技能指数监测欧盟公民的数字活动水平。直到 2019 年，这一综合指标都还是基于 DigComp 的四个能力领域（信息、沟通、内容创建和问题解决），自 2022 年以来，增加了第五个能力领域：安全。数字技能指数采用的数据是由欧盟调查局利用"欧盟家庭和个人互联网使用调查"收集得到的。该调查关注的是个人在过去三个月里如何使用互联网，调查中的一些变量被用作数字技能的表征。该调查涵盖了年龄为 16 ～ 74 岁的欧盟人口的代表性样本。

网址：ec.europa.eu/eurostat/cache/metadata/en/tepsr_sp410_esmsip2.htm。

4.1.6 DigComp认证工作（Certification work）

为支持欧洲数字技能认证（European Digital Skills Certification，EDSC）可行性研究的设计和开发，以及实际的咨询和参与过程，一个实践共同体被建立起来。截至 2022 年初，数字技能认证实践社区聚集了来自公共、私营和第三部门的约 350 名成员，他们在地方、区域、国家和国际层面工作，其中包括来自政策、工程技术行业、商业服务和公民服务行动者的各方代表。

网址：all-digital.org/certification-cop。

4.2 DigComp实施报告及指南

4.2.1 《把 DigComp 转化为行动：获得灵感，让它发生》（DigComp into Action：Get Inspired, Make It Happen）

该指南（图 6-5）通过分享教育和培训、终身学习和包容以及就业等不同领域的各种行动者实施 DigComp 框架的 38 种现有的鼓舞人心的实践，支持利益相关者实施 DigComp 框架。由简短的案例研究和工具组成的 50 个内容项说明了这些问题。指南附件中提供的例子列表并不详尽，旨在说明 DigComp 实现实践的广泛范围。

指南（2018）网址：data.europa.eu/doi/10.2760/112945。

图6-5 《把DigComp转化为行动：获得灵感，让它发生》

4.2.2 《实践中的 DigComp》（DigComp at work）

该报告（图 6-6）及其附带的指南（单独发布）通过分析 DigComp 实现就业能力和就业的 9 个鼓舞人心的实践与相关资源，为利益相关者提供了指导和支持。它描述了劳动力市场中介机构（LMIs）对 DigComp 的使用，这些中介机构致力于发展失业人员、求职者、雇员和（未来的）企业家的数字技能，以提高他们（在公共和私营部门）的就业能力。

报告（2020）网址：data.europa.eu/doi/10.2760/17763。

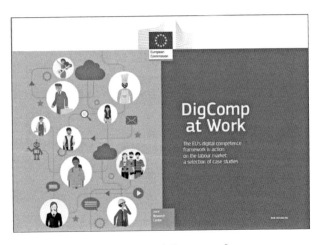

图6-6 《实践中的DigComp》

4.2.3 《实践中的DigComp实施指南》(DigComp at Work：Implementation Guide)

《实践中的 DigComp 实施指南》(图 6-7)与《实践中的 DigComp》报告一起发布，旨在支持劳动力市场中介机构在就业能力或就业背景下的数字技能培训行动。它提供了使用 DigComp 的具体指南、例子、技巧和有用资源，以确定特定工作的数字能力需求，评估数字能力，以及编目、发展和提供数字能力培训。

指南(2020)网址：data.europa.eu/doi/10.2760/936769。

图 6-7　《实践中的 DigComp 实施指南》

4.3　国际组织包含DigComp的相关评论

4.3.1　联合国教科文组织统计研究所：《面向可持续发展目标指标4.4.2的数字素养技能全球框架》

《面向可持续发展目标指标 4.4.2 的数字素养技能全球框架》(A Global Framework of Reference on Digital Literacy Skills for Indicator 4.4.2)(图 6-8)的目标是制定一种方法可以作为可持续发展目标专题指标 4.4.2 的基础："至少达到最低水平数字素养熟练程度的青年 / 成年人的百分比。"基于这些发现，项目团队向联合国教科文组织统计研究所提出了一个最终版本供其考虑，并在 DigComp2.0 之后增加了两个版本。

出版物（2018）网址：unesdoc.unesco.org/ark:/48223/ pf0000265403。

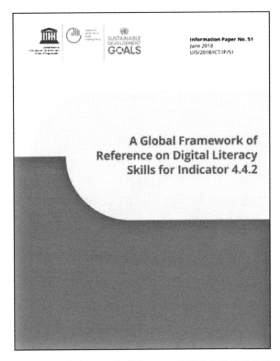

图 6-8 《面向可持续发展目标指标 4.4.2 的数字素养技能全球框架》

4.3.2 联合国儿童基金会：《儿童数字素养：定义及框架探索》

《儿童数字素养：定义及框架探索》（*Digital Literacy for Children: Exploring Definitions and Frameworks*）（图 6-9）这篇范围界定文章强调了现有的能力框架（40 项倡议）以及如何使它们适应联合国儿童基金会的需要。该文建议联合国儿童基金会应该主要依赖 DigComp 框架；而当在发展中国家的背景下运行以及更广泛的数字公民方法更受欢迎时，该文则建议使用联合国教科文组织亚太地区办公室在曼谷开发的亚太数字儿童框架（Digital Kids Asia-Pacific Framework）。

出版物（2019）网址：unicef.org/globalinsight/reports/digitalliteracy-children。

图 6-9　《儿童数字素养：定义及框架探索》

4.3.3　世界银行：《数字技能：框架和项目》

《数字技能：框架和项目》（*Digital Skills：Frameworks and Programs*）（图 6-10）在回顾国际框架的基础上，提出了一个数字技能的框架。对于公民和非 ICT 专业人士的数字技能领域，该报告重点介绍了 DigComp 框架和联合国教科文组织在数字素养全球框架（DLGF）中对其进行的调整。报告进一步强调，为了制定相关的教育课程、培训计划和评估框架，有必要使该框架适应各国的当地情况。

出版物（2020）网址：hdl.handle.net/10986/35080。

图6-10 《数字技能：框架和项目》

4.4 DigComp的翻译及改编

表 6-2 和表 6-3 显示了 DigComp 出版物的两种不同类型的翻译情况：对报告进行全部或部分的字面翻译，以及对框架进行国家或部门层面的改编。部门层面的改编涉及教育工作者和高等教育学生，一项开放的欧盟委员会许可（EC License）鼓励他们重新使用和翻译，只要提到原始来源即可。因此，翻译可以在没有 JRC 正式授权的情况下完成。而 DigComp 实践社区则可以用来告知社区有关的新语言版本。

表6-2 Digcomp报告的文字和部分翻译情况

国家	翻译单位	版本	年份
白俄罗斯	白俄罗斯数字技能联盟	2.1（报告）	2021
捷克共和国	马萨里克大学出版社（布尔诺马萨里克大学）	2.1（部分）	2019
爱沙尼亚	教育研究部	1.0（报告）	
希腊	电子政务部	2.1（部分）	2020

续表

国家	翻译单位	版本	年份
匈牙利	创新技术部	2.1（报告）	2019
意大利	意大利数字局	2.1（报告）	2018
意大利	数字公民网站	1.0（部分）	
意大利	数字公民网站	2.0（部分）	
拉脱维亚	科学和教育部	2.1（报告）	2021
立陶宛	教育发展中心	2.1（报告）	2017
波兰	ECCC 基金会	2.1（报告）	2019
葡萄牙	阿威罗大学教育与心理学系	1.0 + 2.0（报告）	2017
葡萄牙	阿威罗大学教育与心理学系	2.1（报告）	2017
斯洛文尼亚	斯洛文尼亚国家教育学院	2.1（报告）	2017
西班牙	穆尔西亚地区政府 – 公共管理学院	1.0（部分）	2016
西班牙	埃斯特雷马杜拉理事会 – 教育和就业部	2.1（部分）	2017
西班牙	埃斯特雷马杜拉公众大学协会	2.1（报告）	2018

表6-3　框架的国家、地区和部门层面的专门化改编

国家	改编单位	年份
奥地利	联邦数字和经济事务部	2019
比利时	佛兰德斯教育部	
法国	教育部	2017
西班牙	国家教育技术与教师培训研究所	2017
西班牙	西班牙大学图书馆网络	
西班牙	穆尔西亚地区政府—公共管理学院	2016

4.5　ESCO分类和翻译中的DigComp

ESCO 是欧洲技能、能力、资格和职业的多语种分类，它确定并分类了与欧盟劳动力市场、教育和培训相关的约 3000 种职业及 13 900 种技能及能力，还包括欧洲成员国拥有和管理的各类资格的资料信息。

新版 ESCO 分类（ESCO v1.1）包含了 DigComp 2.0 技能 /

能力的 5 个能力领域和 21 种能力的标题与描述符。其中一些已稍作修改，以符合 ESCO 规则（表6-4）。例如，在 ESCO 中，标题不大写，也不使用动名词。在某些情况下，还增加了一些词以消除歧义，并明确地将这些概念置于数字领域。例如，为了简化语言，将能力领域"信息与数据素养"改为"数字数据处理"。对于"编程"和"保护设备"的具体能力，ESCO 采用了不同的定义。

表6-4　DigComp能力领域和ESCO数字能力的映射

ESCO	DigComp
数字数据处理	信息与数据素养
数字沟通与协作	沟通与协作
数字内容创建	数字内容创建
ICT 安全	安全
以数字工具解决问题	问题解决

DigComp 能力目前也可以在 ESCO 门户网站的下载部分（CSV 和 ODS 格式），以及通过 ESCO 网络服务应用程序接口（API）和 ESCO 本地 API 获得。在不久的将来，将有可能直接在 ESCO 技能支柱中筛选 DigComp 的领域和能力。

正如 ESCO 的所有内容一样，DigComp 能力也由欧盟委员会的翻译服务机构翻译，并由 ESCO 国家通讯员以所有23种欧盟官方语言、挪威语、冰岛语和阿拉伯语进行核查，且与 ESCO 的其他技能相联系。使用来自门户下载部分的适当筛选器（选择最新版本 1.1.0）可以获得不同文件格式的翻译件。

为了方便获取这些翻译（阿拉伯语除外），ESCO 制作了 DigComp 2.0 的翻译报告，其中涵盖了所有 5 个领域和 21 种能力：

○ DigComp 标签 / 标题；

- ESCO 统一资源标识符（仅针对 21 种特定的能力，在链接的数据格式中，所有概念都由统一资源标识符标识）；

- ESCO 英文标签 / 标题；

- 翻译的 ESCO 标签 / 标题；

- DigComp 描述符；

- ESCO 英文说明书和翻译后的说明书。

4.6 DigComp实践社区

DigComp 实践社区（DigComp Community of Practice，CoP）是在线托管的，对所有从事数字能力发展工作并有使用 DigComp 框架经验的个人和组织开放。CoP 提供了不同的视角和兴趣点：政策、研究、教育和培训、就业能力和人力资源开发、包容性项目等。

到 2022 年初，DigComp CoP 接待了来自欧洲和其他地区 57 个国家的 575 名成员。如图 6-11 所示，最大的群体是教育机构，特别是大学教师、研究人员和学生（190 名成员）。在第三部门组织中，几乎一半（51 个）是由数字能力中心代表的，包括几个 All Digital 成员。

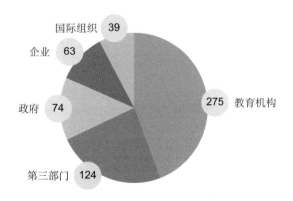

图6-11 DigComp实践社区成员类型

除了由工作组进行的特定活动，如与 DigComp 2.2 修订过程相关的活动，CoP 还主持了：

- 由成员或主持人就各种主题发起的讨论（例如，在教育和其他背景下验证数字能力的方法与工具；卫生专业人员、教师和其他工作人员的数字能力）。

- 对具体方面的建议和资源的请求与共享（例如，发展中国家的数字素养倡议和材料；合作伙伴寻找新项目；共享数字能力项目和研究报告；有关欧盟层面数字能力发展的新呼吁及政策措施的资料）。

- DigComp 参考文档、其他有用文档和 DigComp 成员分享的 DigComp 实现经验的简短描述库。

- 网络研讨会，让 CoP 成员和其他利益相关者展示他们与 Digcomp 相关的活动。

专栏 6-3　在线实践社区的起源

在 2019 年夏季于毕尔巴鄂（Bilbao，西班牙港口）举行的 DigComp 和就业能力研讨会之后，All Digital 和巴斯克政府的 Ikanos 项目联合起来，通过建立欧洲 DigComp 实践社区，促进对 DigComp 更广泛的采用及对其发展的支持。All Digital 提供了一个在线协作平台，用于主办 DigComp CoP。DigComp CoP 从 2021 年初开始活跃并不断增长，在 JRC 的协议下，它参与了 DigComp 2.2 的修订过程。

5　其他框架

5.1　国际组织

5.1.1　联合国教科文组织：媒介与信息素养框架

联合国教科文组织的媒介与信息素养框架最初是与 DigComp 框架几乎同时开发的，它们都有一个共同的目标，即使人们能够发展数字能力，以支持他们的生活机会和就业能力。联合国教科文组织的框架是对数字能力框架的补充，尤其注重媒介与信息素养，以加深公众对媒体在民主社会中的作用和功能的理解。这两个框架中的许多能力可以相互参照，从而使课程和培训材料能够以可交换的方式使用。DigComp 框架和媒介与信息素养框架元素之间的映射可以在 DigComp 2.0 的附件 2 和 3 中找到。

网址：en.unesco.org/themes/media-and-information-literacy。

指南（2021）：unesdoc.unesco.org/ark:/48223/pf0000377068。

5.1.2　联合国教科文组织亚太数字儿童框架

亚太数字儿童框架通过提供一种整体的、基于权利的、以儿童为中心的方法来指导儿童的数字公民干预，该方法横跨 5 个领域和 16 种能力。伴随的评估工具在 4 个亚太国家的 15 岁学生中得到验证。在概念层面，各框架之间存在许多互补性（如数字文化、数字创意和创新、安全、数字参与）。一个有趣的附加价值是关注数字情商的社会情绪领域，这是在终身学习的关键能力（见 LifeComp）的 LifeComp 框架中涉及的部分。

网址：dkap.org。

5.2 支持终身学习关键能力的框架

最新的《终身学习关键能力建议》确定了个人成就、健康和可持续的生活方式、就业能力、积极的公民意识和社会包容所需的八大关键能力。除了数字能力，关键能力还包括读写能力，多语言能力，数学、科学和工程技能，人际交往能力，适应新能力的能力，积极的公民意识，创业能力，文化意识和表达能力。欧盟委员会和欧洲理事会已经制定了一些参考框架，以支持教育和培训机构为所有人提供教育、培训和终身学习（图 6-12）。以下页面中的示例并不详尽，更多示例请参阅报告（2018），网址：eur-lex. europa.eu/legal-content/EN/TXT/?uri=CELEX:52018SC0014。

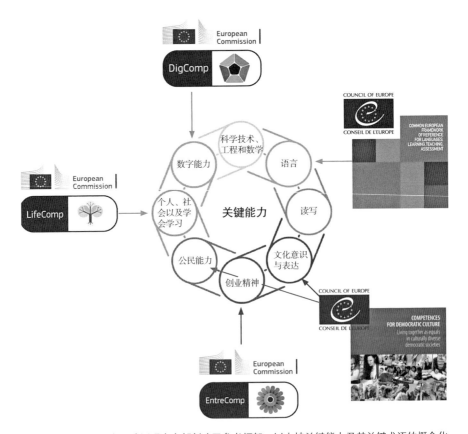

图6-12 欧盟委员会和欧洲理事会都创建了参考框架，以支持关键能力及其关键术语的概念化

5.2.1　EntreComp

欧洲公民创业能力的培养是终身学习的八大关键能力之一。创业价值创造和创业学习可以发生在生活的任何领域；将想法转化为共享的价值，与个人职业发展、支持当地体育团队或建立新的社会企业同样相关。这份题为"创业能力：创业能力框架"（EntreComp: The Entrepreneurship Competence Framework）的报告将创业能力描述为一种终生能力，并确定了使人成为创业家的要素。

报告（2016）网址：data.europa.eu/doi/10.2791/593884

关于 DigComp 和 EntreComp 之间互联的维度 4 示例包括：237、239、242、243、244。

5.2.2　生活能力（LifeComp）

"LifeComp：欧洲的个人、社会和学会学习关键能力框架"（LifeComp: The European Framework for the Personal, Social and Learning to Learn Key Competence）是一个建立对"个人、社会和学会学习"关键能力的共同理解的框架。LifeComp 是一个非规定性的概念框架，可以作为课程和学习活动发展的基础。目标是建立一个有意义的生活，以应对各种复杂情况，成为蓬勃发展的个体、负责任的社会代理以及反思性的终身学习者。LifeComp 描述了在正式、非正式和非正规教育中每个人都可以习得的 9 种能力。

出版物（2020）网址：data.europa.eu/ doi/10.2760/922681。

关于 DigComp 和 LifeComp 之间互联的维度 4 示例包括：4、53、55、83、89、91、95、97、100、102、103、188、196、199、248、251、256、258。

5.2.3　CEFR

欧洲语言共同参考框架：学习、教学和评估（The Common European Framework of Reference for Languages: Learning,

Teaching, Assessment）旨在为语言教学大纲和课程指南的制定、教学与学习材料的设计以及外语水平的评估提供一个透明、连贯和全面的基础。CEFR 的姐妹篇还包含了一套完整的 CEFR 扩展描述符，用于中介、在线互动、多语 / 多元文化能力和手语能力。说明性描述符已被调整为包含情态公式的手语，并且现在所有的描述符都是中性的。

门户网站：coe.int/web/common-european-frame-work-reference-languages。

5.2.4　民主文化能力

民主文化能力（Competences for Democratic Culture）参考框架着重于有效参与民主文化，以及在不同文化的民主社会中与他人和平共处所需的能力。它描述了一种广泛的跨文化、公民、社会和横向的能力，可用于支持关于文化意识和表达的关键能力的教学。该框架包括一系列陈述，为每种能力设定学习目标和结果，以帮助教育者设计学习情境，使他们能够观察学习者的行为与给定能力之间的关系。

门户网站：coe.int/web/reference-framework-of-compe-tences-for- democratic-culture。

关于 DigComp 和 Citizenship 之间互联（如关键能力推荐中定义的那样）的维度 4 的示例包括：72、73、77、80、81。

5.3　其他由JRC主持的欧盟能力框架

EC-JRC 能力框架及工具详见图 6-13。

5.3.1　消费者数字能力框架

消费者数字能力框架提供了一个参考框架，以支持和提高消费者的数字能力，即消费者需要在数字市场中积极、安全和果断地行使职责的能力。消费者数字能力框架被认为是衍生品，因为它使用 DigComp 概念参考模型作为在特定环境下新

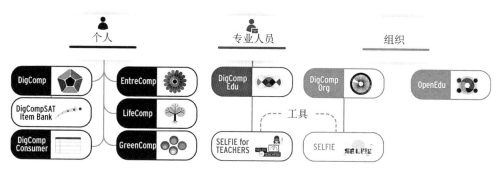

图6-13 EC-JRC能力框架及工具

的数字能力框架的基础。消费者数字能力框架是司法与消费者局和 JRC 合作的产物。

23 种语言框架（2016）网址：ec.europa.eu/jrc/en/digcomp-consumers。

5.3.2 教育工作者数字能力框架

欧洲教育工作者数字能力框架是一个描述教育工作者数字能力含义的框架。它提供了一个通用的参考框架，以支持欧洲教育工作者特定数字能力的发展。DigCompEdu 面向所有层次的教育工作者，从幼儿教育到高等教育和成人教育，包括普通教育和职业教育与培训、特殊需求教育和非常态学习环境。

出版物（2017）网址：data.europa.eu/ doi/10.2760/178382。

网站：ec.europa.eu/jrc/en/dig- compedu。

工具：SELFIEforTEACHERS 是一个基于 DigCompEdu 的在线自我反思工具。

5.3.3 教育机构数字能力框架

有必要支持教育机构的数字能力建设。欧洲教育机构数字能力框架旨在促进数字时代的有效学习。该框架可以促进整个欧洲相关举措的透明度和可比性，并在解决各成员国的分裂和不平衡发展方面发挥作用。

出版物（2015）网址：data.europa.eu/ doi/10.2791/54070。

工具：SELFIE 是一款基于 DigCompOrg、用于学校数字能力的在线自我反思工具。

5.3.4　绿色能力框架

《欧洲绿色协议》（The European Green Deal）促进了欧盟在环境可持续性方面的学习。绿色能力框架（GreenComp）是一个欧洲可持续发展能力框架，它确定了一套可持续性能力，用于教育项目以帮助学习者发展知识、技能和态度，促进以同情、责任和关心我们的地球与公共卫生的方式来思考、计划及行动。

出版物（2021）网址：data.europa.eu/ doi/10.2760/13286。

6　术　语　表

6.1　算法

一种明确的有限指令序列，通常用于解决一类特定问题或执行一次计算。修改自：en.wikipedia.org/wiki/Al- gorithm。

6.2　人工智能

人工智能指的是基于机器的系统，它可以根据一组人类定义的目标做出预测、建议或决定，从而影响现实或虚拟环境。人工智能系统与我们互动，并直接或间接地影响我们的环境。通常，它们看起来是自主操作的，并能通过了解环境来调整自己的行为。资料来源：UNICEF, 2021, p.16。

6.3　人工智能系统

使用《人工智能法案》提案附件 1 中列出的一种或多种技术和方法（如机器学习、基于知识的方法和统计模型）开发出来的，并能够针对一组人类定义的既定目标生成诸如内容、预测、建议或影响其交互环境的决策等输出的一组软件。人工智能法案提案（AI Act Proposal）（COM/2021/206 final）。

6.4　数据

由特定的解释行为赋予意义的一个或多个符号的序列（数据没有内在意义）。数据可以被分析或用于获取知识或做出决策。数字数据是用二进制数字系统 1 和 0 表示的，而不是它的模拟表示。修改自：en.wikipedia.org/wiki/Data_（computing）。

6.5　数据可视化

是一个跨学科的领域，处理数据的图形表示，以清晰和有效地向用户传达信息。它使复杂的数据更容易访问、理解和使用，但也可以简化。修改自：en.wikipedia.org/wiki/ Data_visualization。

6.6　数字可访问性

具有最广泛特征和能力的人群中的人在特定使用环境（直接使用或辅助技术支持下的使用）中能够使用数字产品、系统、服务、环境和设施来实现特定目标的程度。修改自：EN 301547。

可访问性有益于残障人士和其他人，例如，使用小屏幕和不同输入模式设备的人；因年龄增长能力发生变化的老年人；有"暂时性残疾"的人，如断臂或丢失眼镜的；有"情境限制"的人，如在明亮的阳光下或在不能听音频的环境中访问受限；使用慢速互联网连接或者带宽或费用受限的人。在DigComp 2.2 中，说明数字可访问性的例子被标记为（DA）。

6.7　数字通信

指使用数字技术进行通信。通信模式多种多样，如同步通信（实时通信，如使用 Skype 或视频聊天或蓝牙）和异步通信（非并发通信，如电子邮件、论坛发送消息、短信），使用一对一、一对多或多对多等模式。

6.8　数字内容

以数字形式产生和提供的数据［指令（EU）2019/770］，如视频、音频、应用程序、数字游戏和任何其他软件。数字内容包括广播、流媒体或包含在计算机文件中的信息。修改自：en.wikipe- dia.org/wiki/Digital_content。

6.9　数字环境

由技术和数字设备所产生的语境或"地点"，通常通过互联网或其他数字手段（如移动电话网络）传输。个人与数字环境互动的记录和证据构成了他们的数字足迹。在 DigComp 中，术语"数字环境"被用作数字行动的背景，而没有指定具体的技术或工具。

6.10　数字服务

允许用户（公民、消费者）创建、处理、存储或访问数字形式的数据，并与该服务的同一或其他用户上传或创建的数字形式的数据共享或交互［指令（欧盟）2019/770］。

6.11　数字技术

可用于以数字形式创建、查看、分发、修改、存储、检索、传输和接收电子信息的任何产品。例如，个人电脑和设备（如台式电脑、笔记本电脑、上网本、平板电脑、智能手机、带有移动电话设备的掌上电脑、游戏机、媒体播放器、电子书阅读器、智能助手、AR/VR 头盔等设备），数字电视和机器人。

6.12　数字工具

用于特定目的或执行信息处理、通信、内容创建、安全或问题解决等特定功能的数字技术（见术语"数字技术"）。

6.13　虚假信息和错误信息

虚假消息是故意制造和传播以欺骗他人的虚假信息，错误消息是并非有意欺骗或误导他人的虚假信息。来源：europa.eu/learning-cor- ner/spot-and-fight-disinformation_en。

6.14　回音室

指在社交媒体和在线讨论小组中，在一个封闭、隔离的系统中，通过交流和重复，信念被放大或加强的情况。参与者通常接收到的信息会强化他们现有的观点，而不会接触到相反的观点。修改自：en.wikipedia.org/wiki/ Echo_chamber_（media）。

6.15　eIDAS

eIDAS（Electronic Identification, Authentication and Trust Services）是一个法律架构，让市民、公司及公共管理机构只需"一键"便可安全地使用网上服务及进行交易。这意味着任何在线活动（如纳税申报、申请外国大学、远程开设银行账户、在另一个成员国开展业务、互联网支付认证等）都将有更高的安全性和更大的便利性。在 DigComp 2.2 中，示例 68、70、180 和 185 旨在说明不同的应用程序。更多信息参见：digital-strategy.ec.europa.eu/en/poli- cies/eidas-regulation。

6.16　过滤气泡

可以从互联网或社交媒体上的个性化搜索中产生，算法会根据用户的信息（如位置、过去的点击行为和搜索历史），有选择地猜测用户想要看到的信息。修改自：en.wiki-pedia.org/wiki/Filter_bubble。

6.17　通用数据保护条例

《通用数据保护条例（EU）2016/679》是欧盟范围内为收集和处理个人信息制定指导方针的法律框架，于 2018 年 5 月 25 日在整个欧盟生效。更多内容参见：gdpr.eu。

6.18　物联网

指嵌入传感器、处理能力、软件和其他技术的物理对象（或一组此类对象），这些对象通过互联网或其他通信网络与其他设备和系统连接并交换数据。修改自：en.wiki- pedia.org/wiki/Internet_of_things。

6.19　媒介素养

指使公民能够有效和安全地使用媒体的技能、知识和理解。为了负责任地、安全地获取信息及使用、评价和创造媒体内容，公民需要具备先进的媒介素养技能。媒介素养不应局限于学习工具和技术，而应旨在使公民具备进行判断、分析复杂现实并识别意见和事实之间的差异所需的批判性思维技能。资料来源：the EU's Audiovisual Media Services Directive（2018）。

6.20　隐私政策

与保护个人数据有关的术语。例如，服务提供者如何收集、存储、保护、披露、转移和使用用户信息（数据），收集哪些数据等。

6.21　问题解决

当问题的解决方法并非显而易见时，个人参与认知处理以理解和解决问题的能力。它包括参与类似情况的意愿，以激发个人作为一名有建设性和反思性公民的潜能（OECD，2014, p. 30）。

6.22　社会包容

改善个人和团体参与社会的条件的过程。社会包容的目标是增强贫困和边缘人群的能力，使他们能够利用迅速增长的全球机会。它确保人们在影响其生活的决定中有发言权，并确保他们可以平等进入市场、服务以及政治、社会和实体空间（修改自世界银行）。

6.23　结构化的环境

即数据驻留在一个记录或文件的固定字段中，如关系数据库和电子表格。

6.24　技术响应/解决

指尝试使用技术或工程来解决问题。

6.25　健康/福祉

这一术语与世界卫生组织对"良好健康"的定义有关，即身体、社会和精神完全健康的状态，而不仅仅是没有疾病或虚弱。社会幸福感是指与他人和社区的融合感（如获取和使用社会资本、社会信任、社会联系和社会网络）。

7 附 件

DigComp 的框架简图如图 6-14 所示。

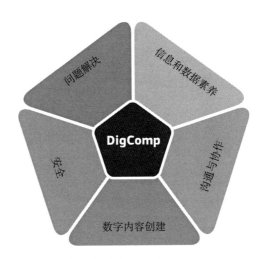

图6-14　DigComp框架简图

7.1　支撑DigComp框架及其更新的方法

本部分首先解释 DigComp 框架的结构，然后描述创建它的方法。由于 DigComp 2.2 的更新只关注维度 4，所以本部分首先从 2013 年的 1.0 版本开始，然后简要介绍了用于更新概念参考模型（DigComp 2.0）和 DigComp 2.1 的方法（熟练程度、使用示例），最后描述了 2.2 更新的过程。

DigComp 框架由 5 个维度组成（表 6-5）。维度概述了底层数据模型，并组织所有要素，显示它们之间的关系。"维度"一词也指框架的结构，即框架内容显示的方式。在 DigComp 中，"维度"的概念与 ICT 专业人员胜任能力框架（e-CF）中的使用方式相同。

表6-5 DigComp的主要维度

维度1	被确定为数字能力一部分的领域
维度2	与每个领域相关能力的描述符及标题
维度3	每种能力的熟练程度
维度4	适用于每种能力的知识、技能与态度示例
维度5	不同语境下能力适用的示例

维度1概述了数字能力所组成的能力领域。维度2详细说明了每种能力的描述符及标题。维度3用于描述每种能力的熟练程度。维度4和5描述了与维度2相关的各种示例。提供它们是为了增加价值和背景语境，因此它们并不是详尽的。

在维度4的示例中，包括与每种能力相关的知识、技能和态度的例子，维度5提供了在特定环境——学习和就业中的使用示例。

每个维度都有其特殊性，允许灵活地使用框架，以便它能够适应背景语境产生的需求。例如，某人可能只使用维度1和维度2而不使用熟练等级。维度的使用还允许不同框架之间更好的互操作性和可比性。

为了跟踪DigComp更新的不同版本，使用了两个数字的顺序编号方案（一级编号和次级编号）。当概念参考模型（维度1和维度2）发生重大变化时，第一个序列发生变化（即1.0到2.0）。当某些方面发生变化时（如在维度3、维度4、维度5中），对第一个数字之后的序列（次级编号）进行更改，以表示变化（即2.1到2.2）。下面简要介绍了这些更新。

7.1.1 DigComp 1.0

DigComp的创建过程是由JRC代表教育与文化总司于2010年12月发起的。一批中期出版物（Ala-Mutka, 2011; Janssen,and Stoyanov, 2012; Ferrari, et al., 2012）最先出版，之后法拉利在2013年最终公布了框架。

　　该项目在 2011 年 1 月至 2012 年 12 月期间开展，遵循一个结构化的过程：概念描述、案例研究、在线咨询、专家研讨会和利益相关者咨询（图 6-15）。在第一个数据收集阶段［旨在从不同来源（学术文献和政策文件、现有框架、该领域专家的意见）收集能力作为构建模块］之后，提出了一个框架草案，并提交给一些专家，供反复反馈和咨询。超过 150 名受众积极地为最终产出的构建或改进做出了贡献。该框架在大约 10 次不同的会议和研讨会上进行了不同发展阶段的展示。参与者对这些活动提出的问题和评论的反馈也被考虑在内（Ferrari，2013，p5）。

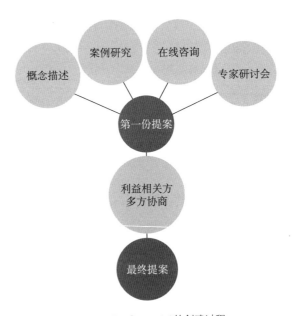

图6-15　DigComp 1.0的创建过程

　　DigComp 1.0 将数字能力定义为 21 种能力的组合，可分为 5 个主要领域（信息、沟通与协作、内容创建、安全和问题解决）。能力领域使用从 1 到 5 的顺序编号。每一种能力都有一个标题和一个描述符，这些描述符是描述性的而不是规范性的。区域内的所有能力使用两个数字（领域、能力），第一个序列表示能力区域，第二个序列表示能力（如 1.2）。

7.1.2　更新2.0：概念参考模型（维度1和维度2）

概念参考模型更新于 2016 年进行，包括了 5 个领域的更新（维度 1）和 21 个能力标题与描述符的修订（维度 2）。这次更新版被称为 DigComp 2.0（Vuorikari et al., 2016）。

DigComp 2.0 的更新过程始于 2015 年初，收到了来自 "ET 2020 工作组" 的反馈，"ET 2020 工作组" 是协调开放方法的一部分，该方法是欧盟委员会和成员国合作应对国家与欧洲层面教育领域关键挑战的一种方式的组成部分。在三次单独的会议（分别于 2015 年 2 月、6 月和 10 月召开）中，收集了对更新过程的不同部分的反馈（如概念参考模型、国家级别的使用案例、熟练程度级别）。2015 年 11 月，一个相当稳定的 DigComp 2.0 概念参考模型版本在互联网上公开（通过 JRC 科学中心），反馈截止日期为 2016 年 3 月 15 日。在此期间，通过不同的方式，（如面谈、电子邮件、部级工作组和外部审查人员的综合反馈）收集反馈。总的来说，利益相关者和工作组成员的参与（其中一些人已经在区域或国家层面使用 DigComp）被视为该框架进一步成功和利益相关者认可的重要一步。

对于能力描述符，DigComp 2.0 采用了与设备无关的 "数字技术" 措辞，因此不需要命名特定的技术、软件或应用程序，并且使用了一个笼统的术语 "数字环境" 来描述数字行动的背景。其理念是：这些术语不仅包括个人电脑（如台式电脑、笔记本电脑）的使用，还包括其他手持设备（如智能手机、带有移动网络设备的可穿戴设备）、游戏机和其他媒体播放器或电子书阅读器，这些设备通常也联网。如今，物联网下的传感器等设备也被纳入其中。这样的词汇允许 "未来验证" 框架以应对技术领域的快速变化，同时保持设备和应用的中立，只关注被认为重要的高层次能力（而不是设备或应用特定的）。

7.1.3　更新2.1：熟练程度（维度3）和使用示例（维度5）

框架的维度 3 反映了每种能力的熟练程度，说明了能力获得的进展。DigComp 1.0 提出了 3 种熟练程度（基础、中级和高级），DigComp 2.1（Cartero et al., 2017）引入了 8 种熟练程度。DigComp 2.1 的形成过程用了一年多的时间，始于 2016 年夏天 DigComp 2.0 的发布。

在 DigComp 2.1 中，能力习得的进展被概括为三个不同的领域：任务的复杂程度、完成任务的自主性和指导需求，以及根据布鲁姆分类法使用动作动词所表明的认知领域。这 8 个能力等级的设计灵感来自欧洲资格认证框架的结构和词汇，但是与资格认证、教育和培训系统没有联系。表 6-6 列出了每个区域的主要关键词，还显示了这些级别与原来的 3 个级别之间的联系。

表6-6　说明熟练程度的主要关键词

4 种整体水平	基础		中级		高级		高度专业化	
8 种细粒度水平	1	2	3	4	5	6	7	8
任务的复杂程度	简单任务	简单任务	明确且常规的任务和简单的问题	各种任务以及明确但非常规的问题	不同的任务和问题	最合适的任务	解决那些解决方案有限的复杂问题	解决有诸多因素相互作用的复杂问题
完成任务的自主性和指导需求	需要指导	自主以及在必要时需要指导	依靠自己	独立并根据自己的需要	指导他人	能在复杂的情境下适应他人	整合资源为专业实践贡献力量，并指导他人	提出该领域新的想法和流程
认知领域	记住	记住	理解	理解	应用	评估	创造	创造

为了说明三个不同领域的能力习得的进展，我们可以说，处于层级 2 的公民只有在其需要帮助的时候，才能够在具备数字能力的人的帮助下记住并完成与能力相关的简单任务；而当公民达到层级 5 时，就可以运用知识完成不同的任务、解决问

题，并支持其他人完成或解决他们。

每个层级描述符包含知识、技能和态度。总而言之，这将产生 168 个描述符（8×21 个学习结果）。2017 年，一项在线验证调查帮助修订了第一版的等级水平，并产生了最终版本，于 2017 年发布（Carretero et al., 2017）。

在 DigComp 2.1 中，还对框架的维度 5 进行了更新。维度 5 包含特定语境中的例子，在本例中是就业和学习。它们以下列方式呈现：

- 所有 8 个级别的例子只在第一能力中可获得（1.1）。

- 对于其他的能力，每个级别和使用领域只提供一个示例。

- 使用的示例采用"级联"策略。这意味着能力 1.2 有 1 个 1 级的例子，能力 1.3 为 2 级，能力 2.1 为 3 级，等等。这样，就保证了熟练程度及各熟练程度上的使用示例数量相当。

7.1.4　更新2.2：知识、技能与态度的使用示例（维度4）

DigComp 2.2 的修订于 2020 年 12 月开始，重点是适用于 DigComp 21 种能力（维度 4）的知识、技能与态度示例。知识、技能与态度的术语界定见专栏 6-4。

更新过程是在与 DigComp 利益相关者社区、专家和更广泛的用户基础的密切合作下进行的，以保持共同建设的精神。为此，在线 DigComp 实践社区被激活。CoP 由 All Digital 主办，并被用作协调修订过程的中心点，修订过程包括 8 个步骤（图 6-16）。从 2020 年 12 月开始，首次发布了邀请志愿者 / 贡献者加入 DigComp CoP 的呼吁，并于 2021 年 1 月中旬举行了在线启动活动（第 1 步）。

第一项具体任务是设立工作组，处理以下问题：

- 数字世界新出现的主题和议题：错误信息和虚假信息；人工智能；远程工作，数据相关技能和数字服务的数据化；虚拟现实、社交机器人、物联网、绿色信息通信技术等新兴技术。

○ 数字世界中很重要但在 DigComp2.0 中没有明确涉及的、更成熟的主题，如电子商务和数据素养的各个维度。

专栏 6-4　第 2 步产出的例子列出了公民应对数字技术新的、新兴的或不断发展的要求，例如，在 DigComp 中之前没有详细阐述的人工智能领域

A. 对公民数字能力的要求（当前的而非替代的）

要求 1：公民应该意识到，人工智能在当今社会以不同的方式被使用，可以影响人们生活的方方面面。

• 知识（K）：人工智能是一种应用于从工业到休闲等不同背景的技术，如在医疗、银行、自动停车、音乐推荐等领域。人工智能也经常用于数字环境（如网络搜索、客户推荐、数字助理）和数字设备（如手机相机）。

要求 2：公民应该能够与依赖人工智能的日常技术进行互动。

• 技能（S）：例如，使用语音识别与 Siri、Alexa 互动；在电子邮件软件中使用自动回复选项回复"OK，谢谢！"；与可以自动识别图片中一些熟悉面孔的手机图像软件中的人脸识别功能互动。

要求 3：公民应警惕许多人工智能系统收集交互数据以操纵用户行为。

• 态度（A）：保持批判性的态度，既能看到机会，也能权衡风险，如在旨在保护隐私和确保公民安全的领域。

B. 这些要求在 DigComp 框架中处于什么位置？

通常，就像上面阐述的那些，一个主题可能会扩展到不同的 DigComp 能力。作为第 2 步的一部分，只需要指出不符合现有 21 种能力的要求。

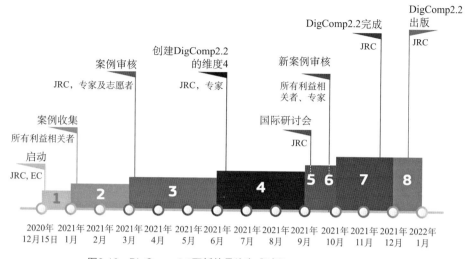

图6-16　DigComp 2.2更新的最终完成过程

共设立了12个工作组，每个工作组有16～64人参与，其中大多数人并行参与了几个工作组。这12个工作组涉及的领域包括：信息素养、数据素养、人工智能、物联网、编程、隐私及个人资料、安全与安保、消费者事务服务、多媒体／社交媒体内容创建、数字与环境、远程办公、数据可访问性。

工作组在第2步的任务是首先确定源自数字世界的新发展对公民新的数字能力要求，然后对与这些要求相关的知识、技能与态度示例提出初步建议。要求和示例都来自：对学术及灰色文献的广泛而初步的案头审查；培训材料、教学大纲和其他教育和信息来源中概述的学习目标和学科内容；重要政策文件的分析，如《2021～2027年数字教育行动计划》（Digital Education Action Plan 2021-2027）。

第2步的产出是一份关于公民数字能力的要求列表和相关的知识、技能与态度示例，以及它们可能适合于DigComp框架的建议。

从2021年3月开始，工作组（第3步）组织了对要求库的审查。更具体地说，这意味着第2步提出的要求现在被分配给

DigComp 框架中列出的 21 种能力，并进行了更具体的定义知识、技能与态度示例的工作。由于这项任务的本质是从一般性要求转移到遵循 DigComp 概念参考模型的工作，所以从这一步开始，一些工作组被合并了。例如，人工智能与物联网、数据素养、编程和个人数据被组合在一起，以便更好地展现形势的整体图景。独立的信息素养和媒介素养也被合并在一起。这对于在这些新兴主题中创建知识、技能与态度的新示例至关重要，并促进了选择 DigComp 能力下示例的最终分配过程。另外，在这一步，一些工作组被要求采取非常横向的观点，例如可访问性、远程工作和数据素养的主题涵盖了横跨所有 21 个 DigComp 能力的主题。

在第 2 步和第 3 步，除了举办工作组会议外，还利用在线 CoP 举办关于工作组主题的专题网络研讨会，以便更广泛的受众也能参与讨论并更好地跟踪更新过程。这对于保持进程的公开性和透明度是非常重要的，同时也有利于在后续阶段加入 CoP 的机构可以进入工作组。特别是在第 3 步，随着概念性工作的加强，一个由该领域非常专注的专家组成的核心小组完成了大部分工作。工作组接受了一笔小额赠款，以支持这项工作的执行。

最初的想法是，CoP 成员将参与从步骤 2 到步骤 3 为期 6 个月的共同创造过程，并再次参与在稍后阶段的验证过程（步骤 6）。与此同时，JRC 的工作人员与一小部分专家一起，对需要使用适当行为动词的新陈述进行更具体的表述，如步骤 4。然而现实情况是，有的工作组在不同时间提前交付，而有的工作组成员直到 2021 年夏天第 4 步时都还在致力于陈述的创建和修改。

第 4 步的一个重要部分也是"压力测试"当前概念参考模型（即 21 种能力和 5 个领域）的充分性。这个想法是为了更好地理解步骤 3 的结果（即新的要求）是否仍然适合现有的概念参考模型，或者是否应该修改模型（如添加新的能力或领域，合并或删除一些）？由于 DigComp 2.2 的更新只专注于阐述新的知识、技能与态度示例，因此改变概念模型就超出了范围。但是，这一过程提供了很好的信息，说明在今后的更新中哪些部分可能需要修改。

DigComp 框架已获得国际认可（如联合国教科文组织、联合国儿童基金会和世界银行的出版物），其对联合国教科文组织媒介与信息素养框架进行了补充，重要的是让其他国际组织参与共同创建进程（步骤 5）。我们与其他国际机构和学术界人士举办了一个国际外展（outreach）研讨会（见专栏 6-5），目的是讨论 DigComp 2.2 实践练习的范围：

- 新的 DigComp 2.2 陈述是否涵盖了贵机构所强调和优先考虑的主题与议题？

- 这些新的主题与议题在全球层面也具有战略性意义吗？

- DigComp 2.2 如何促进公民数字技能挑战的全球议程？

使用名为 EU Survey 的在线工具，2021 年 11 月 9 日～ 12 月 22 日，对新的知识、技能与态度示例进行了为期 6 周的在线公开验证（步骤 6）。总的来说，共有 373 个例子被纳入了公开验证（图 6-17）。调查问题集中在这些示例与 DigComp 框架的相关性以及它们的清晰度上。21 种 DigComp 能力都有自己的调查，有大约 20 个知识、技能与态度示例。此外，还有与 AI 系统互动的公民（4 部分）和远程工作的专题调查。

专栏 6-5　2021 年国际外展研讨会的参与机构

联合国

- 大学可持续发展高级研究所

- 联合国人工智能机构

- 联合国儿童基金会儿童人工智能项目

世界银行

- 教育科技团队

- 非洲数字经济

联合国教科文组织

- 媒介和信息素养部门

- 教育技术和人工智能部门

学术界

- 新巴黎索邦大学

- 伦敦经济学院

- 伦敦大学学院

欧盟机构

- 教育培训基金会

- 欧盟知识产权局

欧洲委员会

- 教育、青年、体育与文化局

- 就业、社会事务与包容局

- 联合研究中心

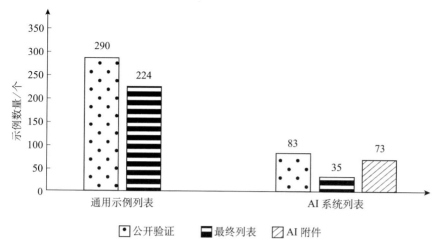

图6-17 DigComp 2.2示例的选择

　　共收到447份回复，最低门槛设置为15项回复/能力（表6-7）。大部分回复来自机构代表（231份），其余来自个体专家（170份）和其他群体（包括学生，共46份）。在机构方面，大部分回答来自教育和培训机构（25%），其次是政府机构（17%）和其他机构（17%）。此外，学者占14%，10%的回答来自在国际组织工作的人，另外10%来自培训机构（数据汇总）。8%的人不愿透露自己的组织。

表6-7　公开在线验证：受访者资料

回复数量/份	受访者构成	占比/%	受访者构成
231	机构代表	25	教育和培训机构
170	个体专家	17	政府机构
42	其他	17	其他
4	学生	14	学者
		10	国际组织
		8	没有回答
		5	商业培训提供者
		5	非商业培训提供者

总的来说，相关性的调查问题是为了帮助根据公众意见对示例进行排名（这不是一个具有约束力的投票），而关于清晰度的问题则有助于修改示例、它们的语法和所使用的术语。在这一过程中，根据示例的相关性对其进行排名，作为选择"最后名单"的指南，但在某些情况下，也会做出编辑方面的判断。一般来说，公众验证帮助过滤掉了大约 30% 的最终被丢弃的示例（图 6-17）。公民与 AI 系统交互的示例列表中应用了一个特殊的案例。我们决定将其中的大部分内容列入单独的附录，以便就这个新主题分享更多的例子。

最后，对于每个能力的最终示例数量，并没有硬性的准则。总的来说，在这个过程中，目标设定在 15～20 个左右。此外，知识、技能与态度之间的区分可能会有所不同，因为一些能力更重知识，而其他更重技能，等等。

7.2　公众与人工智能系统的互动

（主要作者：莉娜·沃里卡莉、韦恩·福尔摩斯）

今天，为了让公民自信、批判性和安全地参与到新的和新兴的技术中，包括人工智能驱动的系统，他们需要对这些工具和技术有一个基本的了解。提高认识还将提高对与数据保护和隐私、道德、儿童权利和偏见（包括无障碍环境、性别偏见和残障）有关的潜在问题的敏感性。DigComp 2.2 更新解决了公民与人工智能系统互动的话题，而不是专注于人工智能本身的知识（见专栏 6-6）。

DigComp 2.2 更新的共同创造过程产生了 80 多个与公民同人工智能系统互动相关的知识、技能与态度的示例，维度 4 中包含了 35 个，因此 DigComp 的每个能力领域都有许多示例，说明了公民与人工智能系统交互时需要注意的各个方面。选择依据的是通过公众验证收集的反馈。

此外，创建了一个关于这个新主题的单独附录。它涵盖

专栏 6-6 公民与 AI 系统互动的要求

作为关注公民与 AI 系统交互的更新过程的一部分，收集的需求如下：

知识

• 了解 AI 系统能做什么，不能做什么

• 了解 AI 系统的好处、局限性和面临的挑战

技能

• 作为终端用户使用、交互并向 AI 系统提供反馈

• 配置、监督和适应 AI 系统（如覆盖、调整）

态度

• 人类代理与控制

• 批判而开放的态度

• 对使用的伦理考虑

了所有 73 个示例，这些示例都是通过公众验证收到的意见进行修订的。为了便于阅读，本附录中的示例按顺序进行了分组。在每个示例之后，给出与能力相对应的数字。这可以帮助课程开发人员和培训人员在更新有关新技术的内容时获得灵感。下面的示例不应该被认为是一个现成的课程来教授人工智能本身。虽然这些例子涵盖了 DigComp 概念参考模型中概述的能力，但在提供关于人工智能和新兴技术的课程大纲或培训大纲时，它们忽略了一些可能被认为是基本的主题和议题（例如，什么是人工智能、人工智能的历史、不同类型的人工智能）。

（1）AI 系统能做什么，不能做什么？

（2）AI 系统是如何工作的？

（3）与 AI 系统互动的时机

（4）AI 面临的挑战及伦理问题

（5）对人类代理与控制的态度

7.2.1　AI系统能做什么，不能做什么？

要自信地、批判性地、安全地与人工智能系统打交道，例子包括：公民……

AI 01. ● 知道如何识别人工智能可以为日常生活的各个方面带来好处的领域。例如，在医疗保健领域，人工智能可能有助于早期诊断；在农业领域，人工智能可能被用于检测虫害。（2.3）

AI 02. ● 能够识别一些 AI 系统的例子：产品推荐（如在线购物网站）、语音识别（如虚拟助手）、图像识别（如用 X 射线进行肿瘤筛查）和面部识别（如在监控系统中）。（5.2）

AI 03. ● 意识到搜索引擎、社交媒体和内容平台经常使用 AI 算法来生成适合个人用户的响应（如用户持续看到类似的结果或内容）。这通常被称为"个性化"。（1.1）

黑点标识的示例已纳入 DigComp 2.2中

AI 04. ● 意识到人工智能系统收集和处理多种类型的用户数据（如个人数据、行为数据和背景数据），以创建用户配置文件，然后用于预测用户可能希望看到的或下一步做什么（如提供广告、建议、服务）。（2.6）

AI 05. ● 意识到人工智能系统可以使用现有的数字内容作为来源，用来自动创建数字内容（如文本、新闻、文章、推文、音乐、图像）。这样的内容可能很难与人类的创造区分开来。（3.1）

AI 06. 意识到在新闻媒体和新闻业，人工智能可以用来创作和生产新闻故事，也可以根据用户的在线行为分发故事。（3.1）

AI 07. 意识到人工智能系统可以帮助用户编辑和处理数字内容（例如，一些照片编辑软件使用人工智能来自动老化一张面孔，而一些文本应用程序使用人工智能来建议一些单词、句

子和段落）。（3.2）

AI 08. 意识到一些人工智能系统旨在用机器提供与人类似的交互（例如，会话代理，如客户服务聊天机器人）。（2.1）

AI 09. 意识到一些人工智能系统可以从一个人的在线内容和背景（如在社交媒体上发布的内容）自动检测用户的情绪和情感，但这个应用程序并不总是准确的，可能会存在争议。（2.5）

AI 10. 意识到一些人工智能系统被设计用来支持为人类教学和进行训练（如在教育、工作或体育运动中执行任务与安排）。（5.4）

AI 11. 意识到数字工具（包括人工智能驱动的工具）可以促进能源效率（如通过监测家庭取暖需求和优化其管理）。（4.3）

AI 12. 意识到人工智能涉及许多其他技术（如物联网、区块链、虚拟现实）。（5.2）

AI 13. 意识到许多 AI 系统需要 AI 技术的组合才能在现实场景中运行（例如，虚拟代理可能使用自然语言处理来处理指令，并在不确定的情况下进行推理以做出建议）。（5.2）

AI 14. 意识到并非所有数字技术都涉及 AI〔例如，在全球定位系统（GPS）中，AI 不用于确定位置，但可以用于计算路线〕。（5.2）

7.2.2　AI 系统是如何工作的?

AI 15. 意识到搜索结果、社交媒体活动流和内容推荐通常使用 AI 算法（计算机遵循的软件规则）与模型（真实世界的简化表示）进行排名。（1.1）

AI 16. 意识到 AI 系统使用统计数据和算法来处理（分析）数据并产生结果（如预测用户可能喜欢看什么视频）。（1.3）

AI 17. ● 意识到在许多数字技术和应用程序（如面部跟踪

摄像头、虚拟助手、可穿戴技术、移动电话、智能设备）中使用的传感器会以自动生成包括个人数据在内的大量数据，可用于训练 AI 系统。（1.3）

AI 18. 意识到 AI 系统可以使用与数字身份相关的个人跟踪标识符来组合多个数据源（如移动设备、可穿戴技术、物联网设备、数字环境）。例如，通过利用手机定位数据和用户资料，显示器可以向站在它前面的人提供合适的广告。（2.6）

7.2.2.1 什么是 AI？

意识到人工智能指的是基于机器的系统，在给定一组人类定义的目标后，能够做出预测、建议或决定，从而影响真实或虚拟环境。人工智能系统与我们互动，并直接或间接地影响我们的环境。通常，它们看起来是自主操作的，并且可以通过学习环境来调整自己的行为（UNICEF, 2021）。

AI 19. ● 意识到人工智能是人类智能和决策的产物（即人类选择、清理和编码数据，他们设计算法，训练模型，并将人类的价值观应用于输出中），因此并不独立于人类而存在。（5.1）

AI 20. 意识到今天的 AI 通常指的是机器学习，这只是 AI 的一种类型。机器学习与其他类型的人工智能（如基于规则的人工智能和贝叶斯网络）的区别在于它需要大量的数据。（5.1）

AI 21. 意识到一些 AI 算法和模型是由人类工程师创建的，而其他 AI 算法和模型是由 AI 系统自动创建的（如使用大量数据来训练 AI）。（3.4）

AI 22. 意识到虽然我们经常从人或物理的角度来考虑人工智能（如人形机器人），但大多数人工智能是软件，所以用户看不到。（5.4）

AI 23. ● 意识到人工智能是一个不断发展的领域，其发展和影响仍然非常不清楚。（5.4）

AI 24. 意识到关于人工智能有许多神化和夸张的说法，挖掘头条新闻背后的内容以更好地理解是很重要的。（5.4）

AI 25. ● 知道人工智能本身既不好也不坏。决定人工智能系统的结果对社会是积极还是消极的是：人工智能系统是如何设计和使用、由谁以及出于什么目的来设计和使用的。（2.3）

AI 26. 意识到人工智能系统可以轻松完成的事情（如识别大量数据中的模式），人类却无法做到；而许多事情人类可以轻松完成（如理解、决定做什么以及应用人类的价值观做出判断），但人工智能系统却做不到。（5.2）

AI 27. 认识到用于创造图像、文字和音乐的 AI 工具依赖于人类（如设置原始参数和选择结果），而人类可以使用 AI 工具来增强他们的创造力。（5.3）

AI 28. 意识到虽然大多数 AI 系统集中处理数据（或"在云端"），但有些系统将处理分布在多个设备上（"分布式 AI"），而另一些系统则在设备本身（如手机）上处理数据（"边缘AI"）。（1.3）

7.2.3　与AI系统互动的时机

7.2.3.1　寻找信息

AI 29. ● 当与会话代理或智能音箱（如 Siri、Alexa、Cortana、谷歌助手）交互时，知道如何制定搜索查询来实现所需的输出。例如，认识到为了系统能够根据需要做出响应，查询必须是明确的和清晰的。（1.1）

AI 30. ● 能够认识到，一些人工智能算法可能通过创建回音室或过滤气泡来强化数字环境中现有的观点（例如，如果一个社交媒体流支持特定的政治意识形态，附加的建议可以强化该意识形态，而不是将其暴露给反对的论点）。（1.2）

AI 31. ● 权衡使用人工智能驱动的搜索引擎的利弊（例如，虽然它们可以帮助用户找到所需的信息，但它们可能会泄露隐私和个人数据，或使用户受到商业利益的影响）。（1.1）

7.2.3.2　使用 AI 系统和应用程序

AI 32. ● 对人工智能系统持开放态度，支持人类根据其目

标做出明智的决定（例如，用户主动决定是否根据建议采取行动）。（2.1）

AI 33. ● 能够与 AI 系统互动并给予反馈（例如，通过给用户评分、喜欢、标签在线内容），以影响它下一步的推荐（例如，获得更多用户之前喜欢的类似电影的推荐）。（2.1）

AI 34. 知道有时对 AI 系统提出的内容没有反应（如在活动流上）也可以被系统视为一个信号（如表示用户对特定内容不感兴趣）。（2.1）

AI 35. ●知道如何修改用户配置（如在应用程序、软件、数字平台），以启用、防止或缓和 AI 系统跟踪、收集或分析数据（如不允许移动电话定位和跟踪用户的位置）。（2.6）

AI 36. ● 知道如何以及何时使用机器翻译解决方案（如 Google Translate、DeepL）和同声传译应用程序（如 iTranslate）来粗略了解一份文件或对话。也知道当内容需要准确翻译时（如医疗保健、商业或外交），可能需要更精确的翻译。（5.2）

AI 37. ● 意识到由人工智能驱动的基于语音的技术能够使用语音命令，从而提高数字工具和设备的可访问性（如对于那些有行动或视力障碍、认知能力有限、语言或学习困难的人）。然而，由于商业优先级的原因，较少人口使用的语言往往无法获得或表现较差。（5.2）

AI 38. ● 知道如何在自己的作品中融入人工智能编辑 / 操纵的数字内容（如在自己的音乐作品中融入人工智能生成的旋律）。人工智能的这种使用可能会引起争议，因为它引发了关于人工智能在艺术品中的作用的问题（如功劳应归属谁）。（3.2）

7.2.3.3　聚焦隐私及个人数据

AI 39. ● 了解个人数据的处理受当地法规（如欧盟《通用数据保护条例》）的约束（例如，与虚拟助手的语音交互在《通用数据保护条例》中属于用户数据，可能会使用户面临某

些数据保护、隐私和安全风险）。（4.2）

AI 40. ● 权衡使用生物识别技术（如指纹、人脸图像）的好处和风险，因为它们可能以意想不到的方式影响安全性。如果生物特征信息被泄露或被黑客攻击，就会被盗用，并可能导致身份欺诈。（4.1）

AI 41. 意识到依赖用户个人数据的 AI 系统（如语音助手、聊天机器人）可能会收集和处理不必要的数据。这将被认为是"不成比例的"，因此将违反 GDPR 规定的比例原则。（4.2）

AI 42. 在激活虚拟助手（如 Siri、Alexa、Cortana、谷歌助手）或人工智能驱动的物联网设备之前，权衡利弊，因为它们可能会暴露个人的日常生活和私人对话。（2.6）

AI 43. ● 在允许第三方处理个人数据之前，权衡利弊（例如，认识到智能手机上的语音助手或向机器人吸尘器发出命令，可能会让第三方——公司、政府、网络罪犯——访问数据）。（4.2）

AI 44. ● 指出应用程序和在线服务等人工智能驱动的数字技术使用所有数据（收集、编码和处理），特别是个人数据的积极和消极影响。（2.6）

AI 45. ● 意识到人们在网上公开分享的所有东西（如图像、视频、音频）都可以用来训练人工智能系统。例如，开发 AI 面部识别系统的商业软件公司可以使用网上分享的个人图像（如家庭照片）来训练和提高软件自动识别其他图像中的那些人的能力，而这可能是不可取的（如可能违反隐私）。（2.2）

AI 46. 意识到人工智能系统可以将不同的显然是匿名的信息连接在一起，这可以导致去匿名化（即识别特定的人）。（2.6）

AI 47. 通过向有关部门表达对使用收集数据的人工智能系统的担忧，尤其是在怀疑违反了 GDPR 或公司没有公开信息的情况下，可以帮助降低个人数据泄露的风险。（4.2）

7.2.4 AI面临的挑战及伦理问题

7.2.4.1 挑战

AI 48. ●意识到 AI 算法可能不会被配置为只提供用户想要的信息，它们也可能包含商业或政治信息（例如，鼓励用户留在网站上观看或购买特定的东西、分享特定的意见）。这也会产生负面后果（如重复刻板印象、分享错误信息）。(1.2)

AI 49. ● 意识到人工智能所依赖的数据可能包含偏见。如果是这样，这些偏见可能会被自动化，并因人工智能的使用而恶化。例如，关于职业的搜索结果可能包含对男性或女性工作的刻板印象（如男性公交司机、女性销售人员）。(1.2)

AI 50. ● 意识到人工智能算法的工作方式通常不可见或不易于被用户理解。这通常被称为"黑箱"决策，因为它可能无法追溯算法是怎样以及为何会提出具体建议或预测的。(1.1)

AI 51. ● 知道"深度造假"指的是那些并没有真正发生，而是由人工智能生成的图像、视频或音频来记录的事件或人物，它们可能无法与真实情况区分开来。(1.2)

AI 52. 意识到所谓的"个性化"结果（如来自搜索引擎、社交媒体、内容平台）是以数百万用户互动的模式和平均值为基础的。换言之，人工智能系统可能会预测群体行为，但不能预测任何一个人的行为，因此"个性化"一词可能会产生误导。(1.2)

AI 53. 意识到欧盟正在努力确保 AI 系统是值得信赖的。然而，并不是所有的 AI 系统都是值得信赖的，也不是世界上开发的所有 AI 系统都受欧盟法律的监管。(4.1)

AI 54. 意识到人工智能系统中的个人数据所有权问题可能是有争议的（如使用社交媒体的人创建的数据或学生在课堂上使用人工智能系统）。许多人工智能商业组织的商业模式依赖于它们能够整理和分析这些数据。其他人则认为，个人数据属于创建它的人（就像任何其他有版权的材料，如文本、图像或

音乐）。（3.3）

AI 55. 意识到人工智能系统通常是在英语语境中开发的，这意味着它们在非英语语境中可能运行得不那么准确。例如，基于人工智能的自动翻译系统对经常使用的语言（如英语、西班牙语）比较少使用的语言（如斯洛文尼亚语、芬兰语）更有效。（2.5）

AI 56. 意识到人工智能系统通常是由那些来自人口统计学背景有限的人开发的，这意味着他们开发的系统对女性、不同少数民族群体、较低的社会经济群体、需要数据可访问性的人（如残疾、功能受限）或低收入国家公民的需求不太敏感。（2.5）

7.2.4.2 伦理

AI 57. ●考虑人工智能系统在其整个生命周期中的道德后果，包括环境影响（数字设备和服务生产的环境后果）和社会影响，例如工作平台化和算法管理可能会侵犯工人的隐私或权利；使用低成本劳动力对图像进行标记，以训练人工智能系统。（4.4）

AI 58. ● 准备好思考与人工智能系统相关的伦理问题（例如，在何种情况下，在没有人工干预的情况下，人工智能的建议不能被使用？）（2.3）

AI 59. ● 意识到某些活动（如训练 AI 和生产比特币等加密货币）在数据和计算能力方面是资源密集型过程。因此，能源消耗会很高，也会对环境造成很大的影响。（4.4）

AI 60. 意识到基于人工智能的技术可以用来取代一些人类的作用（如客户服务），这可能会导致一些工作流失或重新分配，但也可能会创造新的工作来满足新的需求。（2.4）

AI 61. ● 在开发或部署 AI 系统时，将道德（包括但不限于人的代理和监督、透明度、非歧视、可访问性以及偏见和公平）作为核心支柱之一。（3.4）

7.2.5 对人类代理与控制的态度

AI 62. ● 对人工智能系统持开放态度，支持人类根据其目标做出明智的决定（例如，用户主动决定是否根据建议采取行动）(2.1)

AI 63. ● 认识到虽然人工智能系统在许多领域的应用通常是无争议的（如帮助避免气候变化的人工智能），但直接与人类互动并对他们的生活做出决定的人工智能往往是有争议的（例如，招聘程序的简历分类软件，可能决定教育机会的考试评分）(2.3)

AI 64. ● 了解所有欧盟公民都有权不受完全自动化决策的制约（例如，如果自动系统拒绝信用申请，客户有权要求由专人审查该决定）。(2.3)

AI 65. 衡量采用人工智能系统来提高人类交流互动质量的好处（例如，使用人工智能生成的电子邮件回复可能会使互动失去人性化）。(2.4)

AI 66. 愿意与面向社会福祉的人工智能项目合作，为他人创造价值（如适当和稳健地控制到位情况下的数据共享）。(2.2)

AI 67. 愿意通过报告数据或输出中的错误、风险、偏见或误解（例如，图像识别软件仅根据属于特定群体的人的图像进行训练）等形式为改进人工智能系统做贡献。(1.3)

AI 68. ● 愿意参与协作过程，共同设计和创造基于 AI 系统的新产品和服务，以支持和增强公民的社会参与。(5.3)

AI 69. 愿意参与公民主导的集体行动（如通过公民参与渠道、意见运动、投票、行动主义和倡导），以发起 AI 服务和产品的变革（如商业模式、发展）。(5.3)

AI 70. 意识到有时候控制 AI 系统的最佳方法（如保护自己和他人）是不与它互动或关闭它。(5.1)

AI 71. 对根据自己的个人需求试验各种类型的 AI 系统感兴

趣（如虚拟助手、图像分析软件、语音和人脸识别系统、自动驾驶汽车、机器人等"具身"AI）。（5.2）

AI 72. ● 有一种不断学习、自我教育和了解 AI 的倾向［例如，理解 AI 算法如何工作；理解自动决策是如何可能存在偏见的；区分现实和不现实的 AI；理解狭义人工智能（即今天的 AI 能够完成像玩游戏这样的任务）和广义人工智能（即超越人类智能的 AI，这仍然是科幻小说中的情节）之间的区别］。（5.4）

AI 73. 对当今的新兴技术和应用保持开放与好奇的态度（如阅读关于虚拟现实、游戏、AI 的评论），并有意地与他人讨论它们的使用。（5.4）

7.3　远程工作示例

RW 01. ● 能够使用数字工具在异步（非同步）模式下实现有效的沟通（如报告和简报、分享想法、提供反馈和建议、安排会议、掌握沟通的关键节点）。（2.1）

RW 02. ● 知道如何使用数字工具与同事进行非正式沟通，以发展和维护社会关系（如重现像面对面喝咖啡休息时的对话）。（2.1）

RW 03. ● 知道如何分享和显示来自自己设备的信息（如显示来自笔记本电脑的图表），以支持实时在线会话（如视频会议）中传递的信息。（2.2）

RW 04. ● 知道如何在远程工作环境中使用数字工具和技术来产生想法及共同创造数字内容（如共享思维导图和白板、调查工具）。（2.4）

RW 05. 能够使用数字工具进行项目管理，以计划，共享任务、资源和责任，协调活动，并在协作远程工作环境中监控进度（如数字日历、时间报告、工作流管理工具）。（2.4）

RW 06. 在远程和移动工作环境中，遵守公司数据管理和安

全、设备与隐私保护等政策。(4.1)

RW 07. 积极保持工作和私人生活之间的明确界限，并尽量减少与远程工作相关的风险，例如养成良好的健康习惯（如锻炼、休息），以避免技术成瘾、久坐、长期与外界隔离和不良的饮食习惯。(4.3)

RW 08. 了解远程在线职业（工作或学习）的好处（如灵活性、地点独立性、通勤时间减少）和风险（如缺乏面对面的社交接触、失去工作和休闲之间的明确界限）。(4.3)

RW 09. 知道如何为远程工作或学习创造健康和符合人体工学的空间（如安静的环境，椅子、桌子、键盘、鼠标、显示器和光线的正确位置，休息和休闲时间）。(4.3)

RW 10. 能够使用数字工具在远程工作环境下管理工作时间（例如，使用个人生产力方法和工具；有效组织与工作相关的活动，避免干扰和多任务处理；建立和管理个人休息和个人活动的时段）。(5.2)

RW 11. 考虑到在非结构化和非受控的远程工作环境中，良好的实践和数字工具（如多设备日历和任务管理器）对于自我管理与任务组织的重要性（5.2）

RW 12. 能够识别和评估个人及团队成员在远程工作中的技能差距，并提供合适的培训方法和指导机制来满足他们。(5.4)

（以下略。）

参 考 文 献

Ala-Mutka, K. (2011). Mapping Digital Competence: Towards a Conceptual Understanding. (JRC Technical Notes No. JRC67075). IPTS. https://doi.org/10.13140/ RG.2.2.18046.00322.

Brodnik, A., Csizmadia, A., Futschek, G., Kralj, L., Lonati, V., Micheuz, P., & Monga, M. (2021). Programming for all: understanding the nature of programs. ArXiv:2111.04887 [Cs]. http://arxiv.org/abs/2111.04887.

Carretero, S., Vuorikari, R., & Punie, Y. （2017）. DigComp 2.1: The Digital Competence Framework for Citizens with Eight Proficiency Levels and Examples of Use. Publications Office of the European Union. https://data.europa. eu/doi/10.2760/38842.

European Commission. （2022）. Translations of DigComp.

1.1 in the European Skills, Competences and Occupations Classification （ESCO）. Publications Office of the European Union. DOI: 10.2767/316971.

European Union. （2018）. Council Recommendation of 22 May 2018 on key competences for lifelong learning （ST/9009/2018/INIT）. https:// eur-lex.europa.eu/legal-content/EN/TXT/?uri=uriserv:O- J.C_.2018.189.01.0001.01.ENG.

Ferrari, A. （2012）. Digital Competence in Practice: An Analysis of Frameworks. Publications Office of the European Union. https://data.europa.eu/doi/10.2791/82116.

Ferrari, A. （2013）. DIGCOMP: A Framework for Developing and Understanding Digital Competence in Europe. Publications Office. doi:10.2788/52966.

Ferrari, A., Brecko, B., & Punie, Y. （2014）. DigComp: a framework for developing and understanding digital competence in Europe. ELearning Papers, 38, 1-14.

Ferrari, A., Punie, Y., & Redecker, C. （2012）. Understanding digital competence in the 21st century: an analysis of current frameworks. In EC-TEL 2012: 21st Century Learning for 21st Century Skills （pp. 79-92）.

Janssen, J., & Stoyanov, S. （2012）. Online Consultation on Experts' Views on Digital Competence. Publications Office of the European Union. https://publications.jrc. ec.europa.eu/repository/handle/JRC73694.

OECD. （2014）. Assessing problem-solving skills in PISA 2012. In PISA 2012 Results: Creative Problem Solving （Volume Ⅴ）:

Students' Skills in Tackling Real-Life Problems. OECD Publishing, Paris. DOI: http://dx.doi. org/10.1787/9789264208070-6-en.

Vuorikari, R., Punie, Y., Carretero Gomez, S., & Van den Brande, L. （2016）. DigComp 2.0: The Digital Competence Framework for Citizens. Update Phase 1: The Conceptual Reference Model. Publications Office of the European Union. https://publications.jrc. ec.europa.eu/repository/ handle/JRC101254.